建筑结构抗震

（第3版）

主　编　申　钢　杜瑞锋　徐　蓉
副主编　范鸿波
参　编　高雅琨　李　婕
主　审　李仙兰　邬　宏

北京理工大学出版社
BEIJING INSTITUTE OF TECHNOLOGY PRESS

内 容 提 要

本书为“十四五”职业教育国家规划教材。全书根据高职高专教育教学改革的新形势和高等教育大众化的特点编制。本次修订主要结合近年来新发布的相关抗震规范和标准，参考《高等职业学校专业教学标准》要求，增加素质目标等课程思政内容，同时完善了相关教学资源。本书除绪论外，共10章，包括地震基本知识，抗震设防与概念设计，地基和基础抗震设计，地震作用与结构抗震验算，多层砌体房屋抗震设计，多层、高层钢筋混凝土房屋抗震设计，多层、高层钢结构房屋抗震设计，单层厂房抗震设计，隔震与消能减震设计，地下建筑抗震设计。每个章节后均配有体现知识目标的思考题和实践能力目标的实训题，完成知识目标到能力目标的过渡，理论知识与实践应用结合紧密。

本书可作为高职高专院校土木工程类相关专业的教材，也可作为建筑工程技术人员的学习参考书。

图书在版编目（CIP）数据

建筑结构抗震 / 申钢，杜瑞锋，徐蓉主编.—3版.—北京：北京理工大学出版社，2020.5（2024.7重印）

ISBN 978-7-5682-7931-4

Ⅰ.①建… Ⅱ.①申… ②杜… ③徐… Ⅲ.①建筑结构－抗震设计－高等学校－教材 Ⅳ.①TU352.104

中国版本图书馆CIP数据核字（2019）第253208号

责任编辑：李玉昌　　文案编辑：李玉昌

责任校对：周瑞红　　责任印制：边心超

出版发行／北京理工大学出版社有限责任公司

社　址／北京市丰台区四合庄路 6 号

邮　编／100070

电　话／（010）68914026（教材售后服务热线）

（010）68944437（课件资源服务热线）

网　址／http：//www.bitpress.com.cn

版 印 次／2024 年 7 月第 3 版第 5 次印刷

印　刷／河北世纪兴旺印刷有限公司

开　本／787 mm × 1092 mm　1/16

印　张／15

字　数／353 千字

定　价／39.80 元

第3版前言

近年来，地震、泥石流等自然灾害频繁发生，给人民的生命财产造成了不可估量的损失。党的二十大报告中指出，提高公共安全治理水平，“坚持安全第一、预防为主，建立大安全大应急框架，完善公共安全体系，推动公共安全治理模式向事前预防转型”“提高防灾减灾救灾和重大突发公共事件处置保障能力，加强国家区域应急力量建设”。在建筑技术不断发展的过程中，作为专业技术人员，必须始终坚持以人民安全为中心的发展思想，增强抗震设防意识，科学合理的进行抗震设计，为人民生命安全和财产提供保障。

建筑结构抗震作为建筑工程技术专业的专业课程，其主要目标是增强学生的抗震设防意识，让学生在实际的施工过程中，能正确进行抗震概念设计，领会结构设计意图，读懂施工图纸，同时也能灵活正确地处理施工中常见的结构抗震构造措施等问题。

本书是“十四五”职业教育国家规划教材。从概念到方法、从理论到技能、从增强意识到责任担当，本书旨在多角度多方位提高人才培养质量。本次修订维持了原教材的定位和特色，即本着“以职业能力为本，以应用能力为核心”的原则，突出职业教育的类型特点的特色来编写本教材，也保留了原教材的结构体系和编排形式。此次修订的主要内容有以下几个方面：

1.每个章节增加了素质目标，在具体教学中体现立德树人的根本任务。

2.增加了与教材内容匹配的拓展知识点，将拓展的知识以视频、图片等多元化的形式进行展示，服务教学内容。

3.替换了原教材少量二维码视频资源，让资源信息更加精准，有利于学生的理解。

4.更正了原教材中部分习题的疏漏，更有利于全面检测学生的学习情况。

本书由内蒙古建筑职业技术学院申钢、杜瑞锋、徐蓉担任主编，内蒙古建筑职业技术学院范鸿波担任副主编，内蒙古建筑职业技术学院高雅琨、李婕参与编写。具体编写分工为：绪论、第四章由申钢编写，第一章、第八章由高雅琨编写，第二章、第三章由李婕编写，第五章由徐蓉编写，第六章、第九章由杜瑞锋编写，第七章、第十章由范鸿波编写。全书由申钢统稿，内蒙古建筑职业技术学院李仙兰、邬宏主审。同时，感谢内蒙古电力勘察设计院郝丽卿、内蒙古机电职业技术学院郝俊给予的指导。

尽管编者极尽努力，力图使教材编写得更好，但由于修订时间仓促，编者的学识和水平有限，书中难免存在不当或错误之处，敬请各位读者批评指正。

编　者

第2版前言

本书是根据国家最新颁布的《建筑抗震设计规范》（GB 50011—2010）编写完成的，符合新形势下高职高专院校建筑工程技术专业教学基本要求；教材的宗旨是让学生在较少的学时内，掌握建筑抗震的基本原理和基本方法，具备分析和解决施工中常见问题的能力。

本书第1版出版以来，读者和使用本书的老师提出了许多宝贵的意见。为了适应不断发展和进步的高职高专教学，编者结合高等职业教育国家规划教材的建设要求，对本书进行了一次较全面的修订，本次修订的主要工作包括：

（1）对各章内容进行了全面梳理，进一步协调了与《建筑抗震设计规范》（GB 50011—2010）、《混凝土结构设计规范》（GB 50010—2010）和《高层建筑混凝土结构技术规程》（JGJ 3—2010）相关的内容；

（2）更正了第1版中公式和文字上的错误；

（3）适当删减了多层、高层钢筋混凝土房屋抗震设计中框架结构内力计算部分，增加了框架结构抗震构造措施部分的内容；

（4）进一步完善了多层、高层钢结构房屋抗震概念设计的内容，修改了多层、高层钢结构房屋抗震构造措施部分。

本书精选内容、强调基本概念、重视宏观分析、降低计算难度、突出工程应用、注重职业技能和素质的培养，内容深入浅出、通俗易懂，理论联系实际。

在编写本书时，编者参考和引用了的一些文献和资料，在此谨向这些作者表示感谢！

由于编者学识和水平有限，书中不当或错误之处在所难免，敬请读者批评指正。

编　者

第1版前言

目前，我国高等职业教育发展显示出迅速、稳健的步伐，随着本世纪我国城市化发展的大趋势，土木建筑行业对人才的需求量还将持续增加。为了满足相关高等职业院校培养人才的教学需求，结合《建筑抗震设计规范》（GB 50011—2010），作为建筑工程技术等相关专业的一门主干专业课，“建筑结构抗震”课程的内容必须反映近年来我国及国际建筑抗震工程中的新技术。

为培养学生毕业后参与施工实践及设计工作，本书引用地震震害图片、相关规范条文，并加以解释，重点强调抗震概念设计和抗震构造措施，淡化抗震验算过程。全书共分十章，分别为绪论、地震基本知识、抗震设防与概念设计、地基和基础的抗震设计、地震作用与结构抗震验算、多层砌体房屋抗震设计、多高层钢筋混凝土房屋抗震设计、多高层钢结构房屋抗震设计、单层厂房抗震设计、隔震与消能减震设计、地下建筑抗震设计。各章均给出了学习目标、能力目标的教学要求，并配有实训题。

本书由内蒙古建筑职业技术学院申钢、杜瑞锋任主编，内蒙古建筑职业技术学院郭海青、段丽萍任副主编。其中，绪论由申钢编写，第四章由申钢、张园编写，第一、八章由高雅琨编写，第二、三章由李婕编写，第五章由郭海青、徐蓉编写，第六、九章由杜瑞锋编写，第七章由吴俊臣编写，第十章由段丽萍编写。全书由申钢统稿，内蒙古建筑职业技术学院李永光教授、内蒙古电力勘测设计院郝丽卿高级工程师主审。

在编写本书时，编者参考和引用了的一些文献和资料，谨向这些作者表示感谢。

由于编者的水平有限，书中不当或错误之处，敬请读者批评指正，以便进一步对本书进行修订、完善。

编　者

目 录

绪　论

知识目标

1. 了解抗震设防的意义；

2. 熟悉近年来国内数次大地震的特点和地震对建筑物的破坏及人员伤亡情况；

3. 了解学习抗震设防知识的必要性。

能力目标

了解房屋结构抗震学科的发展概况，提高抗震设防意识。

素质目标

激发学生的爱国情怀，坚定学生的民族自信和文化自信。

一、抗震设防的意义

1. 大地震给人们的启迪

我国是一个多地震国家，历史上曾发生过多次强烈地震，近几十年来更是地震频繁，且在人口稠密的大城市和工业区不断发生。1976 年 7 月 28 日，北京时间凌晨 3 时 42 分，在人口达百余万的工业城市唐山市，发生了里氏 7.8 级的强烈地震。震中位置在市区东南，震源深度约 11 km，有明显的地震断裂带贯通全市，如图 0-1 所示。市区大部分陷入地震烈度高达 11 度的极震区，房屋建筑普遍倒塌(图 0-2、图 0-3)，幸存无恙者甚少。震害遍布唐山外围十余县，波及百余千米外的北京、天津等重要城市。死亡 24 万余人，伤残 16 万人之多，灾情之重，为世界地震史上所罕见。

图 0-1　唐山地震的地裂缝

图 0-2 唐山地震倒塌的开滦煤矿医院

图 0-3 唐山地震倒塌的砖混结构办公楼

与历史上其他大地震一样，唐山地震以其特点和血的教训，给人们增添了新的认识和启迪，即抗震设防工作是减轻地震灾害最有效、最根本的措施。

当年唐山是对地震没有设防的城市，尽管大量建筑是近代兴建的，但都没有经过抗震设计，以致酿成大灾。这个失误主要来自对唐山地区的地震危险估计不足，有人统计了世界上 130 多次伤亡巨大的地震震害资料，95%以上的伤亡是因为无抗震设防的建筑物倒塌而造成的。这些都表明：建筑物抗震能力差是造成地震伤亡和损失的主要原因。

反之，如果在工程设计上采取抗震设防措施，防止在意外高烈度下的建筑物倒塌，是能够抵御地震灾害袭击的。例如：1923 年日本东京发生里氏 8.2 级特大地震，700 多栋经过抗震设计的大楼，震后 75%建筑物完好无损，23%建筑物受到不同程度的破坏，只有 2%的建筑物全部震毁。1935 年智利康塞普西翁地震，使该城市变为一片废墟，1939 年该地再次发生地震，死亡人数为 4 万人。当地人们接受教训，以法律形式规定，地震区所有建筑必须进行抗震设防。当 1960 年该地又发生特大地震时，这些经过抗震设防的房屋，大多都完好无损，死亡人数仅 500 人。

国内多次抗震的实践证明了对新建工程进行抗震设防是减轻地震灾害的一项根本性措施。例如：1981 年河北邢台发生里氏 6 级地震，没有一间屋房倒塌，无一人死亡。其主要原因是该地区吸取了在 1966 年发生 6.8 级地震中倒塌 119 万多间房屋的惨痛教训，在重建家园和村镇规划中采取了抗震措施，因此，当 15 年后再次遭遇地震时，建筑物几乎没有遭到破坏。在我国历史上，一次里氏 6 级左右的地震发生在人口密集的农村而没有遭受破坏是前所未有的。相反，在震后恢复重建中，未考虑抗震设防再次遭遇地震，又同样遭受破坏的事例屡见不鲜。例如：1974 年江苏溧阳发生里氏 5.6 级地震，全县倒塌和震毁近 8 万间房屋，震后大多房屋得到重建或修复。在 5 年后，原震中再次发生里氏 6 级地震，使 34 万多间房屋倒塌和震毁，特别是上次地震破坏的房屋，经原样修复后又遭到破坏。

抗震设防除了对新建建筑物进行抗震设计外，还包括对未设防的原有建筑进行抗震加固。经过抗震加固的工程，在近几年内发生的地震中有的已经经受了考验，证明抗震加固与不加固大不一样。例如：天津发电设备厂，在唐山大地震前，用了四十多吨钢材，加固了全厂 54 栋主要建筑，地震时没有一个车间倒塌，没有一榀屋架塌落，保障了设备完好无损，震后 3 天就恢复了生产。相邻的天津重机厂震前没有进行加固，地震时遭到严重破坏，停产半年，修复加固时，还用了 700 多吨钢材。这也充分说明：抗震设防是一项重要的减灾措施。

地震是一种突发性的自然灾害，尽管目前在科学技术上还不能控制地震的发生。但是通过上述事实充分证明：预防和减轻地震灾害是可行的。

2. 人类在抗震史上的贡献

(1)候风地动仪，如图 0-4 所示。人类为了生存和发展，在与地震灾害的斗争中积累了丰富的经验。例如：为了准确地测试地震的方位、烈度，我国东汉科学家张衡发明了地动仪，地动仪以精铜铸造而成，圆径达八尺①，外形像酒樽，机关装在樽内，如图 0-5 所示。外面在东、西、南、北、东北、东南、西南和西北八个方位各设置一条龙，每条龙嘴里含有一个小铜球，地上对准龙嘴各蹲着一个铜蛤蟆，昂头张口。当任何一个方位的地方发生了较强的地震时，传来的地震波会使樽内相应的机关发生变动，从而触动龙头的杠杆，使处在那个方位的龙嘴张开，龙嘴里含着的小铜球自然落到地上的蛤蟆嘴里，发出“当当”的响声，这样观测人员就知道地震发生的时间、地点，由此可以准确报告人无法察觉的 700 km 以外的地震，为战胜自然灾害、挽救生命做出了重要贡献。据史料记载，候风地动仪曾成功地记录了 138 年发生在甘肃的一次强烈地震，从而证明了它的准确性和可靠性，使其在世界

---

① 1尺=0.33米。

地震史上占有重要的地位。

图 0-4 候风地动仪

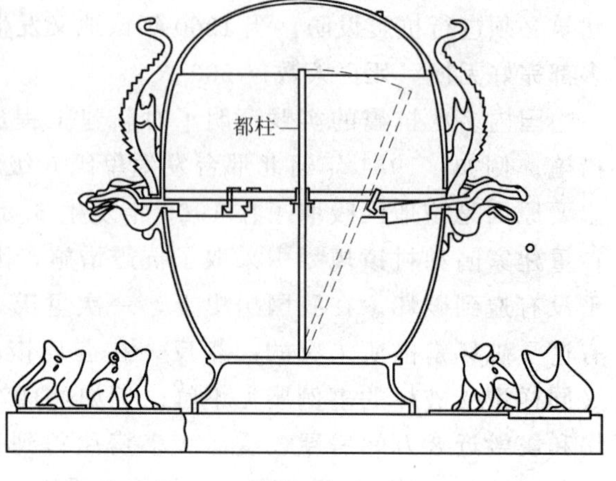

图 0-5 候风地动仪构造图

(2)应县木塔。山西应县木塔，建于辽清宁二年(1056 年)，金明昌六年(1195 年)增修完毕。是我国现存最高、最古老的一座木构塔式建筑；是世界上现存唯一最古老、最高大的木结构建筑；是我国古建筑中的瑰宝，世界木结构建筑的典范。在建筑技艺上，它与法国的埃菲尔铁塔、意大利的比萨斜塔齐名，被世人称为“世界三大奇塔”，如图 0-6 所示。

应县木塔塔高 63 m，共 9 层，因有 4 层是暗层，所以从外面看来，塔只有 5 层高。平面为八角形，木塔除底部为石质外，其余全部用木头建造，各层均用内、外两圈木柱支撑，每层外有 24 根柱子，内有 8 根，木柱之间使用了许多斜撑、梁、枋和短柱，组成不同方向的复梁式木架，全塔无一铁钉，全靠构件互相卯榫咬合。由于塔建在 4 m 高的两层石砌台基上，内外两排立柱，构成双层套筒式空间框架结构，柱头间有栏额和普柏枋，柱脚间有水平构件，内外槽之间有梁枋相连接，使双层套筒紧密结合(图 0-7)。暗层中用大量斜撑，结构上起到圈梁的作用，加强了木塔结构的整体性。塔建成 300 多年至元顺帝时，曾经历大地震，仍岿然不动。

图 0-6 山西应县木塔

近年间河北邢台地震、唐山地震、内蒙古和林格尔地震，木塔都没有受到损坏。这种情况充分说明木塔的抗震能力很强，反映了我国古代建筑工程学的伟大成就。

(3)料敌塔。中国宝塔之王——定州塔，又称开元寺塔、料敌塔，也叫“瞭敌塔”(是为宋代抵御辽、金，借以窥视敌情而称)，位于河北省定县，是中国现存最高的古代砖质结构塔，如图 0-8 所示。宋代真宗咸平四年(1001 年)到宋仁宗至和二年(1055 年)完成，历时

图 0-7　山西应县木塔(局部)

55 年。

料敌塔塔高 84.20 m，13 级，共 11 层，平面为正八角形，由两个正方形交错而成。塔为砖砌，加有少量木质材料。底部直径 24 m，塔身里外两层，如同母子环抱，中间有阶梯，四面盘旋一直到顶。结构为双层砖套筒，全塔以比例匀称见长，各层塔身高度和直径均随层数增加而减少，其减少数并非各层一致，而是有规律地变化，保持了各部分匀称的比例，又给人以稳定感。

料敌塔在康熙五十九年(1720 年)六月初八经历地震，自上至下砖砌体产生裂缝，但并未倒塌；之后又于光绪八年(1882 年)再次经历地震。由于两次地震的影响，导致此塔东北面于清朝光绪十年(1884 年)六月剥落一角，但新中国成立后经过多次维修加固，仍然具有良好的抗震能力。尤其是近年间经历了河北邢台地震、唐山大地震的影响，塔都没有受到损坏，料敌塔仍挺拔秀丽，蔚为壮观。

双筒体结构的特点是所有的构件都用某种方式互相联系在一起，整个建筑就像是从地面发射出的一个空心筒体或是一个刚性盒子。此时，高层建筑的整个结构抵抗风荷载和地震荷载的所有强度和刚度将达到最大效率。这种特殊的结构体系首次被芝加哥的 43 层钢筋混凝土的德威特红棕色的公寓大楼所采用。最引人注目的还要数建造在纽约的地上 110 层、地下 6 层的双筒结构世界贸易中心大厦，如图 0-9 所示。

3. 我国在抗震近代史上的进步

视频：古建筑欣赏

新中国成立 60 多年后，我国总结了历次强震的震害经验，形成了一门新的学科，即“抗震防灾学”。“抗震防灾学”是通过工程技术手段，采取各种防范措施，以尽量减轻地震灾害的科学。《建筑抗震设计规范(2016 年版)》(GB 50011—2010)(本书中以后统称为《抗震规范》)充分吸收了国内外大地震的经验教训、有价值的科学研究成果和工程实践经验，从 1966 年邢台地震以后提出的“基础深一点、墙壁厚一点、屋顶轻一点”的概念，到 1976 年唐山地震以后创造的砖房加“构造柱圈梁”技术，直到今天的“小震不坏，中震可修，大震不倒”的“三水准”抗震设防理论，抗震规范也经历了 1974 年版《工业与民用建筑抗震设计规范》(TJ 11—1974)(试行)，它是我国第一本初级的、反映当时技术和经济水平的低设防水平的规范，仅有一些简单的基本规定；1978 年版《工业与民用建筑抗震设计规范》(TJ 11—1978)，第一次提出了适用于设防烈度 7～9 度工业与民用建筑的抗震设计要求，但 6 度区

图 0-8　河北料敌塔

图 0-9　美国世贸大厦原貌

仍为非设防区，也未提出“大震不倒”的设防标准；1989 年版《建筑抗震设计规范》(GBJ 11—1989)，增加了对 6 度区的抗震设防要求，提出了强度验算和变形验算的两阶段设计要求，增加了砌块房屋、钢结构单层厂房和土、木、石房屋抗震设计内容。2001 年，出版了《建筑抗震设计规范》(GB 50011—2001)。1989 年规范和 2001 年规范引入了弹塑性分析法和时程分析法抗震计算，提出了“小震不坏、中震可修、大震不倒”的抗震设防目标；《建筑抗震设计规范》(GB 50011—2010)，从 2010 年 12 月 1 日开始实施，建筑抗震性能设计方法被明确地编入其中，充实了中国特色的“三水准两阶段”抗震设防理念；2016 年对 2010 年版《建筑抗震设计规范》(GB 50011—2011)作了局部修订，自 2016 年 8 月 1 日起实施。版本升级既具有延续性，又不断丰富、创新。

随着社会的发展进步，我国抗震设防标准也在不断完善。《抗震规范》是为实现工程抗震设防目标而制定的工程技术标准。任何一个国家的抗震设计规范都与其当时的工程、材料技术水平和经济发展水平密切相关。《抗震规范》版本的升级，反映了我国工程抗震科学技术与工程实践的发展和进步。

二、汶川地震震害原因分析

大地震时有发生，人们为之付出的代价是巨大的，认真总结研究每一次大地震的特点和经验教训，是十分重要的工作，可以从中积累抗御地震的宝贵经验和教训，以减少未来大地震给人类可能造成的损失。

2008 年 5 月 12 日 14 时 28 分，发生在四川汶川的里氏 8.0 级特大地震，震源深度约 14 km，震中烈度高达 11 度。此次地震不仅在震中区附近造成灾难性的破坏，而且在四川省和邻近省市大范围造成破坏，震感更是波及全国绝大部分地区乃至国外，5·12 汶川大地震，使 44 万余平方千米土地、4 600 多万人口遭受灾难袭击。其中，重灾区面积达 12.5 万余平方千米，房屋倒塌 778.91 万间，损坏 2 459 万间(见图 0-10)。地震造成 6.9 万多人死亡，1.7 万多人失踪，37 万多人受伤，这是新中国成立以来破坏力最强、经济损失最大、波及范围最广、救灾难度最大的一次地震灾害。

图 0-10　汶川地震中倒塌的房屋

地震不但会造成大量房屋倒塌、破坏，还引起山体崩塌、滚石、滑坡、道路破坏、堰塞湖等地质灾害和次生灾害，由此造成大量人员伤亡、财产损失、居民无家可归、学生无法正常上课。

研究解析汶川大地震的成因及其内在运动规律，认真总结此次大地震的特点和经验教训，从中积累抗御地震的宝贵经验，减少未来大地震给人类可能造成的损害，是每个建筑或相关专业人员义不容辞的责任，也给少数认为地震离自已很远、不重视建筑抗震的人们敲响了警钟。地震带给人们灾难的同时，也检验了建筑物的质量和现行设计标准的合理性。我们必须抓住这一难得的契机调查研究、分析总结，使我们的抗震研究、设计和施工水平、减灾防灾意识和管理能力有一个大的提高。

1. 从本次特大地震的特点来看

(1)此次地震级别大、烈度高。本次里氏 8.0 级特大地震发生在青藏高原东边缘的龙门山断裂带上，是该断裂带千年不遇的特大地震。据有关资料介绍，在汶川卧龙获取的峰值加速度记录达 0.9g(地震烈度 10 度强)，在江油获取的峰值加速度记录达 0.7g(地震烈度接近 10 度)。此次地震所产生的峰值加速度大于 0.4g(地震烈度 9 度)的区域尺度达到 350 km，震中烈度高达 11 度。此次“5・12”地震的极重灾区，当时的最高设防烈度仅为 7 度；如此巨大的地震造成地面大量工程建筑倒塌，引发了数以万计的山体崩塌、滑坡、泥石流等次生灾害，形成了众多堰塞湖，造成巨大的人员伤亡和经济损失。

(2)此次地震震源深度浅、破裂长度大、震害范围广(图 0-11)。本次地震震源发生在地表以下 14 km 处，所产生的地面运动十分剧烈，地震破裂面从震中汶川开始向北偏东 49°方向传播，破裂长度达 240 km，破裂过程可明显分成相互连贯的若干个破裂事件，每个破裂事件相当于一次7.2～7.6级的地震，造成的地震震害面积达44万平方千米，涉及四川、甘肃和陕西3省237个县、市。我国绝大部分省、市均有不同程度的震感，甚至泰国、越南、菲律宾和日本也有震感。

(3)发震方式特殊、震动持续时间长。本次地震为逆冲、右旋、挤压型断层地震，发震构造为龙门山中央断裂带，在挤压应力作用下，由南向北东逆冲运动；在断裂带区域造成地面最大垂直位移达9 m，如图0-12所示。纵向破坏力巨大，而且地震烈度沿断裂带短轴方向变化很快，在20 km距离内烈度值从7度陡然上升至11度，对处于高烈度区的建筑物瞬间造成严重破坏或倒塌；地震强烈波动时间长达100 s(地震史上罕见)，持续的强烈振动对各种房屋结构造成持续叠加型破坏。如此特殊的地震对地面建筑物的破坏特别巨大，造成的破坏程度历史上罕见。

图0-11　汶川地震的地裂缝

图0-12　汶川地震的地面隆起

2. 从不同地质构造及场地条件下的房屋震害来看

(1)地质构造差异对房屋震害影响明显。由于地震波在不同地质构造中传播速度和方式的差异，使得处于不同地质构造区域内的房屋建筑的震害情况明显不同。处于断裂构造或褶皱构造区域内的房屋建筑比处于单斜或水平岩层构造区域内的破坏严重。其中，以断裂构造区域内的房屋建筑震害最重，水平岩层构造区域内的震害较轻。沿龙门山中央断裂带两侧20 km范围内为断裂或褶皱构造发育区，房屋震害异常严重。

(2)场地条件差异对房屋震害影响明显。在比较密实、稳定的土层或基岩场地，地震破坏小；在比较松散、没有胶结的洪积层、河流冲积层或土层中富含水分的场地，地震破坏大，且震害随土层厚度的增加而加重。房屋建筑总是依具体的场地条件来考虑布局和朝向，当房屋的抗震薄弱朝向(一般为横向)与地震波的振动方向一致时，就会加剧房屋的震害；当场地的卓越周期与房屋的自振周期、地震波的振动周期相近时，会引起一定的共振效应，也会加剧房屋的震害。由于不同的场地条件及相邻建筑下不同场地土的差异，加上地震波传播中峰值的影响，即地震纵波与横波传播中波峰的叠加增强，造成了地震波的局部放大，因此，在低烈度区也有造成房屋严重破坏或倒塌的现象；在同一区域内，相邻的同类房屋建筑也产生了截然不同的破坏结果，例如有的倒塌、有的破坏轻微。

(3)次生灾害对房屋震害影响明显。此次特大地震引发了大量山体滑坡、泥石流、堰塞湖、地基液化、崩塌、震陷等地质灾害，加剧了山区部分房屋的倒塌及破坏。修建在滑坡地带或断裂带附近的房屋在此次地震中破坏严重。在本次地震的低烈度区域，发生了因房屋建设在滑坡地带，而对房屋造成了严重破坏或垮塌的现象。

3. 从不同类型房屋和结构的震害来看

(1)砖混结构中，以纵墙承重、大开间、大开窗、外挑走廊等建筑形式的震害最为严重。不少地方在20世纪90年代以前的砖混结构中较多地使用了大开间、大开窗、外挑走廊等建筑形式，当时的抗震规范没有从圈梁和构造柱的设置上提出更多的要求，加上大量使用与墙体连接锚固不充分的预制空心楼板，使砖混结构的整体性也受到了影响，这些结构形式的建筑在重灾区普遍发生了严重的破坏或整体倒塌，甚至是粉碎性倒塌。许多砖混结构教学楼的整体倒塌，更成为震后社会各界关注的焦点，如都江堰聚缘中学教学楼、北川中学教学楼等，如图0-13所示。

(2)框架-砌体混合结构形式，在重灾区普遍受到重创(图0-14)。无论是底部框架上部砖混的竖向混合结构还是部分框架部分砖混的水平混合结构，由于刚度突变、传力途径复杂和变形能力不协调等因素，大量此类建筑破坏严重，如使用混合结构的商场、办公、医疗、学校等公共建筑。

图0-13　震后的北川中学

图0-14　汶川震后的底框砖混结构房屋

(3)框架结构中，出现了框架柱先于框架梁破坏的现象，如图0-15所示。震害调查显示：本次地震大多数框架结构的主体结构震害较轻。尽管如此，框架结构的破坏表现为框架柱先于框架梁破坏、节点区破坏等现象比较常见。规范中考虑框架的抗震作用主要是抵抗水平地震作用，但此次地震的竖向作用十分强大，震中区域的框架柱出现了(水平、竖向叠加作用)粉碎性压缩破坏，导致房屋严重破坏甚至垮塌。

图 0-15　汶川地震中倒塌的框架结构房屋

(4)用于厂房(或仓储)的排架结构受灾严重，如图 0-16 所示。震害调查中发现，灾区的不少厂房及仓储用房的排架结构由于跨度大、屋架重、柱间连接弱，加上一些年久失修等原因，在此次地震中破坏严重，垮塌较多。其中，单跨比双跨震害重，重屋架比轻屋架震害重。

图 0-16　汶川地震后的排架结构厂房

(5)农村自建房在重灾区震害十分严重，倒塌普遍，如图 0-17 所示。20 世纪 90 年代前，在农村自建房中大量使用简易的砖石、砖木、土木等结构形式，由于没有必要的构造措施，砌筑墙体的粘结材料强度差，一般情况下也没有进行专门的抗震设计，在此次地震重灾区震害十分严重，倒塌普遍。

图 0-17　汶川地震中倒塌的农村自建房

(6)木结构房屋和轻钢结构房屋在此次地震中震害较轻。重灾区的木结构房屋在这次地震中震害较轻。木结构采用卯榫连接，榫头在卯榫节点处可轻微转动，具有“柔性”连接的特点；柱根直接放在柱基石上，水平震动时柱根可在柱基石上轻微滑动；厚重的屋盖通过穿斗或斗栱的连接方式与内柱、檐柱体系连成一体，保证了木结构房屋的整体性。木结构的这些特点使得重灾区的木结构房屋除有不少屋面瓦脱落外，多数木结构房屋震害较轻。在灾区还有少量的轻钢结构形式的轻工业厂房，由于其质量小、连接可靠、结构整体延性好，加上与之配套的屋盖和墙板均采用轻质材料，使其具有较好的抗震性能。此次地震中震害主要表现为柱间支撑连接被拉断、钢构件防火涂料剥落等，震害较轻。

4. 从不同年代抗震设防标准下的房屋震害来看

(1)本次特大地震的实际烈度远高于房屋抗震设防烈度。根据《中国地震动参数区划图》，此次地震的极重灾区和重灾区房屋建筑的最大设防烈度为 7 度(松潘、石棉、九寨沟县除外)，而汶川地震实际影响烈度达到了 8～11 度，地震实际影响烈度普遍超过极重灾区建筑设防烈度的 1.5～4 度，根据《抗震规范》对大震(罕遇地震)进行超越概率计算的结果，当实际影响烈度超过设防烈度的 1.5 度时，房屋结构主要受力构件的强度和变形无法承受，倒塌在所难免。据初步统计，倒塌的房屋中按 1974 年版抗震规范和 1978 年版抗震规范设计的比例达到了 80%以上，所以，重灾区房屋建筑的抗震设防很难抵御此次特大地震的破坏，重灾区房屋的倒塌是不可抗拒的。

(2)不同年代按不同抗震设防标准修建的房屋，震害明显不同。震害显示：1990 年以后修建的房屋，震害情况有显著减轻的趋势。在 1989 年版抗震规范以前，框架结构抗震设计主要基于安全系数法；从 1989 年版抗震规范开始，采用了基于以概率理论为基础的极限状态设计方法，提出了强度验算和变形验算这一更高的要求；在砖混结构方面，人们对圈梁和构造柱的重要性认识也是逐步提高的，1978 年版及以前的抗震规范，对 6 度区砖房没有圈梁和构造柱的设置要求，对 7～9 度设防的砖房在 3～6 层内也没有要求设置构造柱，1989 年版抗震规范和 2001 年版抗震规范在圈梁和构造柱的设置上提出更高的要求，符合这些要求的房屋建筑，震害明显减轻；而 1989 年以前修建的房屋，1974 年版抗震规范和 1978 年版抗震规范中没有提出这些要求，房屋的震害明显加重。

5. *从使用不同建材及制品的房屋震害来看*

(1)20 世纪 90 年代中期以前大量使用冷拔低碳钢丝构件的房屋抗震性能差。震害调查可见：灾区倒塌或严重破坏的房屋建筑中有不少楼板是预应力空心板，绝大部分破坏的预应力空心板中使用的钢材均为冷拔低碳钢丝，由于冷拔低碳钢丝直径小(4 mm)且表面光滑，钢丝与混凝土的粘结锚固性能(握裹力)差，在较大外力下钢丝与混凝土容易脱开，降低了空心板的延性，最终导致空心板脆性破坏。之后，国家出台了《冷轧带肋钢筋混凝土结构技术规程》(JGJ 95—1995)行业标准，于 1995 年 7 月 1 日起开始实行，用冷轧带肋钢筋取代冷拔低碳钢丝(也可取代直径 12 mm 以内的 HPB 300 级光圆钢筋)。2012 年 4 月 1 日起实施《冷轧带肋钢筋混凝土结构技术规程》(JGJ 95—2011)。由于冷轧带肋钢筋表面具有三面或两面月牙形横肋，其与混凝土的粘结锚固性能是冷拔低碳钢丝的 3～6 倍。

(2)水泥、混凝土标准改变后，房屋震害减轻。20 世纪 90 年代以来，国家对水泥和混凝土的标准进行了重大调整：一是淘汰了旧标准中广泛使用的 275 号和 325 号两个低标号水泥，新标准规定的水泥强度最低等级为 32.5(2008 年又被淘汰)，相当于旧标准的 425 号水泥，大大提高了水泥强度等级；二是水泥胶砂强度检验方法做了很大改变，消除了旧方法中水泥标号偏高的不利影响；三是混凝土标号改为混凝土强度等级，与国际接轨，强度有所提高，如新标准 C20 等级混凝土比原 200 号混凝土强度提高了 11%。材料标准上的不断改进，有助于水泥砂浆和混凝土强度的提高，有助于结构抗震性能的提高，这次灾区倒塌的房屋中，2000 年以后修建的极少。

(3)不同的墙体材料，房屋震害差异较大。由钢筋混凝土构筑的抗震墙(混凝土结构中称为剪力墙)结构房屋(主要在都江堰市，汶川县城也有少量)，普遍震害较轻，起到了很好的抗震作用。由各种烧结砖、混凝土砌块、轻质墙体材料等组成的框架填充墙，由于墙体材料与框架梁、柱连接的构造措施不完善等因素，震害都比较严重，但也有大致的规律：空心砌块墙震害大于实心砌体墙，无筋墙体震害大于有筋墙体，加气混凝土轻质墙震害大于普通烧结砖墙体。

大量使用传统的农村建房墙体材料的房屋，震害十分严重。由于种种原因，农村自建房墙体大量使用不规则石块堆砌和土筑墙等的"干打垒"形式，粘结材料以泥、砂或糯米浆为主，构造措施为"竹筋"，没有进行抗震设计，粘结材料强度低，房屋整体性和抗震能力差，这类房屋在重灾区震害严重，倒塌普遍。

大地震是破坏力极强的自然现象，给人类带来了巨大的灾难。人类目前虽然还不能阻止和准确预测地震的发生，但可以依靠自身的智慧从鲜血和生命的代价中不断总结、研究和提高，从而指导灾后恢复重建，最大限度地减轻未来地震灾害造成的损失，一方面，经历地震灾害磨炼而发展起来的《抗震规范》等抗震减灾理论在减轻地震灾害中已经发挥了重要作用；另一方面，人们对地震造成重大灾害的机理还缺乏足够的研究和科学的知识。为此，从事地震科学研究、工程建设行业的广大科技人员和管理人员，肩负着重大历史责任。

三、学习抗震设防知识的必要性

汶川大地震，6.9 万余人遇难。其中，大部分被埋在倒塌的建筑物下面，这使得我们从事建筑的工程技术人员深感自己的工作与人民生命密切相关，责任重大。为此，我们有必要从地震特点、场地条件、建筑结构、设防标准和建筑材料等方面开展进一步的深入研究，完善和发展防灾减灾理论。

1. 牢固确立防震减灾工作“以预防为主”的指导方针

由于地震的复杂性、人类认识的局限性等因素，要进一步加强地震危险性和地震预测预报科学研究，以及房屋结构震害机理的分析研究，不断完善和推动地震工程的发展和进步。确保单体工程设施的抗震能力，使原有工程得到抗震加固、新建工程达到抗震设防标准。

2. 统筹兼顾，严格规划选址，避免场地对房屋的不利影响

工程项目选址，要考虑从地形、地貌上尽可能避开非岩质的陡坡，高耸的山丘、河岸和边坡的边缘等不利地段；从场地条件上，要尽量避开软弱土层、液化土层和严重不均匀土层等，如无法避开，则应采取抗震措施处理。工程项目的选址，还要同时符合当地的总体规划和防灾专项规划的要求，不挤占应急疏散、避难场所用地。

3. 严格执行现行抗震技术规范，坚持抗震审查制度

汶川地震后，国家及时修订颁布了《中国地震动参数区划图》(GB 18306—2001)国家标准第1号修改单、《建筑抗震设计规范》(GB 50011—2001，2008年局部修订版)和《建筑工程抗震设防分类标准》(GB 50223—2008)，提高了汶川地震灾区地震动参数区划和部分工程抗震设防标准。新版《建筑抗震设计规范(2016年版)》(GB 50011—2010)已于2016年8月1日起实施。拟建工程应切实贯彻执行这些技术法规，要真正把抗震设防贯穿于工程选址、规划、勘察、设计、审查、施工、监理、验收、使用和管理的全过程。

4. 加强房屋抗震设计，注重房屋结构选型，增强房屋结构的整体稳定性

要加强房屋的抗震设计。良好的抗震设计是房屋抗震的基础和关键，要协调好建筑创作与结构抗震的关系，房屋体形力求简单、规则、对称、质量和刚度变化均匀；要力求结构体系明确，传力途径简捷，刚度和强度分布合理；薄弱部位加强；构件要考虑具有必要的强度和变形能力(或延性)，并具有可靠的连接，支撑系统稳定；非结构构件(围护墙、隔墙、填充墙)要合理设置。

要注重房屋结构选型。优先采用抗震性能好的结构形式。坚持选用已被实践证明且广泛适用的框架结构、框架-抗震墙结构、抗震墙结构形式，适当鼓励选用钢结构、钢管混凝土结构等抗震性能好的建筑结构形式。学校、医院、图书馆等人员密集的公共建筑，应选用抗震性能好的结构形式，限制使用石木结构、土石结构等。

房屋设计要设置多道抗震防线，提高房屋整体稳定性。钢结构和排架结构中适当增加柱间支撑、钢筋混凝土结构中增加抗震墙及加大受力构件的延性等措施，房屋抵抗地震作用的整体稳定性会明显加强，房屋不会因部分结构或构件破坏导致整个结构丧失抗震能力而倒塌。

5. 严格施工质量管理，将抗震设防始终贯彻在工程设计、工程施工、工程监理、质量监督、竣工验收中

震害的经验告诉我们，要使工程建设真正达到减轻或避免地震灾害的目的，必须使抗震设防贯彻始终，特别是工程建设的施工质量，处于整个工程建设的重要位置。控制施工质量的好坏，将直接影响结构的抗震性能，云南澜沧—耿马地震的惨痛教训很能说明问题。

1988年11月6日在云南边境的澜沧—耿马县，连续发生了里氏7.6级和7.2级两次强震，波及面积达9万多平方千米，受灾人口共500多万，倒塌和震毁2万多间房屋，直接损失20多亿元，这是自唐山大地震以来，破坏、损失最为严重的一次，这次地震发生在人烟稀少的边境农村，造成如此巨大的损失，有许多具有普遍意义的经验教训。其中，施工质量低劣造成的损失是一个非常沉痛的教训。该震区大量倒塌的新建工程，绝大部分属于越级施工、无照施工；大多数工程技术人员不懂得抗震设计；有的名为框架结构，实际是梁柱的简单组合，柱截面过小，主筋搭接过短，而且箍筋稀少。这类建筑震害之重，出人意料。砌体房屋则是砂浆强度等级低，灰浆不饱满；砖墙不咬槎，有的240墙基本上是将两片120墙砌在一起，整体稳定性很差。边区人们盼望多年才建起来的医院、学校、住宅等大量建筑，就这样毁于一旦。没有好的施工质量，是建筑物破坏的主要因素。

汶川地震中，也暴露了很多施工质量问题，如图0-18所示。预制板的锚固不足，柱内竟有许多大卵石，钢箍细得像铁丝，未烧透的黑心砖，以及混凝土构件内遗留纸板等。某一处的施工缺陷，完全可能导致整幢房屋的倒塌，这是一点都马虎不得的事。专家们从聚源中学倒塌的教学楼废墟中发现，建筑教学楼使用的钢筋很乱、很细，教学楼建设存在着工程质量问题。在校舍建设过程中，一些建筑商忽视质量，为了获得更多的利润，一方面缩短建设工期；另一方面在施工中采用低质材料进行建设。在倒塌的校舍废墟上，到处有堆积如山的大块梁板，有粉碎形成的很多碎块，这与钢筋细少、水泥强度等级不高有密切关联。

图0-18　汶川地震后发现的施工质量问题

实践经验证明，在施工时稍加重视，灾害就不会如此严重。其实对于有些建筑物，只需采取简单的措施便可达到抗震救灾的目的。例如：在砌体结构中增设圈梁、构造柱；在框架结构中梁、柱端部及节点区内加密箍筋，都是十分容易掌握的，且能大大提高建筑结构的抗震性能。因此，从事建筑行业的技术人员牢牢掌握《抗震规范》的有关规定，掌握各种工程抗震技术手段，以及各种抗震构造措施是十分必要的，也是可行的。

视频：防灾减灾日

第一章　地震基本知识

知识目标

1. 了解地震的成因、类型，地震波的传播特性，地震可能带来的灾害；
2. 熟悉地震特点、中国地震烈度表、我国地震分布情况；
3. 掌握与地震有关的术语；
4. 熟悉地震造成的破坏现象。

能力目标

1. 了解地震的自然性和频发性；
2. 了解我国所面临的严峻的地震形势。

素质目标

1. 了解科学的道路上没有平坦的大道，培养学生脚踏实地、艰苦奋斗的精神；
2. 引导学生树立明确的职业目标。

第一节　构造地震

地震给人类社会带来灾难，造成不同程度的人身伤亡和经济损失。为了减轻或避免这种损失，就需要对地震有较深的了解。

地球构造

一、地震的成因及类型

(一)地球的构造

众所周知，地球是一个平均半径约为 6 400 km 的椭球体，至今已有45 亿年的历史。研究表明：地球由外到内是由三个性质不同的层组成。最外层是一层薄厚不等的硬壳，称为地壳；中间一层很厚、约为 2 900 km 的部分，称为地幔；最里面的是地球的核心部分，半径约为 3 500 km 的球体，称为地核，如图 1-1 所示。世界上绝大部分地震都发生在地壳内。

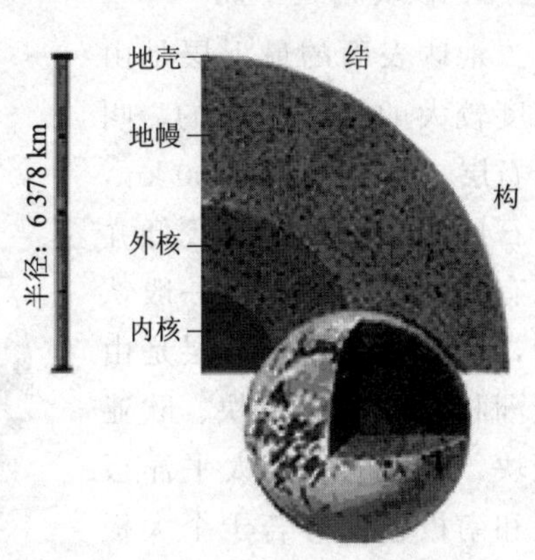

图 1-1　地球结构

(二)地震的分布情况

地震俗称地动，是地球内部构造运动的产物，它是一种突发性的自然现象。据统计，全世界每年大约发生500万次地震。其中，绝大部分(约占99%)的地震属于小地震，只有用灵敏的仪器才能测到，而人们能够感觉到的仅占一年地震总数的1%左右；至于会造成严重破坏的强烈地震，平均每年发生十几次；而像2008年四川汶川遭受的震级在8级以上的毁灭性地震，每年仅约2次。

(三)地震的类型

根据地震的成因，地震可分为火山地震、塌陷地震和构造地震三种主要类型。

1. 火山地震

由于火山爆发、岩浆猛烈冲击地面而引起的地面振动，叫作火山地震。火山地震影响和破坏性较小，在我国很少见。

2. 塌陷地震

由于地表或地下的岩层突然大规模陷落和崩塌时引起小范围的地面振动，叫作塌陷地震。这种地震很少造成破坏，其震级也较小。

3. 构造地震

由于地壳构造运动(岩层构造状态的变动)推挤地壳岩层，使其薄弱部位发生突然断裂和猛烈错动而引起的地面运动，叫作构造地震。

构造地震的破坏性最大，影响面最广，发生次数最多，占全球地震总数的90%以上。因此，构造地震是工程抗震研究的重点，在建筑抗震设防中所指的地震就是构造地震，简称地震。

除以上三种地震外，人类改造自然活动中也能诱发地震，如采矿、核爆炸、水库蓄水或深井注水等引起的地面振动。这种地震影响较小，在工程抗震中不作考虑。

(四)构造地震的成因

有关构造地震的成因有多种学说，我们从宏观背景和局部机制两个层次上解释其成因。从宏观背景上考察，属于板块构造学说理论；从局部机制上分析，为断层学说原理。

1. 板块构造学说

地球表面的最上层是由强度较大的岩石组成的，叫岩石层，厚度为70～100 km，岩石层的下面是强度较低并带有塑性的岩流层。一般认为，地球表面的岩石层是由美洲板块、非洲板块、欧亚板块、印度板块、太平洋板块和南极板块等若干个大板块所组成的，如图1-2所示。这些板块由于下面岩流层的对流运动而作刚体运动，从

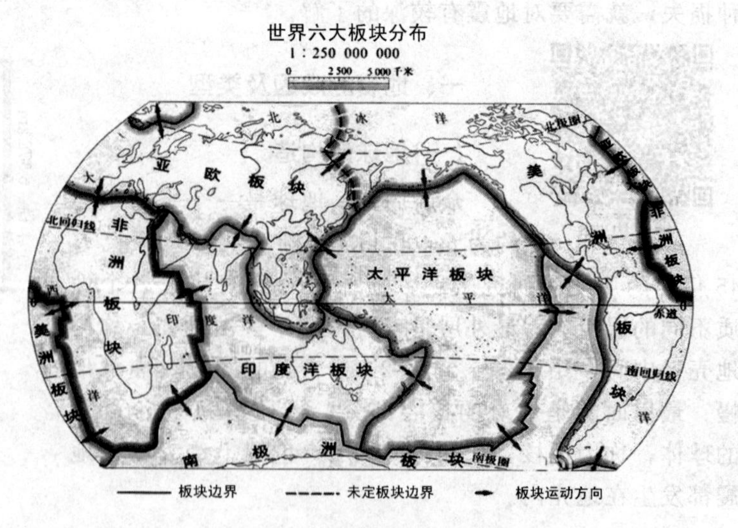

图 1-2　地球的几大板块

而引起板块之间互相的挤压和冲撞，致使其边缘附近岩石层脆性破裂，从而引发了地震。

2. 断层学说

地壳是由多种岩石层构成的，大量事实证明，地壳并非静止不动，而是在不断、连续地变动。由于地球在它运动和发展过程中内部存在着巨大的能量，地壳中的岩层在这些能量所产生的巨大作用力的作用下，使原始水平状态的岩层发生变形，产生地应力。当地应力较小时，岩层并未丧失其连续、完整性，而仅发生微小的变形；当地应力很大并超过其外岩层的强度极限时，岩层将发生断裂和错动，如图 1-3 所示，地面随之产生了强烈振动，这就是地震。

地震的发生与地质构造密切相关。一般来说，岩层中原来已有断裂存在，致使岩石的强度较低，容易发生错动或产生新的断裂，也就容易发生地震。因此，地质构造是决定地震作用大小和地震破坏程度的重要因素。

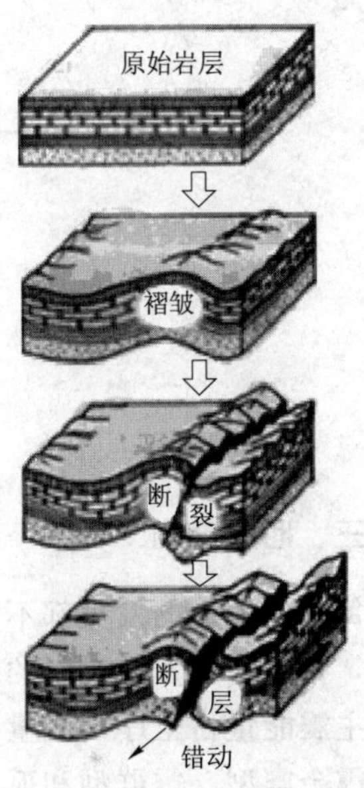

图 1-3　地壳构造变动

3. 汶川地震产生的原因

汶川地震是一次千年不遇的特大地震，震级大、震源浅、烈度高、地面运动强烈、破坏力极强。据资料显示，由于地球的特殊板块构造，印度板块不断向欧亚板块俯冲，使青藏高原的地壳物质不断向东滑移。当这些地壳物质滑移到汶川地震区所处的龙门山构造带后，受到四川盆地之下刚性地块的顽强阻挡，聚集了巨大的能量，最终在龙门山北川、映秀地区突然释放。而且汶川地震发生的区域位于青藏高原向成都平原过渡地带，地质构造与自然地理条件十分复杂，地震造成的崩塌、滑坡等次生灾害因而非常严重。

二、地震术语

地震震动的发源处，称为“震源”，它是岩层断裂、错动的地方。构造地震的震源不是一个点，而是有一定长度和范围的体；震源正上方的地面位置，叫作“震中”；震源到地面(或震中)的垂直距离称为“震源深度”(H)。震中附近地面振动最厉害、破坏最严重的地区，称为“极震区”或“震中区”；地面某处至震中的水平距离，称为“震中距”；地面某处到震源的距离，叫作“震源距”；把地面上破坏程度相近的点连成曲线，称为“等震线”。理想的等震线是规则的同心圆，但由于建筑物的差异，地形、地质的影响，实际上等震线多是一些不规则的封闭曲线，如图 1-4 所示。

地震按震源的深浅不同，又可分为：浅源地震(震源深度在 60 km 以内)、中源地震(震源深度为 60～300 km)和深源地震(震源深度在 300 km 以上)。世界上绝大部分地震是浅源地震，震源深度集中在 5～20 km。一般来说，对于同样大小的地震，当震源深度较浅时，波及范围小，其破坏程度较重；当震源深度较大时，波及范围大，其破坏程度较轻。

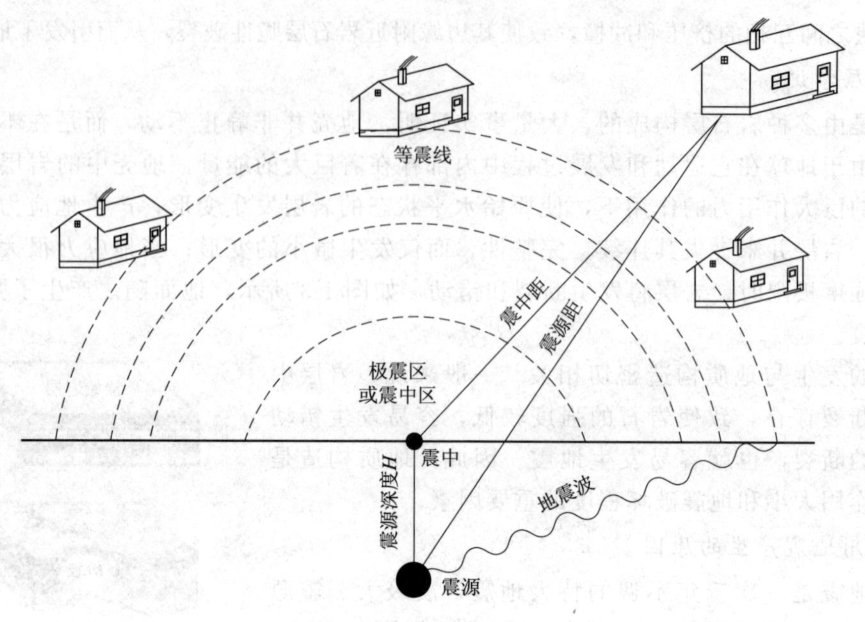

图 1-4　地震术语示意图

三、地震序列

每次大地震的发生都不是孤立的，大震前后在震源附近总有与其相关的一系列小地震发生，把它们按发生时间的先后顺序排列起来，就叫作地震序列。根据地震序列的能量分布、主震能量占全序列能量的比例、主震震级和最大余震的震级差等，可将地震序列划分为主震余震型、震群型和孤立型三类。

1. 主震余震型地震

主震余震型地震的前震较少，主要震级突出，主震释放的能量一般占全序列的 90％以上，而余震较多，往往数日不绝。有时，主震发生前先有一些前震出现。这种主震余震型地震，也叫前震—主震—余震型地震。例如：1976 年 7 月 28 日，唐山里氏 7.8 级大地震，当天发生 1 次里氏 7.1 级强余震和 10 次大于 6 级的较强余震，以后 4 个月内共计发生 4 级以上的余震近千次，4 级以下的数万次。1975 年 2 月 4 日，辽宁海城里氏 7.3 级地震前，自 2 月1 日起即突然出现小震活动，且其频度和强度都不断升高，于 2 月 4 日上午出现两次有感地震，主震于当日 18 时 36 分发生。

2. 震群型地震(多发型地震)

震群型地震没有突出的主震，前震和余震较多，主要能量通过多次震级相近的地震释放出来。如邢台地震，1966 年 3 月 8 日晨发生第一次里氏 6.8 级强烈地震，随后于 3 月 22 日在 8 分钟内连续发生了里氏 6.8 级和里氏 7.2 级两次强震，后来又发生了里氏 6.7 级和里氏 6.2 级强震。

3. 单发型地震

单发型地震也称孤立型地震，有突出的主震，余震次数少、强度低；主震所释放的能量占全序列的 99.9％以上。如 1983 年 11 月 7 日山东菏泽里氏 5.9 级地震即属于此类，它的最大余震只有3级左右。

在上述三种类型的地震中，据统计主震余震型地震约占60%，震群型地震约占30%，而单发型地震约占10%。

第二节　地震波、震级和地震烈度

一、地震波

在地震发生时，岩层积累的变形能突然释放，转换成热能、位移的机械能及波能。这种由震源向各个方向传播地震能量的波，叫地震波。地震波按其在地壳中传播位置的不同，分为体波和面波。

1. 体波

在地球内部传播的波称为体波，其包括纵波和横波。

(1)纵波。纵波是由震源向四周传播的压缩波，又称P波。其质点的振动方向与波的前进方向一致，这种波周期短、振幅小、衰减快，能在液体、固体中传播，能引起地面垂直方向的振动(上下颠簸)。它在地壳内的传播速度一般为v_P=200～1 400 m/s，如声波等。

(2)横波。横波是由震源向外传播的剪切波，也称S波。其质点的振动方向与波的前进方向相垂直。其特点是：周期长，振幅大，衰减较慢，仅能在固体中传播。横波能引起地面水平方向的振动(水平摇晃)，传播速度比纵波慢，一般以v_S=100～800 m/s的速度在地壳中传播。体波、质点振动形式如图1-5所示。

视频：地震预警

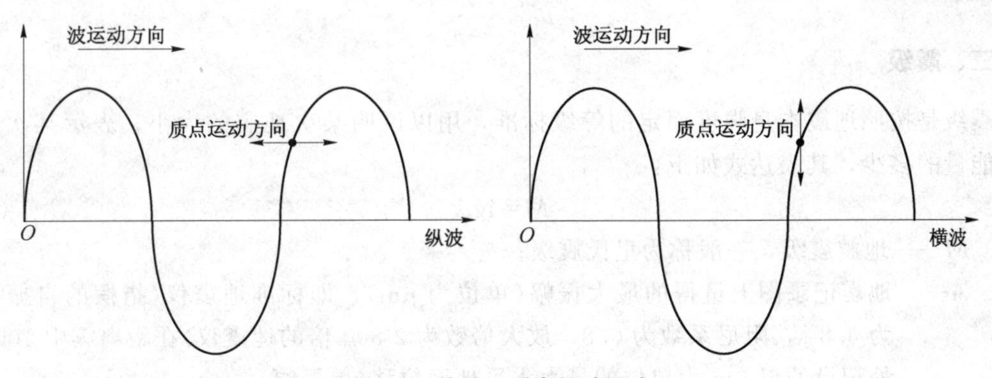

图1-5　体波、质点振动形式

一般来讲，土层土质由软至硬，剪切波速由小到大，所以，剪切波波速在地基土动力性质评价中占有重要位置。

2. 面波

在地球表面传播的波叫面波，也称L波。它是体波经地层界面多次反射、折射形成的次生波，分为瑞雷波、洛夫波。其特点是质点振动方向复杂、振幅大、周期长、衰减慢，只在地表附近传播，能传播很远，对建筑物的影响比较大，传播速度为S波的90%。

(1)瑞雷波。传播时，质点在波的传播方向和地面法线组成的平面内(XZ)作与波前进方向相反的椭圆形运动，而在与 XZ 平面垂直的水平方向(Y)没有振动，质点在地面上呈滚动形式。

(2)洛夫波。传播时，质点在地平面内作与波前进方向相垂直的水平方向(Y)运动，在地面上呈蛇形运动形式。

综上所述，地震波的传播以纵波最快，横波次之，面波最慢，而面波振幅最大。图 1-6 所示为一般地震波的记录图。首先到达的是 P 波，然后是 S 波，L 波到达最迟。

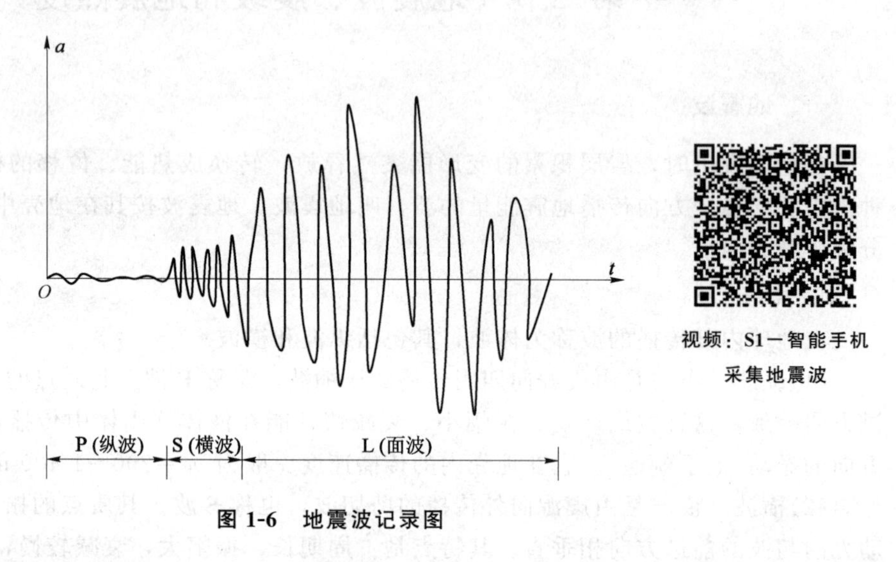

图 1-6　地震波记录图

地震现象表明：纵波使建筑物产生上下颠簸，横波使建筑物产生水平摇晃，而面波使建筑物既产生上下颠簸又产生左右摇晃，一般是在横波和面波同时到达地面时振动最厉害。所以，面波是直接造成建筑物和地表破坏的主要因素。

二、震级

震级是按照地震本身强度而定的等级标准，用以说明某次地震的大小，表示某次地震释放能量的多少，其表达式如下：

$$M=\lg A \tag{1-1}$$

式中　M——地震震级，一般称为里氏震级；

A——地震记录图上量得的最大振幅(单位为 μm)，即标准地震仪(指摆的自振周期为 0.8 s，阻尼系数为 0.8，放大倍数为 2 800 倍的地震仪)在距离震中 100 km 处记录的以 μm 为单位的最大水平地面位移(单振幅)。

在实际中，当震中距不是 100 km 和采用非标准地震仪时，需按修正后的相应震级计算公式确定震级。

震级与地震释放能量 E(尔格)之间的关系如下：

$$\lg E=1.5M+11.8 \tag{1-2}$$

通过以上关系可以得出，震级每差一级，地面振动的振幅增加约 10 倍，地震释放的能量就相差 32 倍之多。

一般来说，小于 2 级的地震人们感觉不到，称为微震；2～4 级地震，称为有感地震；

5 级以上地震就会引起不同程度的破坏，统称为破坏性地震；7 级以上地震，称为强烈地震或大地震；8 级以上地震，称为特大地震。

三、地震烈度

1. 地震烈度

烈度

地震烈度是指某一地区的地面及各类建筑物遭受到一次地震影响的强弱程度。对于一次地震来说，震级只有一个，然而由于各地区距震中距远近不同，地质情况和建筑情况不同，所受到的影响不一样，因而烈度不同。一般来说，震中区烈度最大，离震中越远，烈度越小。震中区的烈度称为“震中烈度”，用符号“I_0”表示。

2. 地震烈度表

地震烈度表是评定烈度大小的标准和尺度，目前除日本采用 0～7 的 8 个等级划分外，我国和世界绝大多数国家采用 1～12 共 12 个等级划分的地震烈度表，见表 1-1。

表 1-1　中国地震烈度表(2008)

地震烈度	人的感觉	房屋震害			其他震害现象	水平向地震动参数	
		类型	震害程度	平均震害指数		峰值加速度 $/(m\cdot s^{-2})$	峰值速度 $/(m\cdot s^{-1})$
Ⅰ	无感	—	—	—	—	—	—
Ⅱ	室内个别静止中的人有感觉	—	—	—	—	—	—
Ⅲ	室内少数静止中的人有感觉	—	门、窗轻微作响	—	悬挂物微动	—	—
Ⅳ	室内多数人、室外少数人有感觉，少数人梦中惊醒	—	门、窗作响	—	悬挂物明显摇动，器皿作响	—	—
Ⅴ	室内绝大多数、室外多数人有感觉，多数人梦中惊醒	—	门窗、屋顶、屋架颤动作响，灰土掉落，个别房屋墙体抹灰出现细微裂缝，个别屋顶烟囱掉砖	—	悬挂物大幅度晃动，不稳定器物摇动或翻倒	0.31 (0.22～0.44)	0.03 (0.02～0.04)
Ⅵ	多数人站立不稳，少数人惊逃户外	A	少数中等破坏，多数轻微破坏和/或基本完好	0.00～0.11	家具和物品移动；河岸和松软土出现裂缝，饱和砂层出现喷砂冒水；个别独立砖烟囱轻度裂缝	0.63 (0.45～0.89)	0.06 (0.05～0.09)
		B	个别中等破坏，少数轻微破坏，多数基本完好				
		C	个别轻微破坏，大多数基本完好	0.00～0.08			

续表

<table>
<tr><th rowspan="2">地震烈度</th><th rowspan="2">人的感觉</th><th colspan="3">房屋震害</th><th rowspan="2">其他震害现象</th><th colspan="2">水平向地震动参数</th></tr>
<tr><th>类型</th><th>震害程度</th><th>平均震害指数</th><th>峰值加速度/(m·s^{-2})</th><th>峰值速度/(m·s^{-1})</th></tr>
<tr><td rowspan="3">Ⅶ</td><td rowspan="3">大多数人惊逃户外，骑自行车的人有感觉，行驶中的汽车驾乘人员有感觉</td><td>A</td><td>少数毁坏和/或严重破坏，多数中等和/或轻微破坏</td><td rowspan="2">0.09～0.31</td><td rowspan="3">物体从架子上掉落；河岸出现塌方，饱和砂层常见喷水冒砂，松软土地上地裂缝较多；大多数独立砖烟囱中等破坏</td><td rowspan="3">1.25
(0.90～1.77)</td><td rowspan="3">0.13
(0.10～0.18)</td></tr>
<tr><td>B</td><td>少数中等破坏，多数轻微破坏和/或基本完好</td></tr>
<tr><td>C</td><td>少数中等和/或轻微破坏，多数基本完好</td><td>0.07～0.22</td></tr>
<tr><td rowspan="3">Ⅷ</td><td rowspan="3">多数人摇晃颠簸，行走困难</td><td>A</td><td>少数毁坏，多数严重和/或中等破坏</td><td rowspan="2">0.29～0.51</td><td rowspan="3">干硬土上出现裂缝，饱和砂层绝大多数喷砂冒水；大多数独立砖烟囱严重破坏</td><td rowspan="3">2.50
(1.78～3.53)</td><td rowspan="3">0.25
(0.19～0.35)</td></tr>
<tr><td>B</td><td>个别毁坏，少数严重破坏，多数中等和/或轻微破坏</td></tr>
<tr><td>C</td><td>少数严重和/或中等破坏，多数轻微破坏</td><td>0.20～0.40</td></tr>
<tr><td rowspan="3">Ⅸ</td><td rowspan="3">行动的人摔倒</td><td>A</td><td>多数严重破坏或/和毁坏</td><td rowspan="2">0.49～0.71</td><td rowspan="3">干硬土上多处出现裂缝，可见基岩裂缝、错动，滑坡、塌方常见；独立砖烟囱多数倒塌</td><td rowspan="3">5.00
(3.54～7.07)</td><td rowspan="3">0.50
(0.36～0.71)</td></tr>
<tr><td>B</td><td>少数毁坏，多数严重和/或中等破坏</td></tr>
<tr><td>C</td><td>少数毁坏和/或严重破坏，多数中等和/或轻微破坏</td><td>0.38～0.60</td></tr>
<tr><td rowspan="3">Ⅹ</td><td rowspan="3">骑自行车的人会摔倒，处于不稳定状态的人会摔离原地，有抛起感</td><td>A</td><td>绝大多数毁坏</td><td rowspan="2">0.69～0.91</td><td rowspan="3">山崩和地震断裂出现，基岩上拱桥破坏；大多数独立砖烟囱从根部破坏或倒毁</td><td rowspan="3">10.00
(7.08～14.14)</td><td rowspan="3">1.00
(0.72～1.41)</td></tr>
<tr><td>B</td><td>大多数毁坏</td></tr>
<tr><td>C</td><td>多数毁坏和/或严重破坏</td><td>0.58～0.80</td></tr>
<tr><td rowspan="3">Ⅺ</td><td rowspan="3">—</td><td>A</td><td rowspan="3">绝大多数毁坏</td><td rowspan="2">0.89～1.00</td><td rowspan="3">地震断裂延续很大，大量山崩滑坡</td><td rowspan="3">—</td><td rowspan="3">—</td></tr>
<tr><td>B</td></tr>
<tr><td>C</td><td>0.78～1.00</td></tr>
</table>

续表

<table>
<tr><th rowspan="2">地震烈度</th><th rowspan="2">人的感觉</th><th colspan="3">房屋震害</th><th rowspan="2">其他震害现象</th><th colspan="2">水平向地震动参数</th></tr>
<tr><th>类型</th><th>震害程度</th><th>平均震害指数</th><th>峰值加速度/(m·s⁻²)</th><th>峰值速度/(m·s⁻¹)</th></tr>
<tr><td rowspan="3">Ⅻ</td><td rowspan="3">—</td><td>A</td><td rowspan="3">几乎全部毁坏</td><td rowspan="3">1.00</td><td rowspan="3">地面剧烈变化，山河改观</td><td rowspan="3">—</td><td rowspan="3">—</td></tr>
<tr><td>B</td></tr>
<tr><td>C</td></tr>
<tr><td colspan="8">注：表中给出的“峰值加速度”和“峰值速度”是参考值，括弧内给出的是变动范围。</td></tr>
</table>

3. 平均震害指数

对应一次地震，在其波及的地区内，根据地震烈度表可以对该地区内每一个地点评出一个地震烈度。中国科学院工程力学研究所在 1970 年调查通海地震灾害时，发现很难用地震烈度表评定烈度，并保证精度在一度以内，因而提出“震害指数”的概念。震害指数是指以房屋的“完好”为 0，“毁灭”为 1，其余介乎于 0 与 1 之间，按震害程度分级。平均震害指数指所有房屋的震害指数的总平均值，并在“中国地震烈度表(2008)”中应用。

4. 震中烈度和震级的关系

一般说来，震中烈度是地震大小和震源深度两者的函数，但是对于发生最多的浅源地震，当震源深度为 10～30 km 时，可近似认为震源深度不变，震中烈度 I_0 只与震级 M 有关，见表 1-2。依据震级粗略地估算震中烈度的方法是：

$$I_0=1.5(M-1) \tag{1-3}$$

$$\text{或}\ M=1+\frac{2}{3}I_0 \tag{1-4}$$

表 1-2　地震震级 M 与震中烈度 I_0 的关系

M	2	3	4	5	6	7	8	8 级以上
I_0	1～2	3	4～5	6～7	7～8	9～10	11	12

1975 年 2 月 4 日，营口海城地震震级 $M=7.3$ 级，震源深度 $H=12$ km，震中烈度 $I_0=9$ 度；1976 年 7 月 28 日，唐山地震震级 $M=7.8$ 级，震源深度 $H=12$～16 km，震中烈度 $I_0=10$～11 度；2008 年 5 月 12 日，汶川地震震级 $M=8$ 级，震源深度 $H=10$ km，震中烈度 $I_0=11$ 度。

第三节　地震震害

逃生小常识

我国是世界地震灾害最严重的国家之一，地震造成的人员伤亡居世界首位，造成的经济损失也十分巨大。这是因为我国处在世界上两个最活跃的地震带之间，东濒环太平洋地震带(如台湾岛)西部和西南(新疆、西藏、四川、云南、甘肃)都是欧亚地震带所经过的地区，是世界上多地震国家之一。

自21世纪以来，我国共发生破坏性地震1 000余次，其中7级以上破坏性地震平均每年18次，8级以上地震1～2次。同时，地震活动分布范围广，按现行的烈度区划图，地震基本烈度6度及以上的地区面积占全国面积的79%，7度及7度以上的地区面积占全国面积的41%，8度及8度以上的地区面积占全国面积的8%。在历史上，全国除个别省(如贵州省)外，都发生过6级以上地震。有不少地区现代地震活动还相对强烈。台湾省大地震最多，新疆、西藏次之，西南、西北、华北和东南沿海地区也是破坏性地震较多的地区。新中国成立以来，大陆地区发生多次强震，造成的经济损失和人员伤亡是惨重的。地震灾害给人类带来了不幸，也为后人考察地震灾害提供了大量的资料。

对历史地震的考察与分析表明，地震灾害主要表现在三个方面：即地表破坏、建筑物破坏和各种次生灾害。

一、地表破坏

地震造成的地表破坏，一般有地裂缝、喷水冒砂、地面下沉及滑坡、塌方等。

1. 地裂缝

在强烈地震下，常常在地面产生裂缝，地裂缝(图1-7)穿过的地方可引起房屋开裂和道路、桥梁等工程设施的破坏。

图1-7　地裂缝

2. 喷水冒砂

在地下水水位较高、砂层埋藏较浅的平原及沿海地区，地震的强烈振动使地下水压力急剧增高，会使饱和的砂土或粉土层液化，地下水夹带着砂土颗粒，经地裂缝或其他通道喷出地面，形成喷水冒砂现象，如图 1-8、图 1-9 所示。喷水冒砂严重的地方，会造成房屋下沉倾斜、开裂和倒塌。

图 1-8　地面喷水

图 1-9　地面冒砂

3. 地面下沉(震陷)

在强烈地震下，地面的震陷多发生在松软而压缩性高的土层中，如大面积回填土。孔隙比大的黏性土和非黏性土，对于工程结构来说，不均匀沉陷引起的内力重分布可导致结构破坏乃至倒塌。

4. 滑坡、塌方(山区)

发生强烈地震时，除会出现陡崖失稳引起的崩塌、山石滚落、陡坡滑移等现象外，还会导致公路阻塞、交通中断等，如图 1-10 和图 1-11 所示。

图 1-10　山体滑坡

图 1-11　塌方

二、建筑物破坏

地震时，各类建筑物破坏是导致人民生命财产重大损失的主要原因，各类工程结构在强烈地震作用下的抗震能力和破坏情况各不相同，而同类型的建筑物也会因地基条件不同和采取的抗震措施不同而各异。

按破坏的形态和直接原因，建筑物破坏可分为以下三类。

1. 结构丧失整体性造成的破坏

众所周知，房屋建筑或构筑物是由许多不同构件所组成的，结构构件的共同工作主要由各构件之间的连接及各构件之间的支撑来保证。在强烈地震作用下，构件连接不牢、节点破坏、支撑强度不够和支撑失效等，都会使结构丧失整体性而造成破坏。

2. 承重结构承载力不足或变形过大造成的破坏

地震时，地面运动引起建筑物或构筑物振动，从而产生惯性力，使建筑物或构筑物的内力和变形增大较多，导致结构的承载力不足或变形过大而遭受破坏。如墙体开裂、混凝土柱剪断或混凝土被压碎、房屋倒塌、砖烟囱折断和错位等，如图 1-12～图 1-14 所示。

图 1-12　混凝土被压碎

图 1-13　房屋倒塌

3. 地基失效引起的破坏

强烈地震时，地裂缝、滑坡、震陷和地基土液化等，可使地基丧失稳定性，降低或丧失承载力，使建筑物整体倾斜、拉裂以至倒塌而破坏，如图 1-15 所示。

图 1-14　混凝土柱剪断

图 1-15　地基震陷

三、次生灾害

地震的次生灾害是指因地震的发生而间接出现的灾害，如地震诱发的火灾、水灾、有毒物质污染、海啸、泥石流等，如图 1-16 和图 1-17 所示。由次生灾害造成的损失，有时比地震直接产生的灾害造成的损失还要大，尤其是大城市、大工业区。如 1923 年日本东京大地震，据统计震倒房屋 13 万栋，由于地震时逢午饭时刻，许多地方同时起火，而道路又为之堵塞，自来水管普遍破坏，致使大火蔓延，烧毁房屋达 45 万栋。1960 年发生在海底的智利大地震，引起海啸灾害，海浪在海湾外高达 20～30 m，并以 640 km/h 的速度横扫太平洋。22 小时后，海啸袭击了 17 000 km 以外的日本东州和北海道的太平洋沿岸地区，浪高达 3～4 m，冲毁了海港码头设施和沿岸建筑物，甚至连海港中的巨轮也被抛上陆地。

图 1-16　地震诱发火灾

图 1-17　地震引发海啸

1970年秘鲁大地震，瓦斯卡兰山北峰泥岩流从3 750 m高度泻下，流速达320 km/h，淹没了村镇、建筑，使地形改观，死亡人数达25 000人。

以上灾害告诉我们，在抗震设防中，减少次生灾害是十分重要的。因此，切实做好地震区的水库、堤坝，储存易燃、易爆、剧毒物品的设备，城市公共设施等的抗震救灾工作，是抗震设防的重要任务。

地震带

思考题

1-1 什么是震级和地震烈度？地震烈度主要与哪些因素有关？

1-2 什么是震源、震中、震中距和震源距？

1-3 什么是地震波？地震波有哪几种波？

实训题

1-1 地震按其成因分为(　　)种类型，按其震源深浅又分为(　　)种类型。

A. 1、2　　B. 2、3　　C. 3、3　　D. 2、4

1-2 影响地震烈度的主要因素有(　　)。

A. 地质情况、建筑情况　　B. 气候条件、建筑情况

C. 地质情况、天气条件　　D. 人为因素、地质情况

1-3 地震波按其在地壳中传播位置的不同，可分为(　　)。

A. 纵波、横波　　B. 瑞雷波、洛夫波

C. 体波、面波　　D. 纵波、面波

1-4 地震灾害表现包括(　　)。

A. 地表破坏　　B. 建筑物破坏

C. 次生灾害破坏　　D. 地震引起海啸的破坏

第二章　抗震设防与概念设计

知识目标

1. 掌握基本烈度、设防烈度的联系与区别；
2. 熟悉建筑物抗震设防分类及抗震设防标准；
3. 重点掌握三水准抗震设防目标和两阶段抗震设计方法；
4. 掌握建筑抗震概念设计的基本要求。

能力目标

1. 能就某一建筑物进行两阶段抗震设计；
2. 能将抗震概念设计的基本内容应用到建筑物的设计中。

素质目标

了解抗震设防的重要性，建立职业的敬畏感，增强学生的专业使命感和社会责任感。

第一节　抗震设防基本概念

抗震设防是对建筑物进行抗震设计和采取抗震措施来达到抗震效果的过程。国内外的震害经验表明：震前的抗震防灾，即对新建工程的抗震设防、现有工程的抗震加固、城市抗震防灾规划的实施等，是减轻地震灾害的最直接、最有效的途径。

2010年，海地首都太子港在遭遇7.0级地震的袭击后，整个城市化为一堆废墟，死亡人数超过22.25万人。但一个月后智利的康塞普西翁市遭受了8.8级强震，地震震中释放的能量是海地地震的数百倍，然而建筑损毁情况并不如海地严重，许多建筑甚至完好无缺，死亡人数只有279人。如此天差地别，一是得益于智利丰富的抗震经验和比较完善的应对机制；二是智利的建筑物和设施都进行了有效的抗震设防。

这些事实充分表明：人类目前无法避免地震的发生，但切实可行的抗震计算和抗震措施，能有效地避免或者减轻地震造成的灾害。

抗震设防的首要问题是要明确设计的建筑能抵抗多大的地震，特别是地震的大小对抗震设防的要求和标准也不太一样。为此，《抗震规范》明确了地震基本烈度、抗震设防烈度和地震影响等基本概念，提出建筑结构抗震设计的基本要求。

一、地震基本烈度

地震基本烈度是为了适应抗震设防要求而提出的一个基本概念。而发生破坏性地震却是一件随机性很强的事件，需要用概率的方法来预测某地区在未来一定时间内可能发生的最大地震。根据地震发生的概率频度，将地震烈度分为“多遇烈度”“基本烈度”和“罕遇烈度”三种，分别称为“小震”“中震”和“大震”。

我国目前在抗震设防中仍采用基本烈度区划图。《抗震规范》将基本烈度定义为50年设计基准期内，可能遭遇的超越概率为10%的地震烈度值。即新修订的《中国地震动参数区划图》(GB 18306—2015)规定的峰值加速度所对应的烈度，也叫中震。基本烈度地震的重现期为475年。《抗震规范》中取为第二水准烈度。

从概率意义上讲，“小震”应指发生机会较多的地震。我国地震烈度概率分布的众值为其概率密度函数上的峰位，即发生频度较大的烈度，称此地震烈度为多遇烈度。从地震烈度的重现期来看，设计基准期为50年的多遇烈度的超越概率为63.2%，是重现期为50年的地震烈度。从平均意义上讲，多遇烈度比基本烈度低1.55度。《抗震规范》取为第一水准烈度。

“大震”指罕遇烈度地震，即小概率事件。它所对应的烈度是在50年内的超越概率为2%～3%的地震烈度。罕遇烈度地震的重现期为1 641～2 475年，大体相当于2 000年左右重现一次的地震烈度。罕遇烈度比基本烈度高1度左右，相当于基本烈度为6、7、8、9度，罕遇烈度分别约为7度强、8度强、9度弱、9度强。《抗震规范》中取为第三水准烈度。图2-1所示为烈度概率密度函数。

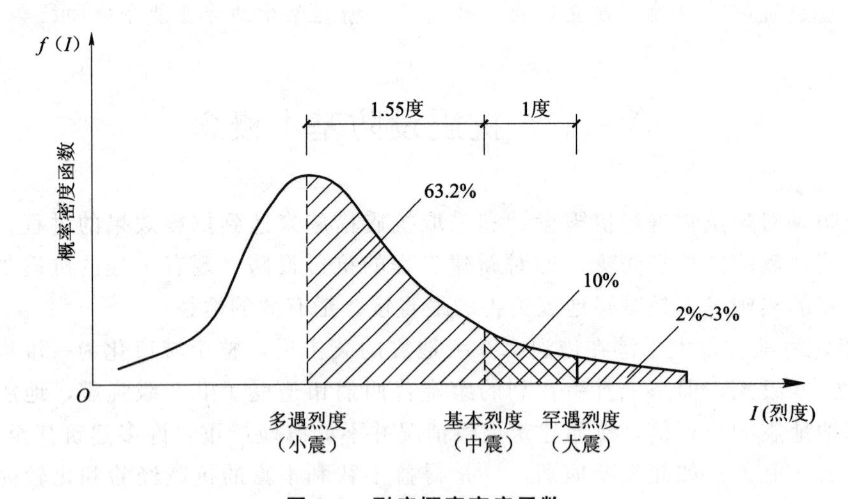

图2-1　烈度概率密度函数

二、抗震设防烈度

抗震设防烈度是指按照国家规定的权限批准，作为一个地区抗震设防依据的地震烈度。一般情况下，某一地区的抗震设防烈度应采用《中国地震动参数区划图》(GB 18306—2015)中确定的地震基本烈度。对已编制抗震设防区划的城市，可采用批准的抗震设防烈度。

三、设计基本地震加速度

设计基本加速度值定义为：50 年设计基准期超越概率 10％的地震加速度的设计取值。抗震设防烈度和设计基本地震加速度取值的对应关系，应符合表 2-1 的规定。这个取值与《中国地震动参数区划图》(GB 18306—2015)附录 A 所规定的“地震动峰值加速度”相当：即在 0.10g 和 0.20g 之间有一个 0.15g 的区域，0.20g 和 0.40g 之间有一个 0.30g 的区域，在表 2-1 中用括号内数值表示。这两个区域内建筑的抗震设计要求，除另有具体规定外，应分别按抗震设防烈度 7 度和 8 度的要求进行抗震设计。

表 2-1　抗震设防烈度和设计基本地震加速度值的对应关系

抗震设防烈度	6	7	8	9
设计基本地震加速度值	0.05g	0.10g(0.15g)	0.20g(0.30g)	0.40g

四、设计特征周期

设计特征周期即设计所用的地震影响系数特征周期，是抗震设计用的地震影响系数曲线中，反映地震震级、震中距和场地类别等因素的下降段起始点对应的周期值。应根据其所在地的设计地震分组和场地类别来确定。

五、设计地震分组

多年来的震害经验表明：在宏观烈度相似的情况下，处在大震级、远震中距下的柔性建筑，其震害要比中、小震级近震中距的情况重得多；理论分析也发现：震中距不同时，反应谱频谱特性并不相同。对同样场地条件、同样烈度的地震，按震源机制、震级大小和震中距远近区别对待是必要的。

设计地震的分组是按照《中国地震动参数区划图》(GB 18306—2015)附录 B 的规定，并考虑震级和震中距的影响后，将建筑工程的设计地震分为三组。

我国华北地区主要城镇抗震设防烈度、设计基本地震加速度和设计地震分组，详见附录中的附表。

第二节　抗震设防目标和标准

一、建筑抗震设防目标

地震是随机的，不但发生地震的时间、地点是随机的，而且发生的强度、频度也是随机的。要求所设计的工程结构在任何可能发生的地震强度下都不损坏是不经济的，也不科学。

工程结构抗震设防的基本目的就是在一定的经济条件下，最大限度地限制和减轻工程结构的地震破坏，避免人员伤亡，减少经济损失。即对于一般较小的地震，由于其发生的可能性大，因此，要求遭受到这种较小的多遇地震时结构不损坏，在技术上是可行的，在经济上是合理的；对于罕遇的强烈地震，由于其发生的可能性小，当遇到这种强烈地震时，要求做到结构不损坏，这在经济上是不合理的。比较合理的思路是允许破坏，但结构不应倒塌。

为了实现这一目标，我国采用了三水准的抗震设防要求作为建筑工程结构抗震设计的基本准则，具体如下。

第一水准：当遭受低于本地区设防烈度的多遇地震影响时，主体结构不受损害或不需要修理仍可继续使用，简称小震不坏。

第二水准：当遭受相当于本地区设防烈度的设防地震影响时，可能发生损坏，但经一般性修理仍可继续使用，简称中震可修。

第三水准：当遭受高于本地区设防烈度的罕遇地震影响时，不致倒塌或发生危及生命的严重破坏，简称大震不倒。

使用功能或其他方面有专门要求的建筑，当采用抗震性能化设计时，有更具体或更高的抗震设防目标。

二、建筑抗震设计方法

在进行抗震设计时，原则上应满足三水准抗震设防目标的要求，在具体做法上，为简化计算，《抗震规范》采用了两阶段设计方法。

(1)第一阶段设计：承载能力验算和弹性变形验算。采用第一水准烈度的地震动参数，计算出结构在弹性状态下的地震作用效应，与风、重力等荷载效应组合，引入承载力抗震调整系数，进行构件截面设计，从而满足第一水准的强度要求。同时，采用同一地震动参数计算出结构的弹性层间位移角，使其不超过规定的限值，满足第二水准损坏可修的目标。另外，采用相应的抗震构造措施，满足第三水准的要求。

(2)第二阶段设计：弹塑性变形验算。采用第三水准烈度的地震动参数，计算出结构的弹塑性层间位移角，满足规定的要求，采取必要的抗震构造措施，满足第三水准的防倒塌要求。

对大多数比较规则的建筑结构，一般只进行第一阶段设计，对有特殊要求的建筑、地震时易倒塌的结构以及有明显薄弱层的不规则结构，除进行第一阶段设计外，还要进行第二阶段设计。

三、建筑抗震设防类别

对于不同的建筑物，地震破坏所造成的后果不同。因此，有必要对不同用途的建筑物采取不同的设防标准。我国现行国家标准《建筑工程抗震设防分类标准》(GB 50223—2008)根据建筑使用功能的重要性、在地震中和地震后建筑物的损坏对社会和经济产生的影响大小以及在抗震防灾中的作用，将建筑物按其用途的重要性，划分为以下四个抗震设防类别。

(1)特殊设防类(甲类)：是指使用上有特殊设施，涉及国家公共安全的重大建筑工程和地震时可能发生严重次生灾害等特别重大灾害后果，需要进行特殊设防的建筑。

(2)重点设防类(乙类)：是指地震时使用功能不能中断或需尽快恢复生命线的相关建筑，以及地震时可能导致大量人员伤亡等重大灾害后果，需要提高设防标准的建筑。

建筑工程抗震设防分类标准

(3)标准设防类(丙类)：是指大量的除甲、乙、丁类以外按标准要求进行设防的建筑。

(4)适度设防类(丁类)：是指使用上人员稀少且震损不致产生次生灾害，允许在一定条件下适度降低要求的建筑。

四、建筑抗震设防标准

建筑抗震设防标准是衡量建筑抗震设防要求的尺度，由抗震设防烈度和建筑使用功能的重要性确定。

各抗震设防类别建筑的设防标准，应符合下列要求：

(1)特殊设防类：应按高于本地区抗震设防烈度提高1度的要求，加强其抗震措施；但抗震设防烈度为9度时，应按比9度更高的要求采取抗震措施。同时，应按批准的地震安全性评价的结果且高于本地区抗震设防烈度的要求确定其地震作用。

(2)重点设防类：应按高于本地区抗震设防烈度1度的要求加强其抗震措施；但抗震设防烈度为9度时，应按比9度更高的要求采取抗震措施；地基基础的抗震措施，应符合有关规定。同时，应按本地区抗震设防烈度确定其地震作用。

(3)标准设防类：应按本地区抗震设防烈度确定其抗震措施和地震作用，达到在遭遇高于当地抗震设防烈度的预估罕遇地震影响时不致倒塌或发生危及生命安全的严重破坏的抗震设防目标。

(4)适度设防类：允许比本地区抗震设防烈度的要求适当降低其抗震措施，但抗震设防烈度为6度时不应降低。一般情况下，仍应按本地区抗震设防烈度确定其地震作用。

对于划为重点设防类而规模很小的工业建筑，当改用抗震性能较好的材料且符合《抗震规范》对结构体系的要求时，允许按标准设防类设防。

抗震设防烈度为6度时，除《抗震规范》有具体规定外，对乙、丙、丁类建筑可不进行地震作用计算。

第三节　抗震概念设计

一般说来，建筑抗震设计包括以下内容与要求：抗震概念设计；抗震计算设计；抗震构造措施。“概念设计”是指对建筑结构进行正确的选型、合理的布置以及材料的正确使用，组成可靠的结构体系，以达到抗震的目的；“计算设计”是指对地震作用效应进行定量计算。

由于地震的随机性，加之建筑物的动力特性、所在场地、材料及内力的不确定性，地震时建筑物的破坏机理和过程十分复杂，造成的破坏程度也很难准确预测。因此，要进行精确的抗震计算是很困难的。20世纪70年代以来，人们在总结大地震灾害经验中提出了“概念设计”，并认为它比“计算设计”更为重要。结构的抗震性能，在很大程度上取决于良好的“概念设计”。

“概念设计”在总体上把握抗震设计的基本原则；“计算设计”为建筑抗震设计提供定量手段；“构造措施”则可以在保证整体性、加强局部薄弱环节等意义上，保证抗震计算结果的有效性。抗震设计的上述内容是一个不可分割的整体，忽略任何一部分都可能造成抗震设计的失败。

概念设计强调根据抗震设计的基本原则，在建筑场地选择、建筑体形、结构体系、刚度分布、构件延性等方面综合考虑，在总体上消除建筑中的薄弱环节，再加上必要的抗震计算和抗震构造措施，使得经过抗震设防的建筑具有良好的抗震性能。

一、选择对抗震有利的场地、地基和基础

1. 建筑场地的选择

(1)宜选择对建筑抗震有利的地段，如稳定基岩、坚硬土或开阔、平坦、密实、均匀的中硬场地土等地段；也可选择一般地段，即不属于有利、不利和危险的地段。

(2)应避开对建筑抗震不利的地段，如软弱土、液化土、条状突出的山嘴、高耸孤立的山丘，陡坡、陡坎、河岸和边坡边缘，平面分布上成因、岩性、状态明显不均匀的土层(含古河道、疏松的断层破碎带、暗埋的塘浜沟谷和半填半挖地基)、高含水量的可塑黄土、地表存在结构性裂缝等。无法避开时，应采取有效措施。

(3)对危险地段，严禁建造甲、乙类的建筑，不应建造丙类建筑。

地震造成建筑物的破坏，其中之一是地基失效引起的破坏。诸如，地震引起的地表错动和地裂，地基土的不均匀沉陷、滑坡和砂土液化等。因此，抗震设防区的建筑工程宜选择有利地段，应避开不利地段。当无法避开时，应采取有效措施。

2. 地基和基础设计

地基和基础设计应符合下列要求：

(1)同一结构单元的基础，不宜设置在性质截然不同的地基上；

(2)同一结构单元不宜部分采用天然地基，部分采用桩基；当采用不同基础类型或基础埋深显著不同时，应根据地震时两部分地基基础的沉降差异，在基础、上部结构的相关部位采取相应措施；

(3)地基为软弱黏性土、液化土、新近填土或严重不均匀土时，应根据地震时地基不均匀沉降或其他不利影响，采取相应的措施。

3. 山区建筑场地和地基基础设计

山区建筑场地和地基基础设计应符合下列要求：

(1)山区建筑场地勘察应有边坡稳定性评价和防治方案建议；应根据地质、地形条件和使用要求，因地制宜地设置符合抗震设防要求的边坡工程。

(2)边坡设计应符合现行国家标准《建筑边坡工程技术规范》(GB 50330—2013)的要求；其稳定性验算时，有关的摩擦角应按设防烈度的高低相应修正。

(3)边坡附近的建筑基础应进行抗震稳定性设计。建筑基础与土质、强风化岩质边坡的边缘应留有足够的距离，其值应根据抗震设防烈度的高低确定，并采取措施避免地震时地基基础的破坏。

二、选择有利于抗震的建筑体形和结构布置形式

建筑方案的平面、立面是否规则，对结构的抗震性能具有很重要的影响，也是建筑设计首先遇到的问题。建筑物的平面、立面布置的基本原则是：平面形状规则、对称，竖向质量、刚度连续、均匀，避免楼板错层。这里的“规则”，包含了对建筑的平面、立面外形尺寸，抗侧力构件布置、质量分布直至承载力分布等诸多因素的综合要求。

国内外多次地震中均有不少震例表明：房屋体形不规则、平面上凸出凹进、立面上高低错落，则破坏程度比较严重；而简单、对称的建筑，震害则较轻。道理很清楚，简单、对称的结构由于工程实际情况与结构的计算假定符合程度较好，这样计算结果就能够较准确地反映建筑在地震时的情况，相应地容易估计其地震时的反应，并可根据建筑的地震反应，采取相应的抗震构造措施和进行细部处理。

以 1972 年 12 月 23 日尼加拉瓜马那瓜地震为例，当地的地震烈度估计为 8 度，马那瓜有两幢高层建筑，相隔不远，一幢是 15 层的中央银行大厦，如图 2-2 所示；另一幢是 18 层美洲银行大厦，如图 2-3 所示。前一幢 15 层的建筑结构严重不规则，地震时结构的扭转反应强烈，破坏严重，地震后遭到拆除；另一幢 18 层建筑结构很规则，地震时轻微损坏，地震后仅稍加修理便可恢复使用。

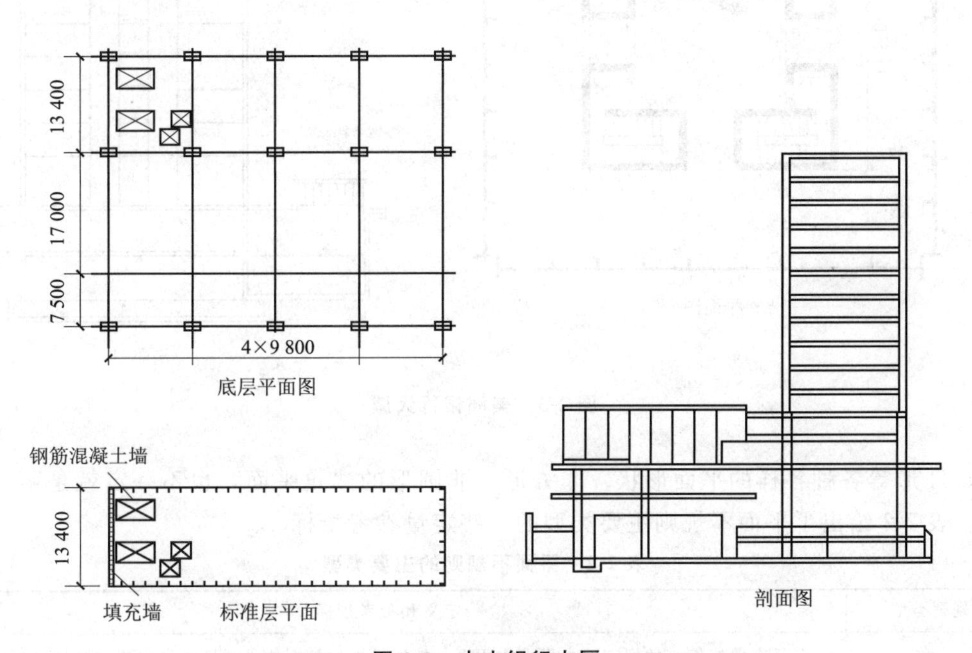

图 2-2　中央银行大厦

上述两幢现代化钢筋混凝土高层建筑的抗震性能差异表明：建筑物平面和竖向的规则性，在抗震设防中有着重要的影响。因此，《抗震规范》规定：建筑设计应根据抗震概念设计的要求明确建筑形体的规则性，不规则的建筑方案应按规定采取加强措施；特别不规则的建筑方案应进行专门研究和论证，采取特别的加强措施；不应采用严重不规则的建筑方案。不规则建筑方案主要有平面不规则和竖向不规则两种类型。

带你认识林同炎

视频：建筑形体的规则性

1. 平面不规则的类型

从抗震角度出发，建筑平面形状以正方形、矩形、圆形最好，与之相近的正多边形、椭圆形也是较好的平面形状。但是在实际工程中，由于建筑用地、城市规划、建筑艺术和使用功能等多方面要求，建筑物不可能都设计成正方形、圆形，必然会出现 L 形、T 形、

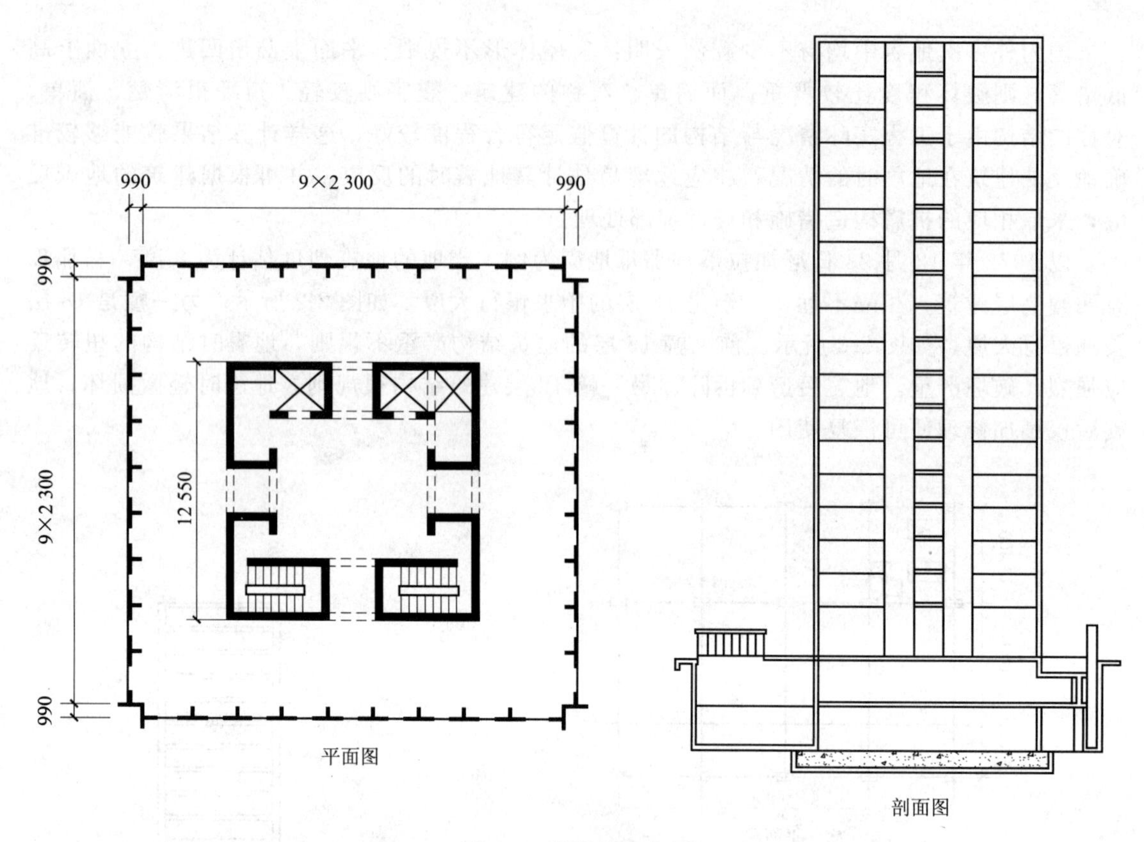

图 2-3　美洲银行大厦

U 形、H 形等各种各样的平面形状。非方形、非圆形的建筑平面，也不一定就是不规则的建筑。表 2-2 给出了平面不规则主要类型的一些定量参考指标。

表 2-2　平面不规则的主要类型

不规则类型	定义和参考指标
扭转不规则	在具有偶然偏心的规定的水平力作用下，楼层两端抗侧力构件弹性水平位移(或层间位移)的最大值与平均值的比值大于 1.2
凹凸不规则	平面凹进的尺寸，大于相应投影方向总尺寸的 30%
楼板局部不连续	楼板的尺寸和平面刚度急剧变化，例如，有效楼板宽度小于该层楼板典型宽度的 50%，或开洞面积大于该层楼面面积的 30%，或较大的楼层错层

(1)扭转不规则。对于结构平面扭转不规则，按刚性楼盖计算。当最大层间位移与其平均值的比值为 1.2 时，相当于一端 1.0，另一端 1.45；当比值为 1.5 时，相当于一端 1.0，另一端 3.0。当变形小的一端满足规范的变形限值时，如果变形大的一端为小端的 3 倍，则不满足要求，导致破坏，如图 2-4 所示。

(2)凹凸不规则。平面有较长的外伸段(局部突出或凹进部分)时，楼板的刚度有较大的削弱，外伸段容易产生局部振动而引发凹角处破坏。因此，建筑平面的外伸段长度应尽可能小，若局部外伸的尺寸过大，地震时容易造成局部破坏，如图 2-5 所示。

(3)楼板局部不连续。目前，工程设计中大多假定楼板在平面内不发生变形，即楼板平

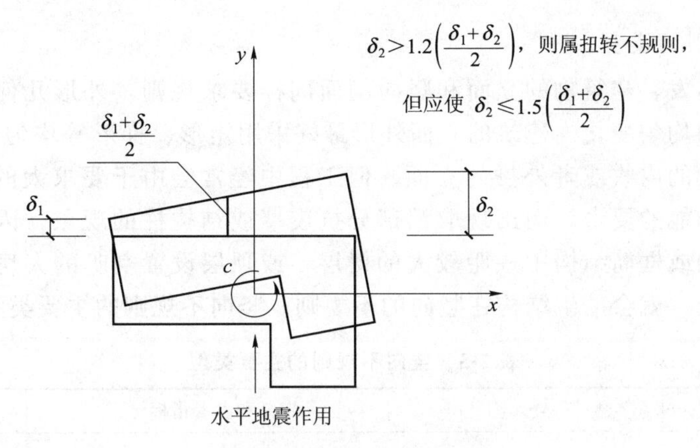

图 2-4　平面扭转不规则

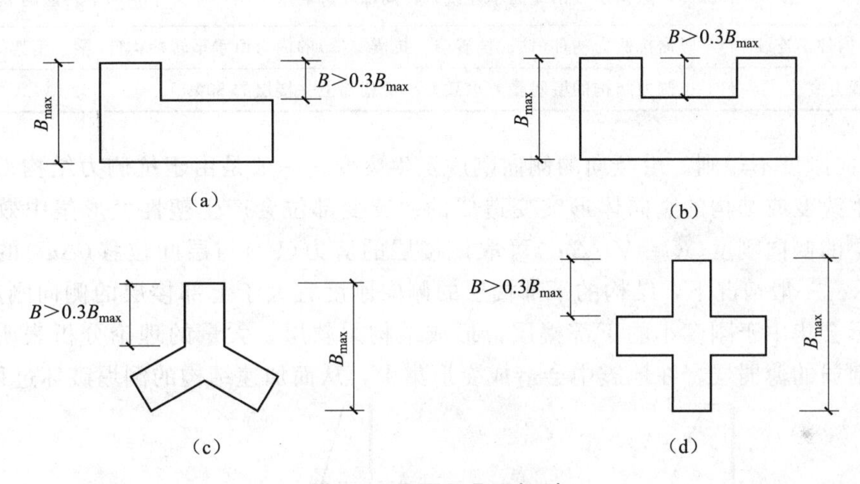

图 2-5　平面凹凸不规则

面内刚度无限大。如图 2-6 所示，当楼板开大洞后，被洞口划分开的各部分连接较为薄弱，在地震中容易产生相对振动而使削弱部位产生震害。因此，对楼板洞口的大小应加以限制。如图 2-7 所示，楼层错层后也会引起楼板的局部不连续，且使结构的传力路线复杂、整体性变差，对抗震不利。

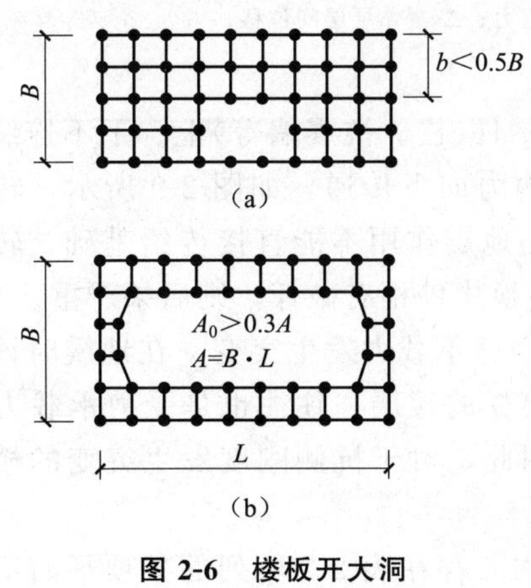

图 2-6　楼板开大洞

注：A_0 为开洞面积。

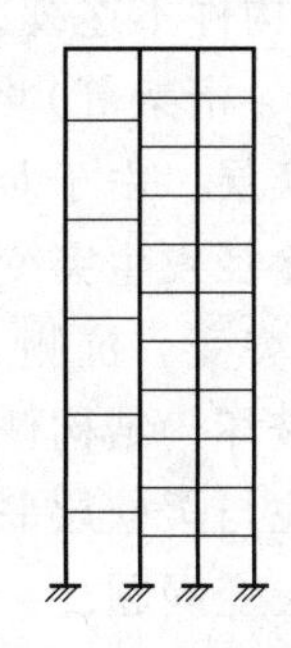

图 2-7　楼层错层

2. 竖向不规则的类型

从抗震角度出发，建筑物的立面和竖向剖面同样要求规则，外形几何尺寸和建筑的侧向刚度等，沿竖向均匀变化。建筑的立面外形最好采用矩形、梯形等均匀变化的几何形状，尽量避免出现过大的内收或者外挑的立面。但工程中经常会由于要求大的室内空间、层高变化等建筑使用功能的要求，而出现取消部分抗震墙或结构柱的现象，因此常出现在底部大空间抗震墙结构或框筒结构中柱距较大的楼层，或顶层设置空旷的大房间而取消部分抗震墙或内柱。这样，就会产生结构在竖向的不规则。竖向不规则的主要类型见表 2-3。

表 2-3　竖向不规则的主要类型

不规则类型	定义和参考指标
侧向刚度不规则	该层的侧向刚度小于相邻上一层的 70%，或小于其上相邻三个楼层侧向刚度平均值的 80%；除顶层或出屋面小建筑外，局部收进的水平向尺寸大于相邻下一层的 25%
竖向抗侧力构件不连续	竖向抗侧力构件(柱、抗震墙、抗震支撑)的内力由水平转换构件(梁、桁架等)向下传递
楼层承载力突变	抗侧力结构的层间受剪承载力小于相邻上一楼层的 80%

(1)侧向刚度不规则。沿竖向的侧向刚度发生突变，一般是由于抗侧力结构沿竖向的布置突然发生改变或结构的竖向体形突变造成的。突变部位会产生塑性变形集中效应而加重破坏。楼层的侧向刚度($K_i=V_i/\Delta u_i$)可取该楼层的剪力(V_i)与层间位移(Δu_i)的比值，如图 2-8 所示。一般情况下，结构的下部楼层的侧向刚度宜大于上部楼层的侧向刚度；否则，结构的变形会集中于刚度小的下部楼层，形成结构柔软层。大量的理论分析表明：结构刚度有突然削弱的薄弱层，在地震中会造成变形集中，从而加速结构的倒塌破坏过程。

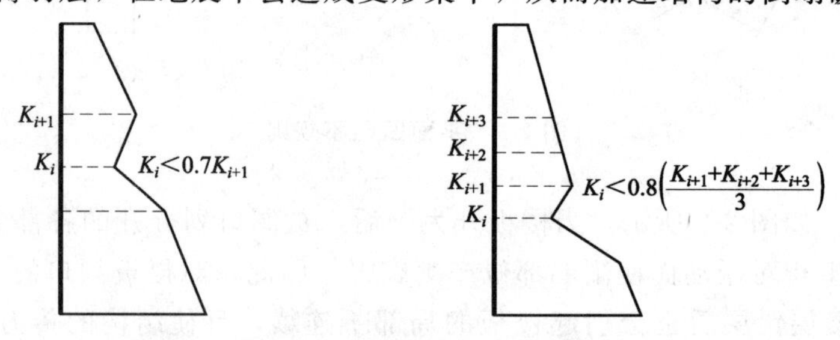

图 2-8　侧向刚度不规则

注：$K_i=\dfrac{V_i}{\Delta u_i}$；$V_i$—$i$ 层剪力；Δu_i—i 层层间位移。

(2)竖向抗侧力构件不连续。竖向抗侧力构件(柱、抗震墙等)上、下不连续，需通过水平转换构件(转换梁、桁架等)将上部构件的内力向下传递，如图 2-9 所示，转换构件所在的楼层往往作为转换层。由于竖向构件承担的地震作用不能直接传给基础，转换层上、下的刚度及内力传递途径发生突变，一旦水平转换构件稍有破坏，则后果严重。

(3)楼层承载力突变。抗侧力结构的楼层受剪承载力发生突变，在地震时该突变楼层易成为薄弱层而遭到破坏。结构侧向刚度发生突变的楼层，往往也是受剪承载力发生突变的楼层，即薄弱层往往与柔软层联系在一起。因此，对于抗侧刚度发生突变的楼层，应同时注意受剪承载力的突变问题。

混凝土结构、钢结构和钢-混凝土混合结构若存在表 2-2 所列的某项平面不规则类型或

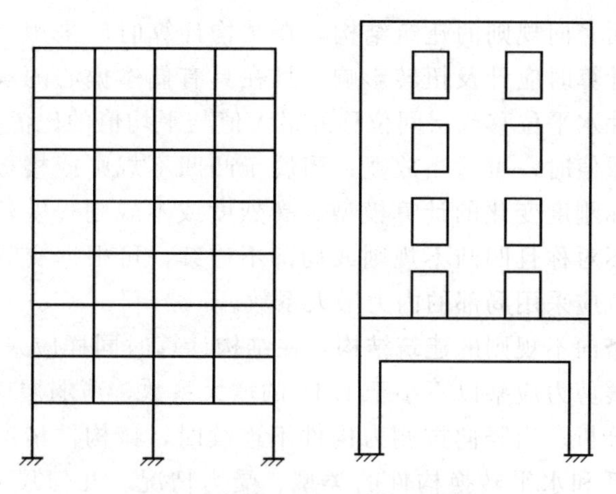

图 2-9　竖向抗侧力构件不连续

表 2-3 所列的某项竖向不规则类型以及类似的不规则，应属于不规则的建筑结构。

特别不规则，指具有较明显的抗震薄弱部位，可能引起不良后果者，其参考界限可参见《超限高层建筑工程抗震设防专项审查技术要点》，通常有三类：其一，同时具有表 2-2 或表 2-3 所列六个主要不规则类型的三个或三个以上；其二，具有表 2-4 所列的一项不规则；其三，具有表 2-2 或表 2-3 所列两个方面的基本不规则且其中有一项接近表 2-4 的不规则指标。严重不规则，指的是形体复杂，多项不规则指标超过表 2-2 或表 2-3 上限值或某一项大大超过规定值，具有现有技术和经济条件不能克服的严重的抗震薄弱环节，可能导致地震破坏的严重后果者。

表 2-4　特别不规则的项目举例

序号	不规则类型	简 要 含 义
1	扭转偏大	不含裙房的楼层扭转位移比大于 1.4
2	抗扭刚度弱	扭转周期比大于 0.9，混合结构扭转周期比大于 0.85
3	层刚度偏小	本层侧向刚度小于相邻上层的 50％
4	高位转换	框支墙体的转换构件位置：7 度超过 5 层，8 度超过 3 层
5	厚板转换	7～9 度设防的厚板转换结构
6	塔楼偏置	单塔或多塔与大底盘的质心偏心距大于底盘相应边长 20％
7	复杂连接	各部分层数、刚度、布置不同的错层或连体结构
8	多重复杂	结构同时具有转换层、加强层、错层、连体和多塔类型中的两种以上

砌体房屋、单层工业厂房、单层空旷房屋、大跨屋盖建筑和地下建筑的平面和竖向不规则性的划分，应分别符合《抗震规范》有关章节的规定。

3. 不规则建筑结构的抗震构造措施

在进行建筑结构的抗震设计时，对于不规则的建筑结构，应从结构计算、内力调整、采取必要的加强措施等多方面加以仔细考虑，并对薄弱部位采取有效的抗震构造措施，以保证建筑结构的整体抗震性能。

对于平面不规则而竖向规则的建筑结构，在结构计算时应采用空间结构计算模型；当属于扭转不规则时，计算时应计及扭转影响，且在具有偶然偏心的规定水平力作用下，楼层两端抗侧力构件弹性水平位移或层间位移的最大值与平均值的比值不宜大于 1.5。当最大层间位移远小于规范限值时，可适当放宽；当属于凸凹不规则或楼板局部不连续时，应采用符合楼板平面内实际刚度变化的计算模型。高烈度或不规则程度较大时，宜计入楼板局部变形的影响；平面不对称且凹凸不规则或局部不连续，可根据实际情况分块计算扭转位移比，扭转较大的部位应采用局部的内力增大系数。

对于平面规则而竖向不规则的建筑结构，在结构计算时同样应采用空间结构计算模型，其刚度小的楼层的地震剪力应乘以不小于 1.15 的增大系数，薄弱层应按《抗震规范》的有关规定进行弹塑性变形分析。当竖向抗侧力构件不连续时，该构件传递给水平转换构件的地震内力应根据烈度高低和水平转换构件的类型、受力情况、几何尺寸等，乘以 1.25～2.0 的增大系数；在楼层承载力突变时，薄弱层抗侧力结构的受剪承载力不应小于相邻上一楼层的 65%。

平面不规则且竖向不规则的建筑结构应根据不规则类型的数量和程度，同时满足上述两种情况的要求。结构特别不规则时，应经专门研究采取更有效的加强措施或对薄弱部位采用相应的抗震性能化设计方法。

4. 防震缝的设置

体形复杂，平、立面不规则的建筑结构，应根据不规则程度、地基基础条件和技术经济等因素的比较分析，按实际需要确定是否设置防震缝。

当不设置防震缝时，应采用符合实际的计算模型，进行较精细的分析，判明其应力集中、变形集中或地震扭转效应等导致的易损部位，采取相应的加强措施。

在适当部位设置防震缝时，宜形成多个较规则的抗侧力结构单元。如图 2-10 所示，可通过防震缝将平面凸凹不规则的 L 形建筑划分为两个规则的矩形结构单元。防震缝应根据设防烈度、结构材料种类、结构类型、结构单元高度和高差情况，留有足够的宽度，其两侧的上部结构应完全分开。

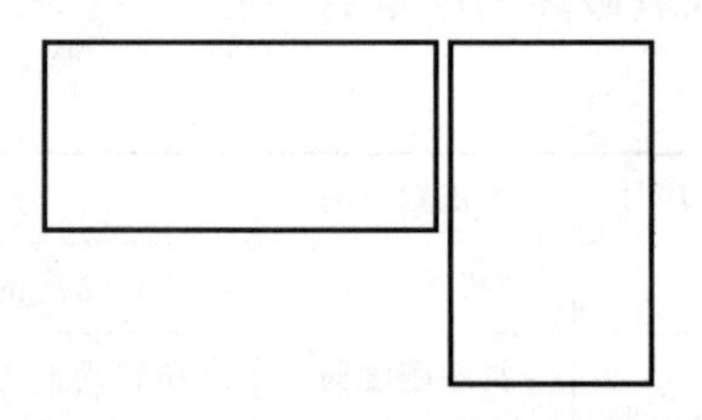

图 2-10　防震缝的设置

防震缝应该在基础顶面以上，沿全高设置。当不作为沉降缝时，基础可以不设防震缝。但在防震缝处，基础要加强构造和连接。在建筑中凡是设缝的，就要分得彻底；凡是不设缝的，就要连接牢固，保证其整体性。绝对不要将各部分设计得似分不分，似连不连；否则，连接处在地震中很容易破坏。

总体思路是：可设缝、可不设缝时，不设缝。当设置伸缩缝和沉降缝时，其宽度应符合防震缝的要求。

三、选择合适的抗震结构体系

抗震结构体系是抗震设计所采用的，主要功能为承担地震作用，由不同材料组成的不同结构形式的统称。如砌体抗震墙结构、钢筋混凝土框架结构、框架-抗震墙结构等。

抗震结构体系，应根据建筑的抗震设防类别、抗震设防烈度、建筑高度、场地条件、地基、结构材料和施工等因素，经技术、经济和使用条件比较后综合确定。

1. 选择抗震结构体系应符合的要求

(1)应具有明确的计算简图和合理的地震作用传递途径。结构体系受力明确，传力合理且传力路线不间断，使结构的抗震分析更符合结构的实际，对提高结构的抗震性能十分有利。这一条是结构选型与布置结构抗侧力体系时，首先考虑的因素之一。

不规则的传力途径，一般均由于柱子或抗震墙不连续、柔弱楼层或楼板大开洞等的影响。在这些不规则传力部分相邻构件的强度差异较大时，易引起图 2-11 中关键部位构件的非弹性变形集中，属抗震不利之处。

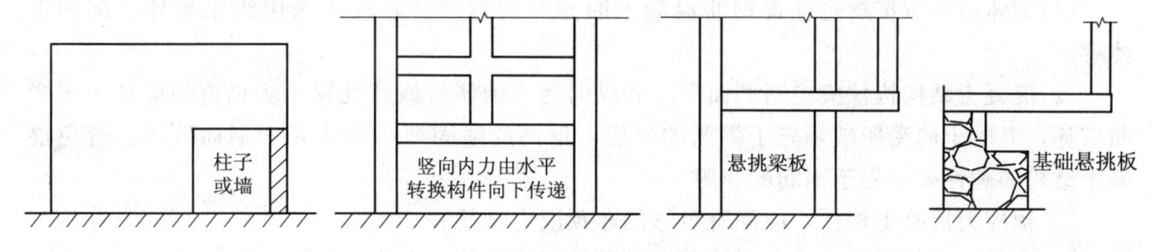

图 2-11　不规则传力路线示意图

(2)结构体系应避免因部分结构或构件破坏而导致整个结构丧失抗震能力或对重力荷载的承载能力。在 1995 年日本阪神大地震中，许多 8～10 层的钢筋混凝土房屋在中间层塌落；1999 年中国台湾集集大地震中，许多 10 层左右的钢筋混凝土柱向一侧倾倒。据事后对结构布局的观察分析，由于柱子的数量较少或承载能力较弱，部分柱子在地震中退出工作后，整个结构系统丧失了竖向荷载的承载能力，致使结构塌落或倾倒。

因此，抗震设计的一个重要原则是结构应具有必要的赘余度和内力重分配的功能。即使地震中部分构件退出工作，其余构件仍能承担竖向荷载，避免整体结构失效或失稳。

(3)应具备必要的抗震承载力、良好的变形能力和消耗地震能量的能力。对结构体系来说，足够的承载能力和变形能力，是两个需要同时满足的条件。有较高的承载能力而缺乏较大的变形能力(如不加约束的砌体结构)，很容易引起脆性破坏而倒塌；有较大的变形能力而缺少较高的抗侧力能力(如钢或钢筋混凝土纯框架)，也会在较小的地震作用下产生较大的变形，而导致非结构构件的破坏或结构本身的失稳，不能满足结构抗震能力的需要。必要的承载能力和良好的变形能力的结合，便是结构在地震作用下具有的耗能能力。

(4)对可能出现的薄弱部位，应采取措施提高抗震能力。

(5)宜有多道抗震防线。一个抗震结构体系，应由若干个延性较好的分体系组成，并由延性较好的结构构件连接起来协同工作，如框架-抗震墙体系是由延性框架和抗震墙两个系统组成；双肢或多肢抗震墙体系由若干个单肢墙体系组成；框架-支撑框架体系由延性框架和支撑框架两个系统组成；框架-筒体体系由延性框架和筒体两个系统组成。这是抗震概念设计的重要组成部分。

抗震结构体系具有最大可能数量的内部、外部赘余度，有意识地建立起一系列分布的塑性屈服区，以使结构能吸收和耗散大量的地震能量，受到破坏也易于修复。

(6)宜具有合理的刚度和承载力分布，避免因局部削弱或突变形成薄弱部位，产生过大的应力集中或塑性变形集中。

在抗震设计中有意识、有目的地控制薄弱层部位，使其有足够的变形能力又不使薄弱层发生转移，这是提高结构总体抗震性能的有效手段。

(7)结构在两个主轴方向的动力特性宜相近。结构的动力特性指结构周期和振型。结构在两个主轴方向的振型相近，即结构的第一、第二振型宜为平动，扭转周期宜出现在第三振型及第三振型以后。结构在两个主轴方向的周期相近，即结构在两个主轴方向的第一自振周期的比值不宜小于0.8。

2. 结构构件的要求

抗震结构的构件应力求避免脆性破坏，提高各类构件的延性，应符合下列要求：

(1)砌体结构应按规定设置钢筋混凝土圈梁和构造柱、芯柱或采用约束砌体、配筋砌体等。

(2)混凝土结构构件应控制截面尺寸和纵向受力钢筋与箍筋设置，防止剪切破坏先于弯曲破坏，混凝土的受压破坏先于钢筋的屈服，钢筋的锚固粘结破坏先于钢筋破坏。避免混凝土结构的脆性破坏先于钢筋的屈服。

(3)预应力混凝土构件，应配有足够的非预应力钢筋。

(4)钢结构构件的尺寸应合理控制，避免局部失稳或整个构件失稳。

(5)多层、高层的混凝土楼盖、屋盖，宜优先采用现浇混凝土板。当采用预制装配式混凝土楼盖、屋盖时，应从楼盖体系和构造上采取措施，确保各预制板之间连接的整体性。

3. 结构各构件的连接要求

(1)构件节点的破坏，不应先于其连接的构件。

(2)预埋件的锚固破坏，不应先于连接件。

(3)装配式结构构件的连接，应能保证结构的整体性。

(4)预应力混凝土构件的预应力钢筋，宜在节点核心区以外锚固。

对于装配式单层厂房的各种抗震支撑系统，应保证地震时结构的稳定性。通过连接的承载力来发挥各构件的承载力、变形能力，从而获得整个结构良好的抗震能力。

四、处理好非结构构件与主体结构的关系

非结构构件包括建筑非结构构件和建筑附属机电设备，自身及其与结构主体的连接应进行抗震设计。

1. 非结构构件

建筑非结构构件指下列三类：

(1)附属结构构件。如女儿墙、高低跨封墙、雨篷等，应与主体结构可靠连接，避免倒塌伤人或砸坏重要设备。

(2)装饰物。如贴面、顶棚、悬吊重物等，装饰贴面与主体结构应有可靠的连接，应避免塌落伤人，避免贴镶或悬吊较重的装饰物。当不可避免时，应有可靠的防护措施等。

(3)围护墙和隔墙。

在地震作用下，建筑中的这些部件或多或少地参与工作，从而改变了整个结构或某些构件的刚度、承载力和传力路线，产生出乎预料的抗震效果，或者造成未曾估计到的局部

震害。建筑非结构构件在地震中的破坏允许大于结构构件，其抗震设防目标要低于结构构件的设防规定。非结构构件的地震破坏会影响安全和使用功能，需引起重视，因此，有必要根据以往历次地震中的宏观震害经验，妥善处理这些非结构构件，以减轻震害、减少损失。

2. 非结构构件与主体结构的连接

(1)对于附着于楼、屋面结构上的非结构构件(如女儿墙、檐口、雨篷等)，以及楼梯间的非承重墙体，这些构件往往在人流出入口、通道及重要设施附近，因此，要求应与主体结构有可靠的连接或锚固，避免地震时倒塌伤人或砸坏重要设备。

(2)对于框架结构柱间的填充墙不到顶，或房屋外墙在混凝土柱间局部高度砌墙，使这些柱子处于短柱状态。许多震害表明，这些短柱破坏很多。因此，对于框架结构的围护墙和隔墙，应估计其设置对结构抗震的不利影响，避免不合理设置而导致主体结构的破坏。

(3)对于幕墙、装饰贴面，与主体结构应有可靠连接，避免地震时脱落伤人。

(4)安装在建筑上的附属机械、电气设备系统的支座和连接，应符合地震时使用功能的要求，且不应导致相关部件的损坏。

五、合理选用材料，保证施工质量

抗震结构在材料选用、施工程序特别是在材料代用上有其特殊的要求，这是结构施工中一个十分重要的问题，必须引起足够的重视。

为保证抗震结构的基本承载能力和变形能力，结构材料指标应符合下列最低强制性要求。

(1)砌体结构材料的规定。

①普通砖和多孔砖的强度等级不应低于MU10，其砂浆强度等级不应低于M5；

②混凝土小型空心砌块的强度等级不应低于MU7.5，砂浆强度等级不应低于Mb7.5。

(2)混凝土结构材料的规定。

①混凝土的强度等级：框支梁、框支柱及抗震等级为一级的框架梁、柱、节点核心区，不应低于C30；构造柱、芯柱、圈梁及其他各类构件，不应低于C20。

②抗震等级为一、二、三级的框架和斜撑构件(含梯段)，其纵向受力钢筋采用普通钢筋时，钢筋的抗拉强度实测值与屈服强度实测值的比值不应小于1.25；钢筋的屈服强度实测值与屈服强度标准值的比值不应大于1.3，且钢筋在最大拉力下的总伸长率实测值不应小于9%。

(3)钢结构的钢材规定。

①钢筋的屈服强度实测值与抗拉强度实测值的比值不应大于0.85；

②钢材应有明显的屈服台阶，且伸长率不应小于20%；

③钢材应有良好的可焊性和合格的冲击韧性；

④采用焊接连接的钢结构，当接头的焊接拘束度较大、钢板厚度不小于40 mm且承受沿厚度方向的拉力时，钢板厚度方向截面收缩率不应小于国家标准《厚度方向性能钢板》(GB/T 5313—2010)关于Z15级规定的容许值。

(4)结构材料指标的非强制性要求。

①钢筋的强度等级：普通钢筋宜优先采用延性、韧性和可焊性较好的钢筋；普通钢筋

的强度等级，纵向受力钢筋宜选用符合抗震性能指标的不低于 HRB400 级热轧钢筋，也可采用符合抗震性能指标的 HRB335 级热轧钢筋；箍筋宜选用符合抗震性能指标的不低于 HRB335 级热轧钢筋，也可选用 HPB300 级热轧钢筋。

②混凝土结构的混凝土强度等级，抗震墙不宜超过 C60；其他构件，9 度时不宜超过 C60；8 度时不宜超过 C70。

③钢结构的钢材宜采用 Q235 等级 B、C、D 的碳素结构钢，以及 Q345 等级 B、C、D、E 的低合金高强度结构钢；当有可靠依据时，尚可采用其他钢种和钢号。

(5)在施工中，当需要以强度等级较高的钢筋替代原设计中的纵向受力钢筋时，应按照钢筋受拉承载力设计值相等的原则换算，并应满足最小配筋率要求。

(6)钢筋混凝土构造柱和底部框架—抗震墙房屋中的砌体抗震墙，其施工应先砌墙后浇构造柱和框架梁柱。

(7)混凝土墙体、框架柱的水平施工缝，应采取措施加强混凝土的结合性能。对于抗震等级为一级的墙体和转换层楼板与落地混凝土墙体的交接处，宜验算水平施工缝截面的受剪承载力。

六、建筑抗震性能化设计

性能化设计仍然以现有的抗震科学水平和经济条件为前提，一般需要综合考虑使用功能、设防烈度、结构不规则程度和类型、结构发挥延性变形的能力、造价、震后的各种损失及修复难度等因素。不同的抗震设防类别，其性能设计要求也有所不同。

鉴于目前强烈地震下结构非线性分析方法的计算模型及参数的选用尚存在不少经验因素，缺少从强震记录、设计施工资料到实际震害的验证，对结构性能的判断难以十分准确，因此，在性能目标选用中，宜偏于安全一些。确有需要在处于发震断裂避让区域建造房屋，抗震性能化设计是可供选择的设计手段之一。

建筑结构的抗震性能化设计，应根据实际需要和可能，具有明确的针对性；可选定针对整个结构、结构局部部位或关键部位、结构关键部件、重要构件、次要构件以及建筑构件和机电设备支座的性能目标。

例如，可以根据楼梯间作为“抗震安全岛”的要求，提出确保大震下能具有安全避难通道的具体目标和性能要求；可以针对特别不规则、复杂建筑结构的具体情况，对抗侧力结构的水平构件和竖向构件提出相应的性能目标，提高其整体或关键部位的抗震安全性；也可针对水平转换构件，为确保大震下自身及相关构件的安全而提出大震下的性能目标；地震时需要连续工作的机电设施，其相关部位的层间位移需满足规定层间位移限值的专门要求；其他情况，可对震后的残余变形提出满足设施检修后运行的位移要求，也可提出大震后可修复运行的位移要求。建筑构件采用与结构构件柔性连接，只要可靠拉结并留有足够的间隙，如玻璃幕墙与钢框之间预留变形缝隙。震害经验表明：幕墙在结构总体安全时，可以满足大震后继续使用的要求。

建筑结构的抗震性能化设计应符合下列要求。

1. 选定地震动水准

对设计使用年限为 50 年的结构，可选定《抗震规范》的多遇地震、设防地震和罕遇地震的地震作用。其中，设防地震的加速度应按设计地震基本加速度采用。设防地震的地震影响系数最大值，在抗震设防烈度为 6 度、7 度(0.01g)、7 度(0.15g)、8 度(0.20g)、8 度(0.30g)、9 度时，可分别采用 0.12、0.23、0.34、0.45、0.68 和 0.90。对设计使用年限超过 50 年的结构，宜考虑实际需要和可能，经专门研究后对地震作用做适当调整。对处于发震断裂两侧 10 km 以内的结构，地震动参数应计入近场影响，5 km 以内宜乘以增大系数 1.5；5 km 以外宜乘以不小于 1.25 的增大系数。

2. 选定性能目标

性能目标即对应于地震动水准的预期损坏状态或使用功能，应不低于基本设防目标的规定。

3. 选定性能设计指标

设计应选定分别提高结构或其关键部位的抗震承载力、变形能力或同时提高抗震承载力和变形能力的具体指标；尚应计及不同水准地震作用取值的不确定性而留有余地。设计宜明确在预期的不同地震动水准下，对结构不同部位水平、竖向构件承载力的要求(不发生脆性剪切破坏、形成塑性铰、达到屈服值或保持弹性)；宜选择不同地震动水准下，结构不同部位的预期弹性或弹塑性变形状态，以及相应的构件延性构造的高、中或低要求。当构件的承载力明显提高时，相应的延性构造可适当降低。

建筑结构的抗震性能化设计的计算，应符合下列要求：

(1)分析模型应正确、合理反映地震作用传递途径和楼盖在地震中是否能基本上整体或分块处于弹性工作状态。

(2)弹性分析可采用线性方法，弹塑性分析可根据结构性能目标预期进入弹塑性状态程度的不同，分别采用增加阻尼的等效线性化方法以及静力或动力非线性分析方法。

(3)结构非线性分析模型相对于弹性分析模型可有所简化，但两者在多遇地震下的线性分析结果应基本一致；应计入重力二阶效应，合理确定弹塑性参数，应依据构件的实际截面、配筋等计算承载力，可通过与理想弹性假定计算结果的对比分析，着重发现构件可能破坏的部位及其弹塑性变形的程度。

思考题

2-1 什么是基本烈度和设防烈度？它们是怎样确定的？

2-2 什么是“概念设计”？概念设计包括哪几方面的内容？

2-3 什么是对抗震有利、一般、不利和危险地段？

2-4 如何考虑地形对建筑抗震性能的影响？

2-5 什么是规则建筑？什么是严重不规则建筑？

2-6 对于不规则建筑应该如何处理？

2-7 结构总体布置的原则是什么？

2-8 抗震结构体系应符合哪些要求？

2-9 结构各构件之间的连接应满足哪些要求？

2-10 结构材料性能指标应符合哪些最低要求？

2-11 抗震结构在施工中怎样进行钢筋的替换？

实训题

2-1　三水准、两阶段的抗震设防目标可概括为(　　)。

A. 小震不坏，中震不倒，大震可修　　B. 小震不倒，中震不坏，大震可修

C. 小震可修，中震不倒，大震不坏　　D. 小震不坏，中震可修，大震不倒

2-2　《抗震规范》适用于设防烈度为(　　)地区建筑工程的抗震设计。

A. 5、6、7 和 8 度　　B. 6、7、8 和 9 度

C. 4、5、6 和 7 度　　D. 7、8、9 和 10 度

2-3　在地震区的高层设计中，下述对建筑平面、里面布置的要求，哪一项是不正确的？(　　)

A. 建筑地平面、里面布置宜规则、对称

B. 楼层不宜错层

C. 楼层刚度小于上层时，应补小于相邻的上层刚度的 50%

D. 平面长度不宜过长，凸出部分长度宜减小

2-4　某地区设防烈度为 7 度，乙类建筑抗震设计应按下列(　　)要求进行设计。

A. 地震作用和抗震措施均按 8 度考虑

B. 地震作用和抗震措施均按 7 度考虑

C. 地震作用按 8 度确定，抗震措施按 7 度采用

D. 地震作用按 7 度确定，抗震措施按 8 度采用

2-5　超越概率为 10% 的地震烈度称为(　　)。

A. 基本烈度　　B. 众值烈度　　C. 多遇烈度　　D. 罕遇烈度

2-6　进行罕遇地震作用下薄弱层抗震变形验算，是为了保证结构达到(　　)的目的。

A. 小震不坏　　B. 中震可修　　C. 大震不倒　　D. 整体可修

2-7　建筑物的抗震设计，根据其使用功能的重要性分为(　　)个抗震设防类别。

A. 一　　B. 二　　C. 三　　D. 四

2-8　丙类建筑的地震作用和抗震措施均应符合(　　)的要求。

A. 本地区抗震设防烈度　　B. 本地区基本烈度

C. 本地区抗震防御烈度　　D. 抗震烈度

2-9　地震烈度主要根据下列(　　)指标来评定。

A. 地震震源释放出的能量大小

B. 地震时地面运动速度和加速度的大小

C. 地震时大多数房屋的震害程度、人的感觉以及其他现象

D. 地震时震级大小、震源深度、震中距，该地区的土质条件和地形、地貌

2-10　按《抗震规范》设计的建筑，当遭受低于本地区设防烈度的多遇地震影响时，建筑物(　　)。

A. 主体不受损坏或不需修理仍可继续使用

B. 可能损坏，经一般修理或不需修理仍可继续使用

C. 不发生危及生命的严重破坏

D. 不致倒塌

2-11 多遇地震作用下层间弹性变形验算的主要目的是(　　)。

A. 防止结构倒塌　　B. 防止结构发生破坏

C. 防止非结构部分发生过重的破坏　　D. 防止使人们惊慌

2-12 为保证结构“大震不倒”，要求结构具有(　　)。

A. 较大的初始刚度　　B. 较高的截面承载能力

C. 较好的延性　　D. 较小的自振周期

2-13 建筑设防烈度为 8 度时，相应的地震加速度峰值应取(　　)。

A. 0.125g　　B. 0.25g　　C. 0.30g　　D. 0.20g

2-14 对结构的抗震设计，下列叙述是正确的是(　　)。

A. 对于 9 度设防区，应考虑远震的影响

B. 刚性结构体系的地震作用小于柔性结构体系

C. 高层建筑的设计应考虑竖向地震作用

D. 超高层建筑宜采用时程分析法作为补充校核计算

2-15 抗震概念设计认为：在抗震设计中，具有首要的地位的是(　　)。

A. 设计者的经验　　B. 设计者的知识结构

C. 精确的设计计算　　D. 建筑布置与结构体系的合理选择

2-16 在对建筑物进行抗震设防的设计时，根据以往地震灾害的经验和科学研究的成果首先进行(　　)设计。

A. 极限　　B. 概念　　C. 构造　　D. 估算

2-17 在抗震设计中，应选择合理的抗震结构体系，使结构具有多道防线。对于框架—抗震墙结构，选(　　)作为第一道抗震防线。

A. 框架　　B. 抗震墙　　C. 梁　　D. 柱

2-18 震级大的远震与震级小的近震对某地区产生相同的宏观烈度，则对该地区产生的地震影响是(　　)。

A. 震级大的远震对刚性结构产生的震害大

B. 震级大的远震对柔性结构产生的震害大

C. 震级小的近震对柔性结构产生的震害大

D. 震级大的远震对柔性结构产生的震害小

2-19 (　　)可以将不规则的建筑物分割成几个规则的结构单元，每个单元在地震作用下受力明确、合理。

A. 温度缝　　B. 变形缝　　C. 防震缝　　D. 伸缩缝

第三章　地基和基础抗震设计

知识目标

1. 了解场地类别的划分依据；
2. 掌握可不进行天然地基及基础抗震承载力验算的建筑；
3. 掌握天然地基抗震承载力验算和桩基抗震验算的方法；
4. 了解地基土液化的原因及其产生的震害；
5. 掌握影响地基土液化的因素、液化判别及抗液化的措施。

能力目标

1. 能够准确判断建筑物所在场地的场地类别；
2. 能够对天然地基进行抗震承载力验算；
3. 能够判断地基土是否存在液化及液化地基采取的抗液化措施。

素质目标

引导学生树立为国家、社会发展做贡献的理想、信念和信心。

第一节　建筑场地

地震对建筑物的破坏作用是通过场地、地基和基础传递给上部结构的；同时，场地与地基在地震时又支撑着上部结构，因此，建筑场地具有双重作用。任何建筑物都坐落和嵌固在建筑场地的地基上。研究工程在地震作用的震害形态、破坏机理，以及抗震设计等问题，都离不开对场地和地基的研究；而研究场地和地基在地震作用下的反应及其对上部结构的影响，正是场地抗震评价的重要任务。通过对地震地质、工程地质、地形地貌以及岩土工程环境等场地条件的分析，研究场地条件对基础和上部结构震害的影响，从而合理地选择有利建筑场地和地基，避免和减轻地震对建筑物或工程设施的破坏。

一、场地

场地是指建筑物所在地，在平面上大体相当于厂区、居民区或自然村以及 1 km^2 大小的区域范围。在此范围内，岩土的性状和土层覆盖厚度大致相近。

历次震害现象表明：不同工程地质条件的场地上，建筑物在地震中的破坏程度明显不同。1975 年我国海城地震，顾家窝棚、东拉拉房和草家窝棚三个村庄的震害比周围地区轻得多。

钻孔资料表明，这三个村地表下几十米几乎全部为黏性土或粉质黏土，而周围震害比较严重的地区在地表下十几米内均为饱和粉细砂层。由于砂土发生液化，许多地区还发生冒水、喷砂现象。于是，人们自然就想到，既然在不同场地条件下建筑物所受的破坏作用不同，那么，选择对抗震有利的场地和避开不利的场地进行建设，就能大大地减轻地震灾害。

另一方面，由于建设用地受到地震以外的许多因素的限制，除了极不利和有严重危险性的场地以外，往往是不能排除其作为建筑场地的。这样就有必要按照场地、地基对建筑物所受地震破坏作用的强弱和特征进行分类，以便按照不同场地特点采取抗震措施，这就是地震区场地选择与分类的目的。

在选择建筑场地时，应根据工程需要，掌握地震活动情况和工程地质的有关资料，做出综合评价。《抗震规范》按照场地上建筑物震害轻重的程度，把建筑场地划分为对建筑抗震有利、一般、不利和危险地段，见表 3-1。一般认为，对抗震有利的地段是指地震时地面无残余变形的坚硬或开阔、平坦、密实、均匀的中硬土范围或地区；而不利地段为可能产生明显变形或地基失效的某一范围或地区；危险地段是指可能发生严重的地面残余变形的某一范围或地区；其他地段划为可进行建设的一般地段。

表 3-1　有利、一般、不利和危险地段的划分

地段类别	地质、地形、地貌
有利地段	稳定基岩，坚硬土，开阔、平坦、密实、均匀的中硬土等
一般地段	不属于有利、不利和危险的地段
不利地段	软弱土，液化土，条状突出的山嘴，高耸孤立的山丘，陡坡，陡坎，河岸和边坡的边缘，平面分布上成因、岩性、状态明显不均匀的土层(含故河道、疏松的断层破碎带、暗埋的塘浜沟谷和半填半挖地基)，高含水量的可塑黄土，地表存在结构性裂缝等
危险地段	地震时可能发生滑坡、崩塌、地陷、地裂、泥石流等及发震断裂带上可能发生地表错位的部位

通过对以往建筑物震害现象进行总结，有以下规律：在软弱地基上，柔性结构容易遭到破坏，刚性结构相应就表现较好；在坚硬地基上，柔性结构表现较好，而刚性结构表现不一，有的表现较差，有的又表现较好，常常出现矛盾现象。在坚硬地基上，建筑物的破坏通常是因结构破坏所产生；在软弱地基上，有时是由于结构破坏，而有时是由于地基破坏所产生。就建筑物总的破坏现象来说，在软弱地基上的破坏比坚硬地基上的破坏要严重。

二、场地类别

1. 场地土类型

在研究场地类别前，要先看一下场地土类型。场地土是指场地范围内的岩石和土。如前所述，场地土对建筑物震害的影响，主要取决于土的坚硬程度(也称刚性)。土的刚性一般用土的剪切波速来表示，因为剪切波速是土的重要动力参数，最能反映场地土的动力性能，故场地土可根据工程地质资料，按剪切波速来分类，见表 3-2。

表 3-2 土的类型划分和剪切波速范围

土的类型	岩土名称和性状	土层剪切波速范围/(m·s^{-1})
岩石	坚硬、较硬且完整的岩石	$v_s>800$
坚硬土或软质岩石	破碎和较破碎的岩石或软和较软的岩石，密实的碎石土	$800\geqslant v_s>500$
中硬土	中密、稍密的碎石土，密实、中密的砾、粗、中砂，$f_{ak}>150$ 的黏性土和粉土，坚硬黄土	$500\geqslant v_s>250$
中软土	稍密的砾、粗、中砂，除松散外的细、粉砂，$f_{ak}\leqslant150$ 的黏性土和粉土，$f_{ak}>130$ 的填土，可塑黄土	$250\geqslant v_s>150$
软弱土	淤泥和淤泥质土，松散的砂，新近沉积的黏性土和粉土，$f_{ak}\leqslant130$ 的填土，流塑黄土	$v_s\leqslant150$
注：f_{ak} 为由荷载试验等方法得到的地基承载力特征值(kPa)；v_s 为岩土剪切波速。		

2. *场地覆盖层厚度*

不同覆盖层厚度上的建筑物，其震害表现明显不同。例如：1967 年委内瑞拉地震中，加拉加斯高层建筑的破坏主要集中在市内冲积层最厚的地方，具有非常明显的地区性。在覆盖层为中等厚度的一般地基上，中等高度房屋的破坏要比高层建筑的破坏严重；而在基岩上，各类房屋的破坏普遍较轻。在我国 1975 年辽宁海城地震和 1976 年唐山地震中，也出现过类似的现象。唐山地震中，市区西南部基岩深度为 500～800 mm，房屋倒塌近 100%；而市区东北部一带，则因覆盖层较薄，多数厂房虽然也位于极震区，但房屋倒塌率仅 50%。即位于深厚覆盖层上建筑物的震害较重，而浅层土上建筑物的震害则相对要轻些。

从理论上讲，当下层波速比上层波速大得多时，下层可以当作基岩，这时从地表反射回来的地震波到达岩土界面时将向上反射。这个分界面的埋深，就是所谓覆盖层厚度或土层厚度。但实际上，地层的刚度往往是逐渐变化的。如果要求波速比很大时才能当作基岩，覆盖层势必很厚。

另一方面，由于对建筑物破坏作用最大的主要是地震波中的中短周期成分，而深层介质对这些成分的影响并不十分显著。基于这些考虑，《抗震规范》中对覆盖层厚度的确定，给出了如下要求：

(1)一般情况下，应按地面至剪切波速大于 500 m/s 且下卧各层岩土的剪切波速均不小于 500 m/s 的土层顶面的距离确定。

(2)当地面 5 m 以下存在剪切波速大于其上部各土层剪切波速 2.5 倍的土层，且该层及其下卧各层岩土的剪切波速均不小于 400 m/s 时，可按地面至该土层顶面的距离确定。

(3)剪切波速大于 500 m/s 的孤石、透镜体，应视同周围土层。

(4)土层中的火山岩硬夹层，应视为刚体，其厚度应从覆盖层中扣除。

3. *土层等效剪切波速*

建筑场地的地表土层一般由各种土构成，由于各地区土层沉积环境不同，即使是同一类型的土，其物理力学指标有时也会明显不同，其剪切波速也不是一个值。至于不同类型的土，其性质则更有明显的不同。因此，对于由若干层土层组成的场地土，不应使用其中一种土的剪切波速来确定土的类型，也不能简单地用几种土的剪切波速平均值，而应按等效剪切波速来确定土的类型。所谓等效剪切波速，就是以剪切波在地面至计算深度各层土中传播的时间不变的原则，来定义土层等效剪切波速。等效剪切波速可按下式计算：

$$v_{se}=d_0/t \tag{3-1}$$

$$t=\sum_{i=1}^{n}(d_i/v_{si}) \tag{3-2}$$

式中　v_{se}——土层等效剪切波速(m/s)；

d_0——计算深度(取覆盖层厚度和 20 m 两者的较小者)(m)；

t——剪切波在地面至计算深度之间的传播时间(s)；

d_i——计算深度范围内第 i 层土的厚度(m)；

v_{si}——计算深度范围内第 i 层土的剪切波速(m/s)；

n——计算深度范围内土层的分层数。

场地类别

在上述计算公式中，计算深度是取地面下 20 m 且不深于场地覆盖层厚度的范围。而场地覆盖层厚度，是指地面至坚硬土层顶面的距离。坚硬土通常是指剪切波速大于 500 m/s 的土层和软质岩石。当地面 5 m 以下存在剪切波速大于相邻上层土剪切波速 2.5 倍的土层，且在这层土以下的下卧岩土的剪切波速均不小于 400 m/s 时，也可按该土层顶面至地面的距离作为场地覆盖层厚度。

对丁类建筑及丙类建筑中层数不超过 10 层且高度不超过 24 m 的多层建筑，当无实测剪切波速时，可根据岩土名称和性状，按表 3-2 估计各土层的剪切波速。

4. 场地类别

场地类别是场地条件的表征，场地类别划分是地震区的岩土工程勘察中的一项重要内容。为了考虑场地条件对建筑抗震设计的定量影响，通常根据土层的等效剪切波速和场地覆盖层厚度的不同，将建筑场地划分为Ⅰ、Ⅱ、Ⅲ、Ⅳ类，其中Ⅰ类分为I_0、I_1两个亚类，以便选用合理的设计参数和采取相应的抗震构造措施，见表 3-3。

表 3-3　各类建筑场地的覆盖层厚度　　m

岩石的剪切波速或土的等效剪切波速 /(m·s⁻¹)	场地类别				
	I_0	I_1	Ⅱ	Ⅲ	Ⅳ
$v_s>800$	0				
$800\geqslant v_s>500$		0			
$500\geqslant v_{se}>250$		<5	≥5		
$250\geqslant v_{se}>150$		<3	3~50	>50	
$v_{se}\leqslant150$		<3	3~15	15~80	>80

注：表中 v_s 是岩石的剪切波速。

考虑核电站的抗震设计，将Ⅰ类分为I_0、I_1两个亚类，I_0类场地是硬质岩石场地。Ⅰ、Ⅱ、Ⅲ、Ⅳ类场地的坚硬程度依次递减。在选择建筑场地时，应选择Ⅰ、Ⅱ、Ⅲ类场地，避开Ⅳ类场地。

【例题 3-1】 已知某建筑场地的地质钻探资料见表 3-4，试确定该建筑场地的类别。

表 3-4　场地的地质钻探资料

层底深度/m	土层厚度/m	土层名称	土层剪切波速/($m \cdot s^{-1}$)
9.5	9.5	砂	170
37.8	28.3	淤泥质黏土	135
48.6	10.8	砂	240
60.1	11.5	淤泥质粉质黏土	200
68	7.9	细砂	330
86.5	18.5	砾石夹砂	550

【解】 (1)确定覆盖层厚度。

由表 3-4 可知：68 m 以下的土层为砾石夹砂，土层剪切波速大于 500 m/s，覆盖层厚度应定为 68 m。

(2)由于覆盖厚度 68 m>20 m，故确定地面下 20 m 范围内土的类型。

剪切波从地表到 20 m 深度范围的传播时间：

$$t=\sum_{i=1}^{n}(d_i/v_{si})=9.5\div170+10.5\div135=0.134(\mathrm{s})$$

等效剪切波速：　$v_{se}=d_0/t=20\div0.134=149.3(\mathrm{m/s})$

因为等效剪切波速 $v_{se}=149.3$ m/s<150 m/s，故表层土属于软弱土。

(3)确定建筑场地的类别。

根据表层土的等效剪切波速 $v_{se}=149.3$ m/s<150 m/s 和覆盖层厚度 $d=68$ m 在 15～80 m 之间两个条件，查表 3-3 得，该建筑场地的类别属于Ⅲ类。

三、场地卓越周期

地震波是一种波形十分复杂的行波。根据理论分析可知，它是由许多频率不同的分量组成的，场地土对地震波各个分量有不同的放大作用。根据理论计算可知，对其中放大得最多的行波分量的周期 T_p，与基岩以上土层厚度 H 和波速 v_s 的关系如下：

$$T_p=\frac{4H}{v_s} \tag{3-3}$$

式中　T_p——场地土对地震波分量放大得最多的周期(s)；

H——基岩以上土层厚度(m)；

v_s——地震剪切波速(m/s)。

由式(3-3)可知，地震波的某个分量的周期，恰为该波穿过表层土所需要时间的 4 倍时，这个波的分量将被放大得最多，即该波引起土层的振动最为强烈。满足式(3-3)的周期，叫作场地的卓越周期。

第二节　地基和基础抗震验算与措施

地基抗震验算原则

地基在地震作用下的稳定性对基础乃至上部结构的内力分布是比较敏感的。因此，确保地震时地基和基础始终能够承受上部结构传来的竖向地震作用、水平地震作用以及倾覆力矩，而不发生过大的沉陷或不均匀沉陷，是地基和基础抗震设计的一个基本要求。

根据震害规律，地基和基础的抗震设计是通过选择合理的基础体系、地基土的抗震承载力验算、地基基础抗震措施，来保证其抗震能力。

一、可不进行天然地基和基础抗震验算的范围

从我国历次强震中遭受破坏的建筑来看，只有少数建筑物是因为地基的原因而导致上部结构破坏，而这类地基主要是液化地基、易产生震陷的软弱黏性土地基和严重不均匀地基。大量的一般地基具有良好的抗震性能，极少发现因地基承载力不足而导致上部结构破坏的震害现象。基于上述事实，《抗震规范》规定：对于一般地基，地基和基础都不做抗震验算；而对于容易产生地基和基础震害的液化地基、软土地基和严重不均匀地基，则规定了相应的抗震措施，以避免或减轻震害。

下列建筑可不进行天然地基和基础抗震承载力验算：

(1)《抗震规范》规定可不进行上部结构抗震验算的建筑；

(2)地基主要受力层范围内不存在软弱黏性土层的下列建筑：

①一般的单层厂房和单层空旷房屋；

②砌体房屋；

③不超过 8 层且高度在 24 m 以下的一般民用框架和框架—抗震墙房屋；

④基础荷载与③相当的多层框架厂房和多层混凝土抗震墙房屋。

上述规定中所指的软弱黏性土层是指 7 度、8 度和 9 度时，地基承载力特征值分别小于 80 kPa、100 kPa 和 120 kPa 的土层。

二、天然地基抗震承载力验算

1. 天然地基的抗震验算

在地震作用下，为了保证上部结构的安全，仅对地基的有关要求而言，与静力计算一样，应同时满足地基变形和承载力两个条件的要求。但是，由于在地震作用下地基变形过程十分复杂，目前还没有条件进行这方面的定量计算。因此，《抗震规范》只要求对地基土进行抗震承载力验算。至于地面变形验算，则是通过对上部结构或地基采取一定的抗震措施来弥补。

一般地基由Ⅰ、Ⅱ、Ⅲ三类场地构成，这三类场地具有良好的抗震性能，可作为天然地基。天然地基抗震承载力验算一般采用拟静力法。此方法假定地震作用如同静力作用，然后在静力作用条件下验算地基及基础的承载力和稳定性。天然地基和基础抗震验算时，应按地震作用效应标准组合，同时基础底面所产生的压力可认为呈直线分布。其平均压力

p 和边缘最大压力 p_{max} 应符合下列要求：

$$p \leqslant f_{aE} \tag{3-4}$$

$$p_{max} \leqslant 1.2 f_{aE} \tag{3-5}$$

式中 p——地震作用效应标准组合的基础底面平均压力；

p_{max}——地震作用效应标准组合的基础边缘最大压力；

f_{aE}——调整后的地基抗震承载力。

另外，为了限制基础的过大偏心，对于高宽比大于 4 的高层建筑，在地震作用下基础底面不宜出现拉应力(见图 3-1，即 $p_{min} \geqslant 0$)。其他建筑基础底面与地基土之间脱离区面积不应大于基础底面面积的 15%；对矩形底面基础，应力区关系则为 $b'' \geqslant 0.85b$，如图 3-2 所示。

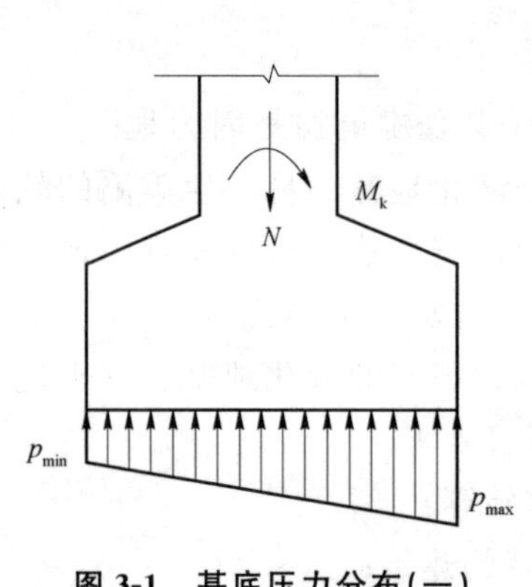

图 3-1　基底压力分布(一)

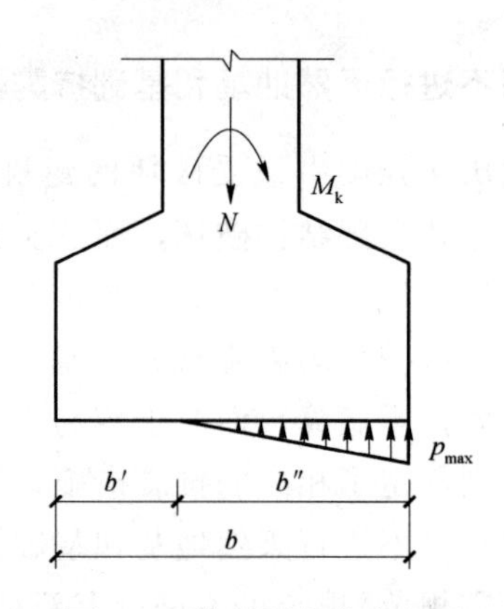

图 3-2　基底压力分布(二)

2. 地基抗震承载力确定

世界上多数国家的抗震规范在验算地基土的抗震强度时，抗震承载力都采用在静力设计承载力的基础上乘以一个系数的方法加以调整，考虑调整的出发点如下：

(1)地震是偶发事件，属于特殊荷载，历时短暂，因而地基抗震承载力安全系数可比静载时降低。

(2)地震是有限次数不等幅的随机荷载，其等效循环荷载为十几次到几十次，而多数土在有限次数的动载下强度较静载下稍高。

基于以上两方面原因，新规范延续采用抗震承载力与静力承载力的比值作为地基抗震承载力调整系数，其值可通过动静强度之比求得。

《抗震规范》中地基抗震承载力设计值，可采用在地基静力承载力设计值基础上乘以调整系数 ξ_a 来计算。调整系数 ζ_a 是综合考虑了土在动荷载下强度的提高和可靠度指标的降低两个因素而确定的。地基抗震承载力按下式确定：

$$f_{aE} = \zeta_a f_a \tag{3-6}$$

式中 f_{aE}——调整后的地基抗震承载力；

ζ_a——地基抗震承载力调整系数，应按表 3-5 采用；

f_a——深宽修正后的地基承载力特征值，应按现行国家标准《建筑地基基础设计规范》(GB 50007—2011)采用。

表 3-5　地基抗震承载力调整系数

岩土名称和性状	ζ_a
岩石，密实的碎石土，密实的砾、粗、中砂，$f_{ak}\geqslant300$ 的黏性土和粉土	1.5
中密、稍密的碎石土，中密和稍密的砾、粗、中砂，密实和中密的细、粉砂，150 kPa$\leqslant f_{ak}<$300 kPa 的黏性土和粉土，坚硬黄土	1.3
稍密的细、粉砂，100 kPa$\leqslant f_{ak}<$150 kPa 的黏性土和粉土，可塑黄土	1.1
淤泥，淤泥质土，松散的砂，杂填土，新近堆积黄土及流塑黄土	1.0

三、桩基的抗震验算

1. 不进行桩基抗震承载力验算的建筑

震害调查表明，承受竖向荷载为主的低承台桩基，同时地面以下无液化土层，且桩承台周围无淤泥、淤泥质土和地基承载力特征值不大于 100 kPa 的填土时，下列建筑物可不进行地震承载力验算。

(1)6 度～8 度时的建筑：

①一般单层厂房和单层空旷房屋和框架-抗震墙房屋；

②不超过 8 层且高度在 24 m 以下的一般民用框架房屋和框架-抗震墙房屋；

③基础荷载与②相当的多层框架厂房和多层混凝土抗震墙房屋。

(2)《抗震规范》规定可不进行上部结构抗震验算的建筑及砌体房屋。

对于不满足上述各条件的建筑物的桩基础，一般应进行抗震承载力验算。验算时应进行效应组合，作用于桩基的作用效应采用地震作用效应标准组合。

2. 低承台桩基的抗震验算

与天然地基的抗震验算一样，桩基抗震验算时也应该考虑土层作用下承载能力提高的有利因素。然而，地震作用下桩基承载能力提高的幅度有多大，不仅与地基土的性质有关，而且与桩基类型、沉桩的工艺、桩顶与承台的连接嵌固情况以及承台四周的回填情况等多种因素有关。合理地确定桩基承载力提高系数要比天然地基更加困难。

(1)非液化土中低承台桩基。非液化土中低承台桩基的抗震验算方法与静载时的桩基验算相同，同时应符合下列规定：

①单桩的竖向和水平抗震承载力特征值，可均比非抗震设计时提高 25%。

②当承台周围的回填土夯实至干密度不小于《建筑地基基础设计规范》(GB 50007—2011)对填土的要求时，可由承台正面填土与桩共同承担水平地震作用，但不应计入承台底面与地基土间的摩擦力。

(2)存在液化土层的桩基。存在液化土层的桩基抗震验算方法因桩与液化土的情况不同而异，应符合下列规定：

①承台埋深较浅时，由桩承担全部地震水平力，不宜计入承台周围土的抗力或刚性地面对水平地震作用的分担作用。

②当桩承台底面上、下分别为厚度不小于 1.5 m、1 m 的非液化土或非软弱土时，可分

两种情况分别对桩基进行验算，并按不利情况设计。

a. 桩承受全部地震作用。考虑到这种土尚未充分液化，桩承载力计算可按非液化土的原则确定，但液化土的桩周摩阻力及桩水平抗力均应乘以土层液化影响折减系数，其值按表 3-6 采用。

表 3-6　土层液化影响折减系数

实测标准贯入锤击数/临界标准贯入锤击数	深度 d_s/m	折减系数
≤0.6	$d_s \leqslant 10$	0
	$10 < d_s \leqslant 20$	1/3
0.6～0.8	$d_s \leqslant 10$	1/3
	$10 < d_s \leqslant 20$	2/3
0.8～1.0	$d_s \leqslant 10$	2/3
	$10 < d_s \leqslant 20$	1

b. 桩承受部分地震作用。主震后可能会发生余震，根据《抗震规范》的规定，地震作用按地震影响系数最大值的 10%采用，桩承载力仍按非液化土桩基规定的原则确定，但应扣除液化土层的全部摩阻力和桩承台下 2 m 深度范围内非液化土的桩周摩阻力。

③采用打入式预制桩及其他挤土桩，当桩数不少于 5×5 且平均桩距为 2.5～4 倍桩径时，则可考虑桩的挤土效应与遮拦效应的有利影响。按下列步骤对桩基进行验算：

a. 由按静载设计确定的桩数和置换率，按下式计算打桩后桩间土的标准贯入锤击数。

$$N_1 = N_P + 100\rho(1 - e^{-0.3N_P}) \tag{3-7}$$

式中　N_1——打桩后的标准贯入锤击数；

ρ——打入式预制桩的面积置换率；

N_P——打桩前的标准贯入锤击数。

b. 判定桩间土是否满足不液化的要求，即 $N_1 \geqslant N_{cr}$(液化判别标准贯入锤击数临界值)。若 N_1 小于 N_{cr}，宜增加桩数减小桩间距或以碎石桩等方法加密桩间土至满足式(3-7)的要求。

c. 与非液化土中的桩基验算方法相同，校核单桩的竖向、水平向承载力及桩身强度。对单桩承载力不做折减，但对桩尖持力层做强度校核时，桩群外侧的应力扩散角应取为零。

d. 将桩基视为墩基，墩的平面尺寸为桩平面的包络线，按地基规范校核下卧层地基的强度。

3. 桩基抗震验算的其他规定

(1)处于液化土中的桩基承台周围，宜用非液化土填筑夯实。若用砂土或粉土，则应使土层的标准贯入锤击数不小于液化判别标准贯入锤击数临界值。

(2)液化土和震陷软土中桩的配筋范围，应自桩顶至液化深度以下符合全部消除液化沉陷所要求的深度，其纵向钢筋应与桩顶部相同，箍筋应加粗和加密。

(3)在有液化侧向扩展的地段，桩基除应满足本节中的其他规定外，还应考虑土流动时的侧向作用力，且承受侧向推力的面积应按边桩外缘间的宽度计算。

四、地基和基础抗震措施

1. 软弱黏性土

经宏观调查和勘察研究表明：地震时软弱黏性土地基是否失效，与地基土的承载力有关。因此，将处于7度、8度和9度区的地基承载力特征值分别小于80 kPa、100 kPa和120 kPa的土层，称为软弱黏性土。

软弱黏性土的特点是承载能力低、压缩性大。如果设计考虑不周、施工不当，将会使建筑在这类地基上的房屋不均匀沉降现象严重，造成上部结构开裂。若遭遇地震，将会产生过大的附加沉降，甚至造成地基震陷，建筑物局部破坏、倾倒。

当建筑物地基主要受力层范围内存在软弱黏性土时，应首先做好静力条件下的地基和基础设计。这是因为遇到这类地基时，静力条件下的地基和基础设计的要求与抗震设计的要求是一致的，都需要提高建筑物的整体性和增强抵抗地基变形的能力，同时还需要对地基进行人工处理。具体抗震措施如下：

(1)应首先考虑采用桩基础或其他人工地基。非液化地基上的低桩承台基础震陷很小，结构的动力反应不敏感，是一种良好的基础形式。对地基进行人工处理，将大大提高地基的抗震陷能力。

(2)选择合适的基础埋置深度。基础深埋可以增加建筑物的嵌固作用，减轻震害。同时，利用地基和基础的补偿性设计原理，减少基底的附加压力，从而减少基础的沉降。

(3)调整基底面积。在抗震设计时，应调整基底面积，以便减轻基础荷载和减少基础偏心，目的是减少基底的压力。因为软弱地基松软沉降量大，在这种地基上设计基础时，应留有较多的安全储备。基底的压力减小，沉降量也将减少。

(4)加强基础的整体性和刚性。如果采用箱形基础、筏形基础或钢筋混凝土十字交叉基础，加设地基圈梁等，基础应尽可能取直、拉通，避免切断。基础的整体性和刚性好，可以较好地调整基底压力，有效地减轻震陷引起的不均匀下沉，从而减轻上部的损害，这是在软弱地基上提高基础抗震性能的有效措施。

(5)采取上部结构的协调措施。在抗震设计时，应增加上部结构的整体刚度和均衡对称性，合理设置沉降缝，预留结构净空或采用柔性接头，避免采用对不均匀沉降敏感的结构形式等。这些措施都能减少或抵抗震陷引起的不均匀沉降导致的结构破坏。

2. 严重不均匀地基

严重不均匀地基，是指古河道、暗藏沟坑边缘地带、山坡地的半填半挖地段、山区中的岩土地基、局部的可液化土层或不均匀可液化土层，以及由于其他成因造成岩性或状态明显不同的地基。

地震时，严重不均匀地基容易产生裂缝、土体滑动、不均匀沉降等地基失效现象，从而使房屋开裂、变形或倾倒。这种不均匀地基加重了建筑物的震害，因此，在布置建筑物平面时应尽量避开这类地基。当必须利用不均匀地基时，则应详细查明地质地貌、地形条件，查清不均匀地基的组成、分布范围和不均匀程度。在进行抗震设计时，根据具体情况采取适当的抗震措施。例如：考虑上部结构和地基的共同工作，对建筑物的形体、设防烈度、荷载情况、结构类型、地质条件等进行综合分析，确定合理的建筑措施、结构措施和地基处理措施。

第三节　可液化地基和抗液化措施

一、液化的概念

处于地下水水位以下的饱和砂土和粉土，在地震时容易发生液化现象。地震引起的强烈地面运动，使得饱和砂土或粉土颗粒间发生相对位移，土颗粒结构趋于密实。如果土体本身渗透系数较小，当颗粒结构压密时，短时间内孔隙水排泄不出而受到挤压，孔隙水压力将急剧增加。在地震作用的短暂时间内，这种急剧增加的孔隙水压力来不及消散，使原先由土颗粒通过其接触点传递的压力(也称有效压力)减小。当有效压力完全消失时，砂土或粉土颗粒局部或全部处于悬浮状态。此时，土体抗剪强度等于零，形成如同“液体”的现象，即称为“液化”。

液化时因下部土层的水头压力比上部高，所以水向上涌，把土粒带到地面上来，即产生冒水、喷砂现象。随着水和土粒的不断涌出，孔隙水压力降低至一定程度时，只冒水而不喷土粒。当孔隙水压力进一步消散，冒水终将停止，土的液化过程结束。当砂土和粉土液化时，其强度将完全丧失，从而导致地基失效。

二、液化的危害

土层的液化会引起一系列的危害：如喷水、冒砂；淹没农田；淤塞渠道；路基被掏空；有的地段产生很多陷坑；河堤的裂缝和滑移；桥梁的破坏等。另外，场地土液化会直接引起建筑物的震害：地面开裂下沉，使建筑物产生过度下沉或整体倾斜；不均匀沉降引起建筑物上部结构破坏；室内地坪上鼓、开裂，设备基础上浮或下沉。

唐山地震时，天津汉沽区一栋办公楼发生大量沉陷，半层沉入地下；1964 年日本新潟地震时，冲填土发生大面积液化，造成很多建筑下沉达 1 m 多，并且发生严重倾斜；1999 年中国台湾的集集地震，同样也有地基液化和侧向大变形的产生，最大处下沉 5 m；2008 年汶川地震时，由于大量房屋建造在软弱地基或山区可液化场地上，地震使场地液化导致地基失效、房屋倾斜。

地震液化对工程结构震动的特殊影响

三、影响液化的因素

地基的液化受多种因素的影响，主要因素有以下几种。

1. 土层的地质年代

地质年代的新老，表示土层沉积时间的长短。地质年代越古老、久远，地层的固结程度、密实度、结构性也就越好，抗液化的能力也就越强。震后调查表明，地质年代古老的饱和砂土，比地质年代较新的不容易液化。

2. 土的组成和密实程度

一般来说，颗粒均匀、单一的土，比颗粒级配良好的土容易液化；松砂比密砂容易液化，越松散越容易液化；细砂比粗砂容易液化。这是因为细砂的渗透性较差，地震时容易产生超静孔隙水压力。另外，粉土中黏性颗粒多的要比黏性颗粒少的不容易液化。这是因为随着土的黏聚力增加，土颗粒就越不容易流失。

3. 地下水水位深度和上覆非液化土层厚度

地下水水位较高时，比地下水水位低时容易液化。液化砂土层埋深越大，上覆非液化土层厚度越厚，有效覆盖应力越大，可液化土层就越不容易产生液化。

4. 地震烈度和持续时间

地震烈度越高，越容易发生液化；地震动持续时间越长，越容易发生液化。所以，同等烈度情况下的远震与近震相比较，远震较近震更容易液化。

四、地基土的液化判别

土层的液化判别是非常复杂的，我国学者在广泛收集资料、多种方案对比的基础上，提出了一个系统而实用的两步判别方案，即初步判别和标准贯入试验判别。

对饱和砂土和饱和粉土(不含黄土)的地基，除 6 度设防外，应进行液化判别。对 6 度区，一般情况下可不进行判别和处理；但对液化沉降敏感的乙类建筑，可按 7 度的要求进行判别和处理；7～9 度时，乙类建筑可按本地区抗震设防烈度的要求进行判别和处理。

通过初步判别，可以排除一大批不液化或不考虑液化影响的场地，这样可以减少标准贯入试验判别。标准贯入试验判别的作用，是判别液化程度和液化后果，为工程上提供合理的地基处理方法提供依据。

整个判别过程的框图如图 3-3 所示。

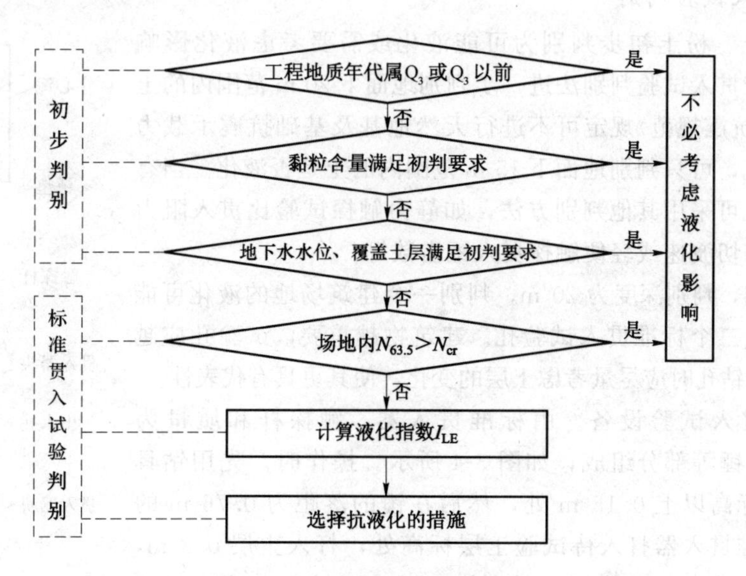

图 3-3　地基液化判别总框图

1. 初步判别

饱和的砂土或粉土(不含黄土)，当满足下列条件之一时，可初步判别为不液化或可不考虑液化影响。

(1)地质年代为第四纪晚更新世(Q_3)及其以前时，7度、8度时可判为不液化。

(2)粉土的黏粒(粒径小于0.005 mm的颗粒)含量百分率，7度、8度和9度分别不小于10、13和16时，可判为不液化土。

(3)采用天然地基的建筑，当上覆非液化土层厚度和地下水水位深度符合下列条件之一时，可不考虑液化影响。

$$d_u > d_0 + d_b - 2 \tag{3-8}$$

$$d_w > d_0 + d_b - 3 \tag{3-9}$$

$$d_u + d_w > 1.5d_0 + 2d_b - 4.5 \tag{3-10}$$

式中 d_w——地下水水位深度(m)，宜按设计基准期内年平均最高水位采用，也可按近期内年最高水位采用；

d_u——上覆非液化土层厚度(m)，计算时宜将淤泥和淤泥质土扣除；

d_b——基础埋置深度(m)，不超过2 m时，应采用2 m；

d_0——液化土特征深度(m)，可按表3-7采用。

表3-7 液化土特征深度 m

饱和土类别	7度	8度	9度
粉土	6	7	8
砂土	7	8	9

2. 标准贯入试验判别

当饱和砂土、粉土初步判别为可能液化或需要考虑液化影响时，应采用标准贯入试验判别法进一步判别地面下20 m范围内的土是否液化。对《抗震规范》规定可不进行天然地基及基础抗震承载力验算的各类建筑，可只判别地面下15 m范围内的土是否液化。当有成熟经验时，也可采用其他判别方法，如静力触探试验比贯入阻力(锥尖阻力)、剪切波速或轻便触探贯入锤击数等。

对一般基础，判别深度为20 m。判别一个建筑场地的液化可能性，至少应布置三个标准贯入试验孔。建筑物越重要，试验孔应越多。而且，布置钻孔时应尽量考虑土层的变化，使其更具有代表性。

(1)标准贯入试验设备。由标准贯入器、触探杆和质量为63.5 kg的穿心锤等部分组成，如图3-4所示。操作时，先用钻具钻至试验土层标高以上0.15 m处，然后在锤的落距为0.76 m的条件下，将标准贯入器打入待试验土层标高处，打入土层0.3 m，记录0.3 m的锤击数，即为标准贯入值，用$N_{63.5}$表示。当未经杆长修正的$N_{63.5}$小于液化判别标准贯入锤击数的临界值N_{cr}时，可判为液化土；否则，为非液化土。

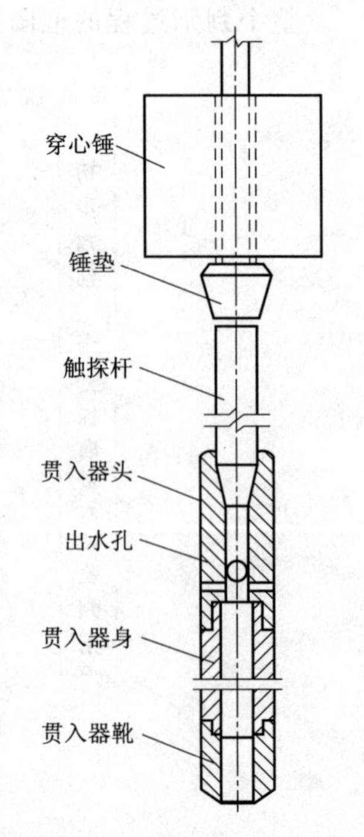

图3-4 标准贯入试验设备

由此可见，标准贯入值(锤击数)越大，说明土的密实程度越高，土层就越不容易液化。

(2)液化判别公式。在地面下 20 m 深度范围内，液化判别标准贯入锤击数临界值可按下式计算：

$$N_{cr}=N_0\beta[\ln(0.6d_s+1.5)-0.1d_w]\sqrt{3/\rho_c} \tag{3-11}$$

式中 N_{cr}——液化判别标准贯入锤击数临界值；

N_0——液化判别标准贯入锤击数基准值，应按表 3-8 采用；

d_s——饱和土标准贯入点深度(m)；

d_w——地下水位深度(m)；

ρ_c——黏粒含量百分率，当小于 3 或为砂土时，应采用 3；

β——调整系数。与设计地震分组相关的调整系数，按表 3-9 选用。

表 3-8 液化判别标准贯入锤击数基准值 N_0

设计基本地震加速度/g	0.10	0.15	0.20	0.30	0.40
液化判别标准贯入锤击数基准值	7	10	12	16	19

表 3-9 调整系数 β

设计地震分组	调整系数 β
第一组	0.8
第二组	0.95
第三组	1.05

从式(3-11)中可以看出，地下水水位深度越浅，黏粒含量百分率越小，地震烈度越高，地震加速度越大，地震作用持续时间越长，土层越容易液化。

五、液化地基的评价

采用标准贯入试验，得到的是地表以下土层中若干个高程处的标准贯入值(锤击数)，可相应判别该点附近土层的液化可能性。但建筑场地一般由多层土组成。其中，一些土层被判别为液化，而另一些土层被判别为不液化，这是经常遇见的情况；即使多层土均被判别为液化，那么还需要进一步对液化的严重程度做出评价。所以，需要有一个可判定土层液化危害程度的定量指标。

在同一地震烈度下，液化土层的厚度越厚、埋藏越浅，地下水水位越高，实测标准贯入锤击数与临界标准贯入锤击数相差越多，液化就越严重，带来的危害性就越大。液化指数能比较全面地反映上述各因素的影响。

对存在液化土层的地基，应探明各液化土层的深度和厚度，按下式计算每个钻孔的液化指数：

$$I_{LE}=\sum_{i=1}^{n}\left(1-\frac{N_i}{N_{cri}}\right)d_iW_i \tag{3-12}$$

式中 I_{LE}——液化指数；

n——在判别深度范围内每一个钻孔标准贯入试验点的总数；

N_i、N_{cri}——i 点标准贯入锤击数的实测值和临界值，当实测值大于临界值时，应取临界值；当只需要判别 15 m 范围以内的液化时，15 m 以下的实测值可按临界值采用；

d_i——i 点所代表的土层厚度(m)，可采用与该标准贯入试验点相邻的上、下两标准贯入试验点深度差的一半，但上界不高于地下水水位深度，下界不深于液化深度；

W_i——i 土层单位土层厚度的层位影响权函数值(m^{-1})。当该层中点深度不大于 5 m 时，应采用 10；等于 20 m 时，应采用 0；5～20 m 时，应按线性内插法取值。

液化指数的大小，从定量上反映了土层液化造成地面破坏的程度。液化指数越大，则地面破坏越严重，房屋的震害就越大。因此，根据液化指数按表 3-10 确定液化等级。

表 3-10　液化等级与液化指数的对应关系

液化等级	轻　微	中　等	严　重
液化指数	$0<I_{LE}\leqslant 6$	$6<I_{LE}\leqslant 18$	$I_{LE}>18$

六、地基抗液化措施

地基抗液化措施应根据建筑物的重要性和地基的液化等级，并结合当地的施工条件、习惯采用的施工方法和施工工艺等具体情况予以确定。当液化土层较平坦且均匀时，可按表 3-11 选用地基抗液化措施；尚可考虑上部结构重力荷载对液化危害的影响，根据对液化震陷量的估计适当调整抗液化措施。

表 3-11　地基抗液化措施

建筑抗震设防类别	地基的液化等级		
	轻　微	中　等	严　重
乙　类	部分消除液化沉陷，或对基础和上部结构处理	全部消除液化沉陷，或部分消除液化沉陷且对基础和上部结构处理	全部消除液化沉陷
丙　类	基础和上部结构处理，也可不采取措施	基础和上部结构处理，或更高要求的措施	全部消除液化沉陷，或部分消除液化沉陷且对基础和上部结构处理
丁　类	可不采取措施	可不采取措施	基础和上部结构处理，或其他经济的措施
注：甲类建筑的地基抗液化措施应进行专门研究，但不宜低于乙类的相应要求。			

不宜将未经处理的液化土层作为天然地基持力层。

(1)全部消除地基液化沉陷的措施，应符合下列要求。

①采用桩基时，桩端伸入液化深度以下稳定土层中的长度(不包括桩尖部分)，应按计算确定，且对碎石土，砾、粗、中砂，坚硬黏性土和密实粉土尚不应小于 0.8 m，对其他

非岩石土尚不宜小于1.5 m。

②采用深基础时，基础底面应埋入液化深度以下的稳定土层中，其深度不应小于0.5 m。

③采用加密法(如振冲、振动加密、挤密碎石桩、强夯等)加固时，应处理至液化深度下界；振冲或挤密碎石桩加固后，桩间土的标准贯入锤击数不宜小于液化判别标准贯入锤击数临界值。

④用非液化土替换全部液化土层，或增加上覆非液化土层的厚度。

⑤采用加密法或换土法处理时，在基础边缘以外的处理宽度，应超过基础底面下处理深度的1/2，且不小于基础宽度的1/5。

(2)部分消除地基液化沉陷的措施，应符合下列要求。

①处理深度应使处理后的地基液化指数减少，其值不宜大于5；大面积筏形基础、箱形基础的中心区域(中心区域指位于基础外边界以内沿长宽方向距外边界大于相应方向1/4长度的区域)，处理后的液化指数可比上述规定降低1；对独立基础和条形基础，尚不应小于基础底面下液化土特征深度和基础宽度的较大值。

②采用振冲或挤密碎石桩加固后，桩间土的标准贯入锤击数不宜小于液化判别标准贯入锤击数临界值。

③基础边缘以外的处理宽度，应超过基础底面下处理深度的1/2且不小于基础宽度的1/5。

④采取减小液化震陷的其他方法，如增厚上覆非液化土层的厚度和改善周边的排水条件等。

(3)减轻液化影响的基础和上部结构处理的措施，可综合采用下列各项措施。

①选择合适的基础埋置深度。

②调整基础底面积，减少基础偏心。

③加强基础的整体性和刚度，如采用箱形基础、筏形基础或钢筋混凝土交叉条形基础，加设基础圈梁等。

④减轻荷载，增强上部结构的整体刚度和均匀对称性，合理设置沉降缝，避免采用对不均匀沉降敏感的结构形式等。

⑤管道穿过建筑处应预留足够尺寸或采用柔性接头等。

(4)在古河道以及临近河岸、海岸和边坡等有液化侧向扩展或流滑可能的地段内不宜修建永久性建筑；否则，应进行抗滑动验算、采取防土体滑动措施或结构抗裂措施。

思考题

3-1　什么是场地？应怎样划分场地类别？

3-2　什么是土层等效剪切波速？什么是场地覆盖层厚度？

3-3　可不进行天然地基和基础抗震承载力验算的建筑有哪些？天然地基和基础抗震承载力验算内容有哪些？

3-4　什么是地基土的液化？地基土的液化会造成哪些危害？

3-5　如何判别地基土的液化？地基土的液化程度如何评价？

3-6　减轻液化影响的基础和上部结构处理的措施有哪些？

实训题

3-1 场地类别根据土的等效剪切波速和场地的覆盖层厚度，划分为(　　)。

A. 三类　　B. 四类　　C. 五类　　D. 六类

3-2 一般情况下，场地覆盖层的厚度应按地面至剪切波速大于(　　)m/s 的土层顶面的距离确定。

A. 200　　B. 300　　C. 400　　D. 500

3-3 位于软弱场地上，震害较重的建筑物是(　　)。

A. 木楼盖等柔性建筑　　B. 单层框架结构

C. 单层厂房结构　　D. 多层抗震墙结构

3-4 下列建筑中可不进行地基及基础抗震作用验算的有(　　)。

A. 砌体房屋　　B. 单层厂房　　C. 单层框架　　D. 多层框架厂房

3-5 关于地基土的液化，错误的是(　　)。

A. 饱和的砂土比饱和的粉土更不容易液化

B. 地震持续时间长，即使烈度低，也可能出现液化

C. 土的相对密度越大，越不容易液化

D. 地下水位越深，越不容易液化

3-6 对于场地土，关于地基及基础的叙述，正确的是(　　)。

A. 土的卓越周期与土的刚性成正比

B. 对液化地基的评价仅给出定性结论

C. 场地土的地下水水位越深，场地土越不容易液化

D. 采用标准贯入试验判别方法时，当 $N_{63.5}$ 大于 N_{cr} 时，场地土为可液化土

3-7 某建筑场地典型地层条件见表 3-12，试确定该建筑场地类别。

表 3-12　场地的地质钻探资料

层底深度/m	土层厚度/m	土层名称	土层剪切波速/(m·s^{-1})
2.5	2.5	杂填土	200
4.0	1.5	粉土	280
4.9	0.9	中砂	310
6.1	1.2	砾砂	600

第四章　地震作用与结构抗震验算

知识目标

1. 了解地震作用的概念、地震作用的分类和确定地震作用的方法；
2. 确定水平地震作用的底部剪力法及其适用范围；
3. 掌握影响水平地震作用的因素；
4. 了解振型分解反应谱法的适用范围及计算方法；
5. 了解需要考虑竖向地震作用的建筑及计算方法；
6. 熟悉地震作用计算的一般规定；
7. 掌握结构抗震验算的原则与方法；
8. 理解地震作用效应和其他荷载效应基本组合公式；
9. 掌握抗震变形验算的范围和公式并掌握结构抗震强度验算和变形验算的方法。

能力目标

1. 在设计中能够做出多层结构体系的动力计算简图，并会计算水平地震作用；
2. 能够优选结构方案来减小地震作用，从而达到减轻地震灾害的目的；
3. 熟知《抗震规范》的相关内容。

素质目标

1. 坚定相信科学的信念，培养学生热爱科学的态度。
2. 培养学生细心专注、认真严谨的工作态度。

第一节　地震作用

一、地震作用的概念

地震所释放的能量，以地震波的形式向四周扩散，地震波到达地面后引起地面运动，使地面上原来处于静止的建筑物受到动力作用而产生强迫振动。在振动过程中，地面产生加速度运动，并强迫房屋产生加速度反应。这时，必然有一个与加速度方向相反的惯性力作用在房屋上，正是这个惯性力使房屋遭到破坏，地震时作用在房屋上的惯性力称为地震作用，它属于间接荷载。

地震作用是一种动力反应，结构分析属于动力学的范畴，它是与结构本身的质量(或称重量)、刚度、建筑场地等因素有关的一种作用。研究结构在动荷载作用下的内力和变形是一个十分复杂的问题，为简化计算，常常将地震作用视为静荷载，然后作用在结构上，按静力学的规律计算出内力，以便进行结构抗震设计。因此，在抗震设计中计算的地震作用是一种反映地震影响的等效荷载。

二、确定地震作用的方法

在地震作用效应和其他荷载效应的基本组合超出结构构件的承载力，或在地震作用下结构的侧移超出允许值时，建筑物就会遭到破坏，以至倒塌。因此，在建筑结构设计中，确定地震作用是一个十分重要的问题。目前，在工程上计算结构地震作用的方法主要有两大类：第一类为拟静力法(即反应谱法)，即通过反应谱理论将地震对房屋结构的影响，用等效的荷载来反映。该地震等效荷载是根据地震引起的房屋结构的最大加速度反应求出惯性力，然后用静力方法计算结构在等效荷载作用下的内力及位移，再进行结构的抗震能力验算，从而使结构抗震计算这一动力问题转化成相当于静力荷载作用下的静力计算问题。第二类为直接动力法，即在选定的地震加速度作用下，用数值积分的方法直接求解结构体系的运动微分方程，求出结构在地震作用下从静止到振动，直至振动终止整个过程的地震反应(位移、速度、加速度)与时间变化的关系，得出所谓时程曲线，又称为时程分析法。这种方法要求结构体系的动力学模型比较精确，且整个计算过程能依据电子计算机来完成。我国《抗震规范》根据建筑的具体情况规定，一般情况下采用反应谱法(底部剪力法和振型分解反应谱法)，少数情况下需采用时程分析法进行补充分析。

本章主要介绍反应谱法中的底部剪力法，对振型分解反应谱法做简要介绍。

周锡元院士

三、地震作用的分类

1. 按作用方向分

地震时，房屋在地震波的作用下既颠簸又摇晃，这时房屋既受到垂直方向的地震作用，又受到水平方向的地震作用，分别称为竖向地震作用和水平地震作用。一般房屋的破坏主要是由水平方向的地震作用引起的，因此，本章第二节主要研究水平地震作用的计算方法。

水平方向的地震作用，还可以按垂直和平行于房屋纵轴的两个方向，分别称为横向水平地震作用和纵向水平地震作用。

2. 按作用大小分

地震作用按其作用大小可分为多遇地震作用、基本地震作用和预估的罕遇地震作用。本章第二节主要介绍多遇地震作用的计算方法。

四、水平地震作用与风荷载的区别

水平地震作用与风荷载都是以水平作用为主的形式作用在建筑物上的，但是它们作用的表现形式和作用时间的长短是有很大区别的。因此，在结构设计中要求结构的工作状态是不同的。

1. 作用形式

风荷载是直接作用于建筑物表面上的压(吸)力，与建筑物的体形、高度、环境(地面粗糙度、地貌、周围的楼群)、受风面积大小等有关；而地震作用都是由质量受振动而引发的惯性力，是通过场地、地基、基础作用于结构上部的。

2. 作用时间

风荷载的作用时间长，发生的概率也多，因而要求结构在风荷载作用下不能出现较大的变形，结构处于弹性工作状态；相反，发生地震的概率少，持续时间也短，但作用剧烈，故要求做到“小震不坏、中震可修、大震不倒”。

第二节　地震作用的计算

一、动力计算简图

实际结构在地震作用下颠簸和摇晃的现象十分复杂。在计算地震作用时，为了将实际问题的主要矛盾突显出来，然后运用理论公式进行计算设计，需将复杂的建筑结构简化为动力计算简图。

计算简图

对于图 4-1(a)所示的实际结构——水塔，在确定其动力计算简图时，常常将水箱及其支架的一部分质量集中在顶部，以质点 m 来表示；而支承水箱的支架则简化为无质量而有弹性的杆件，其高度等于水箱的重心高，其动力计算简图如图 4-1(b)所示。这种动力计算体系称为单质点弹性体系。

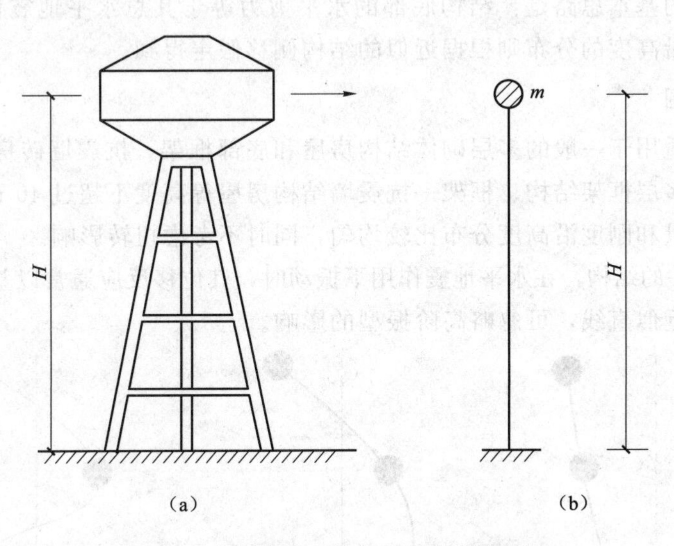

图 4-1　单质点实际结构与动力计算简图

对于图 4-2(a)所示的多层砌体房屋或多层框架房屋，在确定其动力计算简图时，常常把每层楼盖(或屋盖)上、下各半层的质量以及楼盖(或屋盖)自身的质量集中于各楼层的标高处，以质点 m_1，m_2，…，m_n 来表示；而支承结构——墙、柱则简化为无质量的弹性杆件，其质点间的距离即为楼层的层高，其动力计算简图如图 4-2(b)所示。这种动力计算体系称为多质点弹性体系。

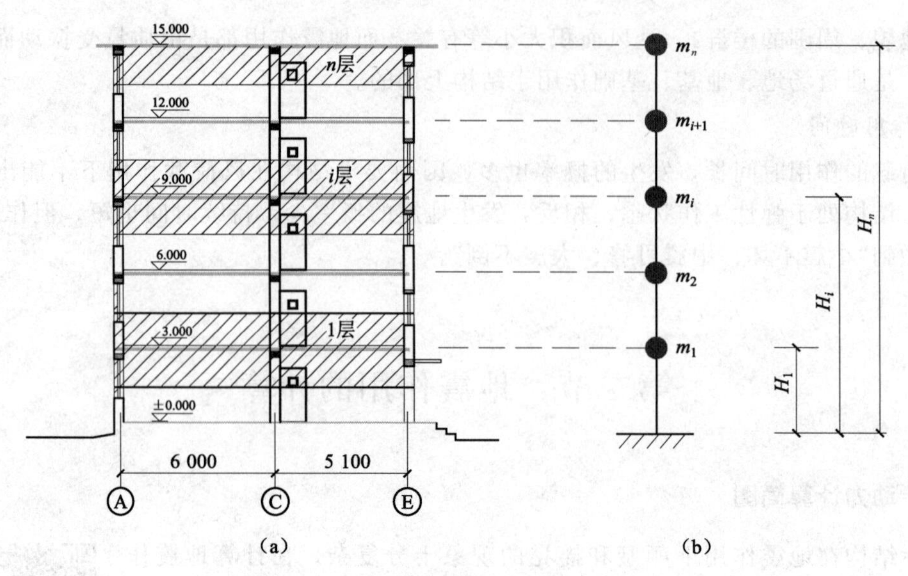

图 4-2　多质点实际结构与动力计算简图

二、水平地震作用的计算——底部剪力法

按精确法计算多质点房屋结构的水平地震作用时，运算过程相当烦琐。《抗震规范》对于不同的结构，采用不同的分析方法来确定其地震作用。其中，底部剪力法是一种简化的计算方法。此法的基本思路是：结构底部的水平剪力等于其总水平地震作用，由反应谱得到，而地震作用沿高度的分布则根据近似的结构侧移假定得到。

(一)适用范围

底部剪力法适用于一般的多层砌体结构房屋和底部框架—抗震墙砖房、单层空旷房屋、单层工业厂房及多层框架结构、框架—抗震墙结构房屋等高度不超过 40 m 的房屋，以剪切变形为主，且质量和刚度沿高度分布比较均匀，同时不考虑扭转影响。

满足上述条件的结构，在水平地震作用下振动时，其位移反应通常以基本振型(图 4-3)为主，且基本振型近似直线，可忽略高阶振型的影响。

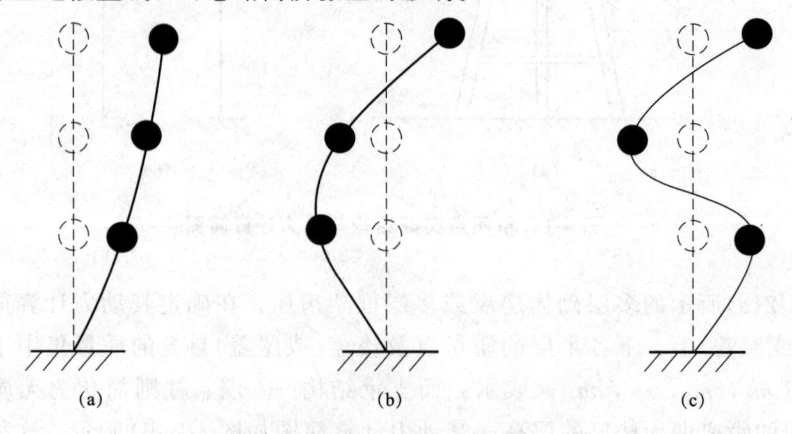

图 4-3　振型示意图

(a)基本振型(第一振型)；(b)第二振型；(c)第三振型

(二)结构总水平地震作用值(即结构底部剪力)的计算

结构总水平地震作用值的计算公式如下：

$$F_{Ek}=\alpha_1 G_{eq} \tag{4-1}$$

式中 F_{Ek}——结构总水平地震作用标准值(kN)；

α_1——相应于结构基本自振周期 T_1 的水平地震影响系数，多层砌体结构、底层框架砌体房屋宜取水平地震影响系数最大值；

G_{eq}——结构等效总重力荷载代表值(kN)；单质点应取总重力荷载代表值，多质点可取总重力荷载代表值的85%，即 $G_{eq}=0.85G_E$；

G_E——计算地震作用时总重力荷载代表值，为各层重力荷载代表值之和。

(三)影响水平地震作用的因素

1. 地震烈度对地震作用的影响

地震的规律是地震烈度越大，地面的破坏现象越严重。其原因是当地震烈度越大，地面加速度 $a_{地面}$ 则越大，如图4-4所示，这时结构的反应加速度 $a_{反应}$ 也随之增大，地震作用也就越大。所以，地震烈度对地震作用影响的规律是，地震烈度越大，地震作用也就越大。从式(4-1)中可知，在结构的重力荷载一定的条件下，地震烈度越大，则水平地震影响系数 α_1 也就越大，地震作用也就越大。

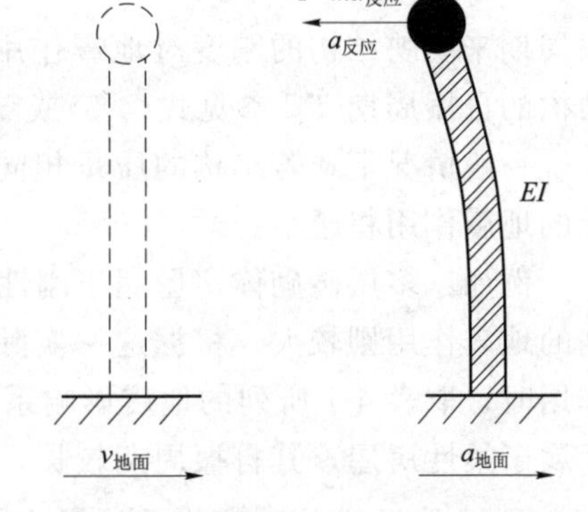

图4-4 地震烈度对地震作用的影响

表4-1给出了《抗震规范》规定的截面抗震验算的水平地震影响系数最大值 α_{max} 与地震烈度之间的关系。括号中数值分别用于设计基本地震加速度为0.15g 和0.30g 的地区。

表4-1 水平地震影响系数最大值 α_{max} 与地震烈度之间的关系

地震影响	6度	7度	8度	9度
多遇地震	0.04	0.08(0.12)	0.16(0.24)	0.32
罕遇地震	0.28	0.50(0.72)	0.90(1.20)	1.40

2. 建筑物刚度对地震作用的影响

如图4-5(a)所示，若结构的刚度 $EI=\infty$，则在地震时，必然有 $a_{反应}=a_{地面}$，$F=ma_{反应}$，此时质点受到的地震作用最大。

反之，如图4-5(b)所示，若结构刚度 $EI=0$，则在地震时，质点的反应加速度将等于零。这时，根据牛顿第一定律(惯性定律)，质点将保持原有的静止状态而趋于不动，质点没有运动，也就没有运动加速度，质点受到的地震作用则趋于零。

于是，根据 $F_{Ek}=ma_{反应}$ 可知，若结构的刚度不同，在遭遇相同的地震时，结构的反应加速度则不同，因而作用于结构上的地震作用也不同。

从物体的振动规律可知，在结构的刚度与自振周期之间存在着一种固定的关系，即结构的刚度越大，其自振周期越短；反之，其自振周期越长。因此，工程上习惯用结构的自

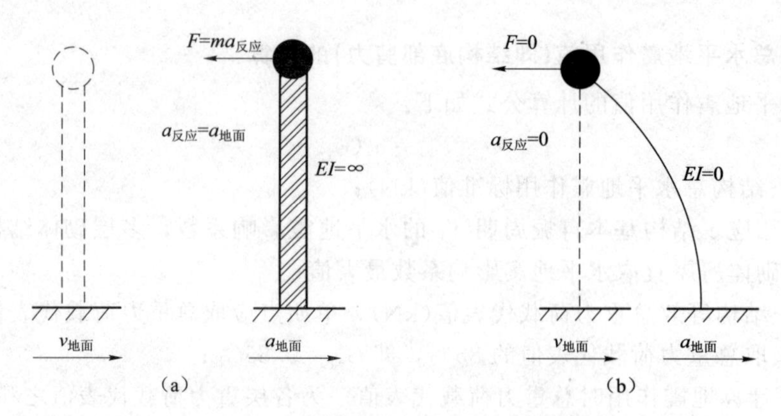

图 4-5　建筑物刚度对地震作用的影响

(a)建筑物刚度为无穷大；(b)建筑物刚度为零

振周期来反映结构的刚度对地震作用的影响。于是，在计算结构地震作用的公式中，引入结构的自振周期 T_1[参见式(4-5)或图 4-7]。

一般情况下，若结构的质量相同，在遭受相同的地震时，结构的自振周期越长，所承受的地震作用将越小。

例如：多层砖砌体房屋属于刚性房屋，其自振周期较短，一般在 0.2 s 左右，地震时受到的地震作用则较大。根据这一实际情况，《抗震规范》规定：计算多层砖砌体房屋的地震作用时，取表 4-1 所列的地震影响系数最大值进行计算，即取 $\alpha_1=\alpha_{max}$。而多层框架结构房屋属于柔性房屋，其自振周期较长，地震时受到的地震作用则相对较小。

3. 建筑场地对地震作用的影响

各类建筑场地都有自己的卓越周期，如果地震波中某个分量的振动周期与场地的卓越周期较近或相等，则地震波中这个分量的振动将被放大而形成类共振现象。如果建筑物的自振周期又和场地的卓越周期相接近，则又会引起建筑物与地面的类共振现象。这就形成了双共振现象(即地震波与地面共振、地面与建筑物共振)。双共振现象就是在建筑物的自振周期与建筑场地的卓越周期接近时，地震波中周期与场地卓越周期接近的行波分量被放大两次的现象。

地震时，双共振的存在是引起建筑物严重破坏的重要原因之一。

在抗震计算中，为了反映建筑场地对地震作用的这种影响，引入特征周期 T_g 这个概念，这个周期与场地卓越周期相等。用特征周期 T_g 与结构的自振周期 T_1 的比值 T_g/T_1 来反映双共振的影响[参见式(4-5)或图 4-7]。

比值 T_g/T_1 与双共振的定性关系为：若比值 T_g/T_1 趋于 1，在地震时将会发生双共振现象，结构将遭遇最大的地震作用，这对于结构抗震十分不利；若比值 T_g/T_1 小于 1，在地震时将不会发生双共振现象，结构遭遇的地震作用将减小。

在抗震设计时，选择适当的场地或改变结构的类型，使结构的自振周期 T_1 远离特征周期 T_g，即比值 T_g/T_1 远远小于 1，则结构遭遇的地震作用将会大大减小。按此概念进行抗震设计，将有利于提高结构的抗震性能。按此概念选择建筑场地或结构类型，就属于抗震概念设计。

特征周期 T_g 与建筑场地的类别和设计地震分组有关，其计算取值见表 4-2。

表 4-2　特征周期 T_g　s

设计地震分组	场地类别				
	I_0	I_1	Ⅱ	Ⅲ	Ⅳ
第一组	0.20	0.25	0.35	0.45	0.65
第二组	0.25	0.30	0.40	0.55	0.75
第三组	0.30	0.35	0.45	0.65	0.90

4. 建筑物重量对地震作用的影响

建筑物的质点越多，质点的质量越大，地震时作用于质点上的惯性力也就越大，结构遭受到的破坏程度也就越严重。因此，在抗震设计中应尽量减少建筑物的质量，减轻房屋的自重，特别是要减轻楼盖、屋盖和墙体的质量。例如：采用钢结构、轻质混凝土等措施。

(四)各质点水平地震作用标准值的计算

各质点水平地震作用标准值的计算以左震为例，如图 4-6(a)所示。

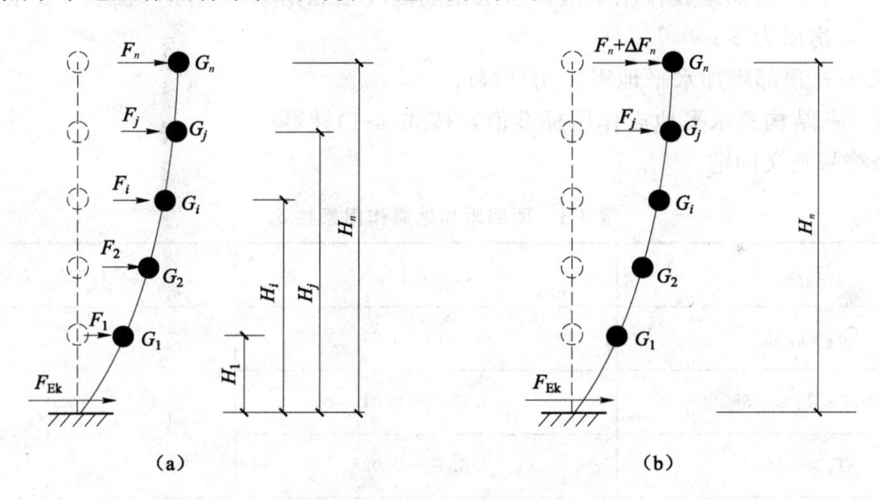

图 4-6　水平地震作用

(a)底部剪力及质点 i 的水平地震作用；(b)顶部附加水平地震作用

由于结构在水平地震作用下的位移反应以基本振型为主，故各质点的水平地震作用标准值 F_i 按下式计算：

$$F_i=\frac{G_iH_i}{\sum_{j=1}^{n}G_jH_j}F_{Ek} \tag{4-2}$$

式中　F_{Ek}——结构总水平地震作用标准值，按式(4-1)计算；

G_i、G_j——集中于质点 i、j 的重力荷载代表值(kN)；

H_i、H_j——质点 i、j 的计算高度(m)，质点的计算高度由基础顶面算至质点集中的位置；

F_i——质点 i 的水平地震作用标准值(kN)。

式(4-2)适用于结构基本自振周期 $T_1 \leqslant 1.4T_g$ 的结构，T_g 为特征周期，见表 4-2。

(五)顶部附加水平地震作用标准值的计算

水平地震作用沿高度呈倒三角形分布，当结构基本自振周期 T_1 较长，特征周期 T_g 较小时，由于高阶振型(第二、第三振型等)的影响增大，且主要在结构上部，根据对大量结构的地震反应直接动力分析证明，按式(4-2)计算的结构顶部地震剪力偏小，误差可达25%。《抗震规范》采取调整地震作用的办法，使顶部地震剪力有所增加。

《抗震规范》规定：当结构基本自振周期 $T_1 > 1.4T_g$ 时，将结构总地震作用的一部分作为集中力 ΔF_n 作用于结构顶部，如图 4-6(b)所示，这个顶部附加水平地震作用标准值可取为

$$\Delta F_n = \delta_n F_{Ek} \tag{4-3}$$

其余各质点的水平地震作用标准值 F_i 按下式计算：

$$F_i = \frac{G_i H_i}{\sum_{j=1}^{n} G_j H_j} F_{Ek}(1 - \delta_n) \tag{4-4}$$

式中 δ_n——顶部附加地震作用系数，多层钢筋混凝土和钢结构房屋可按表 4-3 采用，其他房屋为零；

ΔF_n——顶部附加水平地震作用(kN)；

F_{Ek}——结构总水平地震作用标准值，按式(4-1)计算。

其余符号意义同前。

表 4-3 顶部附加地震作用系数 δ_n

T_g/s	$T_1 > 1.4T_g$	$T_1 \leqslant 1.4T_g$
$T_g \leqslant 0.35$	$0.08T_1 + 0.07$	
$0.35 < T_g \leqslant 0.55$	$0.08T_1 + 0.01$	0.0
$T_g > 0.55$	$0.08T_1 - 0.02$	
注：T_1 为结构基本自振周期。		

必须注意的是：当房屋顶部有凸出屋面的小建筑时，上述附加的集中水平地震作用 ΔF_n 应置于主体房屋的顶层，而不应置于小建筑的顶部。主体房屋顶层处质点的地震作用仍按式(4-3)计算。

(六)凸出屋面小建筑的地震作用效应

震害调查表明，局部凸出屋面的屋顶间(电梯机房、水箱间)、女儿墙、烟囱等，其震害比主体结构严重。这是由于凸出屋面的这些小建筑的质量和刚度突然变小，地震反应随之急剧增大。这种现象在地震工程中称为“鞭梢效应”。这些小建筑地震反应的强烈程度，取决于其与下面主体建筑物的质量比和刚度比及场地条件。小建筑的定量，是以按其重力荷载小于标准层的1/3来计算的。为了简化计算，《抗震规范》提出：当房屋屋面有局部突

出的小建筑时，可将小建筑上半部分的质量集中于其顶面，成为一个质点，用底部剪力法计算结构各质点的水平地震作用。但当计算这些小建筑的地震作用效应时，宜乘以增大系数 3，此增大部分不应向下传递。

（七）确定水平地震影响系数 α_1 的注意事项

建筑结构地震影响曲线如图 4-7 所示，除有专门规定外，建筑结构的阻尼比应取 0.05，因为大多数实际建筑结构的阻尼比在 0.05 左右。

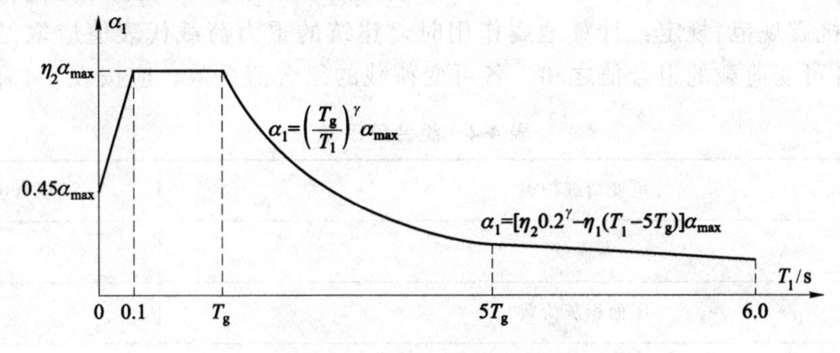

图 4-7　地震影响系数曲线

1. 取 α_{max} 的条件

当 0.1 s $\leqslant T_1 \leqslant T_g$ 时，取 $\alpha_1=\alpha_{max}$。

对于多层砌体房屋、低层框架砖房，直接取 $\alpha_1=\alpha_{max}$。

2. 用公式计算 α_1 的条件

(1)当 $T_g < T_1 \leqslant 5T_g$ 时：

$$\alpha_1=\left(\frac{T_g}{T_1}\right)^{\gamma}\alpha_{max} \tag{4-5a}$$

(2)当 $5T_g < T_1 \leqslant 6.0$ s 时：

$$\alpha_1=[\eta_2 0.2^{\gamma}-\eta_1(T_1-5T_g)]\alpha_{max}=[0.2^{0.9}-0.02(T_1-5T_g)]\alpha_{max}$$

式中　α_1——水平地震影响系数；

α_{max}——水平地震影响系数最大值；

η_1——直线下降段的下降斜率调整系数，$\eta_1=0.02$；

γ——衰减指数，$\gamma=0.9$；

T_g——特征周期；

η_2——阻尼调整系数，$\eta_2=1.0$；

T_1——结构自振周期。

当 $T_1>6.0$ s 时，地震影响系数曲线另行考虑。

(3)α_1 的取值范围为

$$0.2\alpha_{max} \leqslant \alpha_1 \leqslant \alpha_{max} \tag{4-5b}$$

式(4-5b)表示，地震作用不应超过最大地震作用，也不应小于最大地震作用的 0.2 倍。

因此，在确定水平地震影响系数 α_1 时，除了按分段函数取值以外，同时判断式(4-5a)的计算结果是否在式(4-5b)所限制的范围内。如果计算结果低于 $0.2\alpha_{max}$，则应取 $\alpha_1=0.2\alpha_{max}$。

(八)重力荷载代表值 G_E 的计算方法

在计算地震作用时，取建筑物的重力荷载代表值 G_E 来反映重量对地震作用的影响，按照国家标准《建筑结构可靠性设计统一标准》(GB 50068)的规定，将地震发生时永久荷载与其他可变荷载(活载)可能的组合结果总称为“抗震设计的重力荷载代表值 G_E”。G_E 中出现可变荷载组合值是考虑到地震发生时，结构承受的永久荷载不会发生改变，而结构承受的可变荷载为满载的可能性极小，因此，以可变荷载的组合值来表示地震时可变荷载可能出现的最大值。《抗震规范》规定：计算地震作用时，建筑的重力荷载代表值应取结构和配件自重标准值与各可变荷载的组合值之和。各可变荷载的组合值系数，应按表 4-4 采用。

表 4-4　组合值系数

可变荷载种类		组合值系数
雪荷载		0.5
屋面积灰荷载		0.5
屋面活荷载		不计入
按实际情况计算的楼面活荷载		1.0
按等效均布荷载计算的楼面活荷载	藏书库、档案库	0.8
	其他民用荷载	0.5
起重机悬吊物重力	硬钩吊车	0.3
	软钩吊车	不计入
注：硬钩吊车的吊重较大时，组合值系数应按实际情况采用。		

(九)结构自振周期的计算

因为在确定水平地震影响系数 α_1 时，需要知道结构的基本自振周期 T_1，故将计算 T_1 的基本方法介绍如下。对于单质点体系，结构的自振周期 T 就是基本自振周期 T_1；对于多质点体系，α_1 依据的结构自振周期就是基本自振周期 T_1。

1. 对于砌体结构

不需计算 T_1 而直接取用 α_{max}，即 $\alpha_1=\alpha_{max}$。这是由于砌体结构的刚度较大，T_1 较短，一般在 0.2～0.3 s之间，小于场地的特征周期 T_g，故 α_1 的取值范围大多在 α_1 曲线(图 4-7)的平直段上，其值为地震影响系数的最大值 α_{max}。因此，《抗震规范》规定：多层砌体房屋、低层框架砖房，可取 $\alpha_1=\alpha_{max}$。将计算砌体结构基本自振周期 T_1 的过程省略。

2. 对于多层及高层钢筋混凝土结构

不仅在确定 α_1 时需要事先计算 T_1，而且在确定顶部附加地震作用系数时，也需要知道 T_1。

确定 T_1 的方法很多，如能量法、折算质量法、顶点位移法、矩阵迭代法、经验公式法等。现将运用顶点位移法和经验公式法计算结构的基本自振周期 T_1 介绍如下。

(1)顶点位移法。对于顶点位移容易估计的建筑结构，例如，可视为悬臂杆的结构，可直接由顶点位移 u_n 来估算基本自振周期 T_1，其计算公式为

$$T_1 = 1.7\alpha_0\sqrt{u_n} \tag{4-6}$$

式中 u_n——计算基本周期用的结构顶点假想侧移(即把集中在楼面处的重力荷载 G_i 视为作用在 i 层楼面的假想水平荷载，按弹性刚度计算得到的结构顶点假想侧移)(m)；

α_0——基本周期的折减系数，考虑非承重砖墙(填充墙)影响，框架取 $\alpha_0 = 0.6 \sim 0.7$；框架-抗震墙取 $\alpha_0 = 0.7 \sim 0.8$(当非承重填充墙较少时，可取 0.8～0.9)；抗震墙结构取 $\alpha_0 = 1.0$。

(2)经验公式法。

近似的估算公式：

①钢筋混凝土框架结构，$T_1 = (0.08 \sim 0.10)N$；

②钢筋混凝土框架-抗震墙，$T_1 = (0.06 \sim 0.08)N$；

③钢结构，$T_1 = (0.08 \sim 0.12)N$。

式中，N 为结构总层数。

其具体结构如下：

①高度低于 25 m 且有较多的填充墙框架办公楼、旅馆的基本周期为

$$T_1 = 0.22 + 0.35H/\sqrt[3]{B} \tag{4-7}$$

②高度低于 50 m 的钢筋混凝土框架-抗震墙结构的基本周期为

$$T_1 = 0.33 + 0.000\,69H^2/\sqrt[3]{B} \tag{4-8}$$

③高度低于 50 m 的规则钢筋混凝土抗震墙结构的基本周期为

$$T_1 = 0.04 + 0.038H/\sqrt[3]{B} \tag{4-9}$$

④高度低于 35 m 的化工煤炭工业系统钢筋混凝土框架厂房的基本周期为

$$T_1 = 0.29 + 0.001\,5H^{2.5}/\sqrt[3]{B} \tag{4-10}$$

式中 H——房屋的总高度，当房屋不等高时取平均高度；

B——所考虑方向房屋总宽度，通常以“m”为单位。

(十)楼层水平地震剪力的计算

$$V_i = \sum_{j=i}^{n} F_j \tag{4-11}$$

式中 V_i——第 i 层的楼层地震剪力标准值(kN)；

F_j——质点 j 的水平地震作用标准值(kN)。

《抗震规范》规定，抗震验算时，结构任一楼层的水平地震剪力应符合下列要求：

$$V_{\mathrm{E}ki} > \lambda\sum_{j=i}^{n} G_j \tag{4-12}$$

式中 $V_{\mathrm{E}ki}$——第 i 层对应于水平地震作用标准值的楼层剪力；

λ——剪力系数，不应小于表 4-5 规定的楼层最小地震剪力系数值；对竖向不规则结构的薄弱层，尚应乘以 1.15 的增大系数；

G_j——第 j 层的重力荷载代表值。

表 4-5　楼层最小地震剪力系数值

类　别	6 度	7 度	8 度	9 度
扭转效应明显或基本自振周期小于 3.5 s 的结构	0.008	0.016(0.024)	0.032(0.048)	0.064
基本自振周期大于 5.0 s 的结构	0.006	0.012(0.018)	0.024(0.036)	0.048
注：1. 基本周期介于 3.5 s 和 5 s 之间的结构，按插入法取值。 2. 括号内数值分别用于设计基本地震加速度为 0.15g 和 0.30g 的地区。				

【例题 4-1】 结构如图 4-8(a)所示，结构处于 8 度区(0.2g)，I_1 类场地第一组，已知 $T_1=0.433$ s。试采用底部剪力法求结构在多遇地震作用下的横向水平地震作用(仅考虑左震)，并绘出楼层地震剪力图。

【解】 查表 4-2 得 $T_g=0.25$ s，查表 4-1 得 $\alpha_{\max}=0.16$。

(1)作用在结构底部总的水平地震作用值为 F_{Ek}，则

$$F_{\text{Ek}}=\alpha_1 G_{\text{eq}}$$

因为

$$T_g=0.25\text{ s}<T_1=0.433\text{ s}<5T_g=1.25\text{ s}$$

所以

$$\alpha_1=\left(\frac{T_g}{T_1}\right)^{\gamma}\alpha_{\max}=\left(\frac{0.25}{0.433}\right)^{0.9}\times 0.16=0.0976$$

$$G_{\text{eq}}=0.85G_{\text{E}}=0.85\times(1.0+1.5+2.0)\times 9.8=37.485(\text{kN})$$

$$F_{\text{Ek}}=\alpha_1 G_{\text{eq}}=0.0976\times 37.485=3.659(\text{kN})$$

(2)求各质点水平地震作用 F_i。

因为

$$T_1=0.433\text{ s}>1.4T_g=0.35\text{ s}$$

结构需考虑顶部附加水平地震作用，查表 4-3 得

$$\delta_n=0.08T_1+0.07=0.08\times 0.433+0.07=0.105$$

所以

$$\Delta F_n=\delta_n F_{\text{Ek}}=0.105\times 3.659=0.384(\text{kN})$$

又已知 $H_1=5$ m，$H_2=9$ m，$H_3=13$ m。

$$F_1=\frac{G_1H_1}{\sum_{j=1}^{3}G_jH_j}(1-\delta_n)F_{\text{Ek}}$$

$$=\frac{2.0\times 5\times 9.8}{2.0\times 5\times 9.8+1.5\times 9\times 9.8+1.0\times 13\times 9.8}\times(1-0.105)\times 3.659=0.897(\text{kN})$$

$$F_2=\frac{G_2H_2}{\sum_{j=1}^{3}G_jH_j}(1-\delta_n)F_{\text{Ek}}$$

$$=\frac{1.5\times 9\times 9.8}{2.0\times 5\times 9.8+1.5\times 9\times 9.8+1.0\times 13\times 9.8}\times(1-0.105)\times 3.659=1.211(\text{kN})$$

$$F_3=\frac{G_3H_3}{\sum_{j=1}^{3}G_jH_j}(1-\delta_n)F_{\text{Ek}}$$

$$=\frac{1.0\times 13\times 9.8}{2.0\times 5\times 9.8+1.5\times 9\times 9.8+1.0\times 13\times 9.8}\times(1-0.105)\times 3.659=1.166(\text{kN})$$

各质点水平地震作用如图 4-8(b)所示。

(3)求各楼层地震剪力 V_i。

$$V_3=\Delta F_n+F_3=0.384+1.166=1.550(\text{kN})$$

$$V_2=\Delta F_n+F_3+F_2=1.550+1.211=2.761(\text{kN})$$

$$V_1=\Delta F_n+F_3+F_2+F_1=2.761+0.897=3.658(\text{kN})$$

(4)绘楼层地震剪力图。楼层地震剪力图如图 4-8(c)所示。

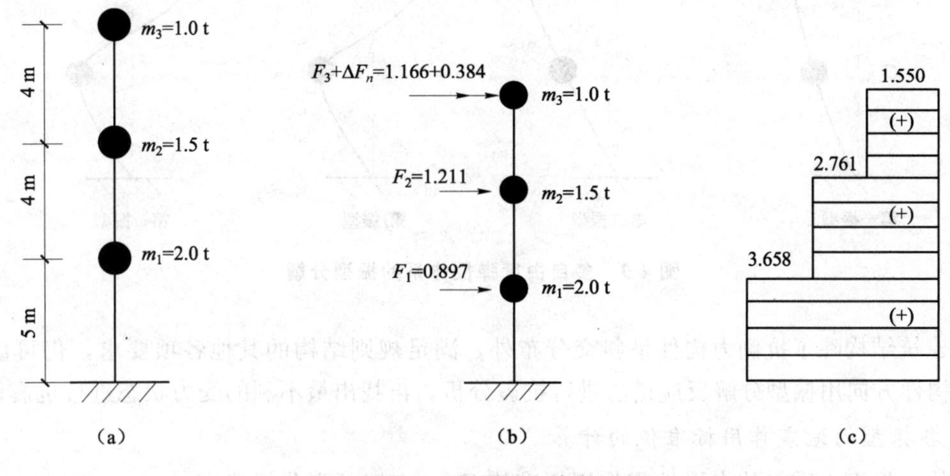

图 4-8　例题 4-1 的图

三、水平地震作用的计算——振型分解反应谱法

振型分解反应谱法是最常用的振型分解法。这里只考虑单项的地震作用，不考虑结构的扭转振型；“反应谱法”表示采用反应谱法，将动力问题转换为等效的静力问题，而不是用时程分析来获得各个振型的反应。

多自由度弹性体系的地震反应分析要比单自由度弹性体系复杂得多。而振型分解反应谱法是求解多自由度弹性体系的地震反应的基本方法，其基本思路是：假定建筑结构是线弹性的多自由度体系，利用振型分解和振型正交性原理，将求解 n 个自由度弹性体系的地震反应分解为求解 n 个独立的等效单自由度弹性体系的最大地震反应，从而求出仅对应于每个振型的作用效应(弯矩、剪力、轴向力和变形)。再按一定的法则，将每个振型的作用效应组合成总的地震作用效应进行截面抗震验算。由于各个振型在总的地震效应中的贡献总是以自振周期最长的基本振型为最大，高阶振型的贡献随着振型阶数的增高而迅速减小。因此，即使结构体系有几十个质点，常常也只需考虑前几个振型(一般是前 3～5 个振型)的地震作用效应，进行组合就可以得到精确度很高的近似值，从而大大减小了计算工作量。

多自由度体系可按振型分解方法得到多个振型。通常，n 层结构可看成 n 个自由度，有 n 个振型，如图 4-9 所示。

1. 适用范围

振型分解反应谱法适用于可沿两个主轴分别计算的一般结构，其变形可以是剪切型，也可以是剪弯型和弯曲型。

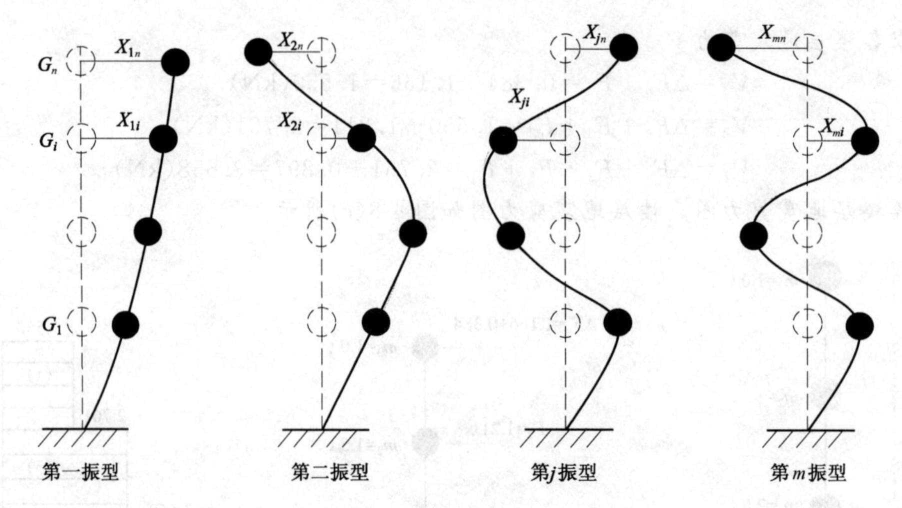

图 4-9　多自由度弹性体系的振型分解

当建筑结构除了抗侧力构件呈斜交分布外，满足规则结构的其他各项要求，仍可以沿各斜交的构件方向用振型分解反应谱法进行抗震分析，再找出最不利的受力状态进行抗震设计。

2. 各振型的地震作用标准值的计算

结构 j 振型 i 质点的水平地震作用标准值 F_{ji}，应按下列公式确定：

$$F_{ji}=\alpha_j\gamma_jX_{ji}G_i(i=1,\ 2,\ \cdots,\ n;\ j=1,\ 2,\ \cdots,\ m) \tag{4-13}$$

$$\gamma_j=\frac{\sum_{i=1}^{n}X_{ji}G_i}{\sum_{i=1}^{n}X_{ji}^2G_i} \tag{4-14}$$

式中　F_{ji}——j 振型 i 质点的水平地震作用标准值(kN)；

α_j——相应于 j 振型自振周期的水平地震影响系数；

X_{ji}——j 振型 i 质点的水平相对位移；

γ_j——j 振型的参与系数；

G_i——i 质点的重力荷载代表值，与底部剪力法相同。

3. 水平地震作用效应(弯矩、剪力、轴向力和变形)

水平地震作用效应，应按下列公式确定：

$$S_{\mathrm{Ek}}=\sqrt{\sum_{j=1}^{m}S_j^2} \tag{4-15}$$

式中　S_{Ek}——水平地震作用标准值的效应；

S_j——j 振型水平地震作用标准值的效应，可只取前 2～3 个振型，当基本自振周期大于 1.5 s 或房屋高宽比大于 5 时，振型个数应适当增加；

m——参与组合的振型数。

四、竖向地震作用的计算

地震时，地面竖向运动分量会引起建筑物产生竖向振动。震害调查和分析表明，在高烈度区，竖向地震作用对高层建筑及大跨度结构的影响很显著。在唐山地震中，砖烟囱上部折断后横搁在断头的烟囱顶部，大型屋面板被单层工业厂房的上柱所穿破等震害，清楚地显示了极震区竖向地震作用的影响，反映了高层建筑由竖向地震引起的轴向力在其上部明显大于底部，是不可忽视的。为此，《抗震规范》规定：8 度和 9 度时的大跨度结构、长悬臂结构及 9 度时的高层结构，应考虑竖向地震作用的影响。

(一)9 度时高层建筑竖向地震作用标准值的计算

1. 结构总竖向地震作用标准值(即竖向地震作用所产生的结构底部轴向力标准值)

结构总竖向地震作用标准值应按下列公式确定：

$$F_{\mathrm{Evk}}=\alpha_{\mathrm{vmax}}G_{\mathrm{eq}} \tag{4-16}$$

式中 F_{Evk}——结构总竖向地震作用的标准值(kN)；

α_{vmax}——竖向地震影响系数的最大值，可取 $\alpha_{\mathrm{vmax}}=0.65\alpha_{\max}$；

G_{eq}——结构等效的总重力荷载代表值，$G_{\mathrm{eq}}=0.75G_{\mathrm{E}}$，式中，$G_{\mathrm{E}}=\sum_{i=1}^{n}G_i$ 。

2. i 质点的竖向地震作用标准值 $F_{\mathrm{V}i}$

结构竖向地震作用计算简图如图 4-10 所示。

$$F_{\mathrm{v}i}=\frac{G_iH_i}{\sum_{j=1}^{n}G_jH_j}F_{\mathrm{Evk}} \tag{4-17}$$

式中 $F_{\mathrm{v}i}$——质点 i 的竖向地震作用标准值(kN)；

F_{Evk}——结构总竖向地震作用的标准值(kN)。

其余符号意义同底部剪力法。

由于竖向地面运动最大加速度为水平最大加速度的 1/2～2/3，故采用水平地震设计反应谱来计算竖向地震作用，可取 $\alpha_{\mathrm{vmax}}=0.65\alpha_{\max}$。一般高层建筑的竖向地震反应中，基本振型起主要作用，而且基本振型接近直线，基本自振周期均在 0.1～0.2 s 范围内，故按底部剪力法计算竖向地震作用时，竖向地震影响系数宜取最大值。

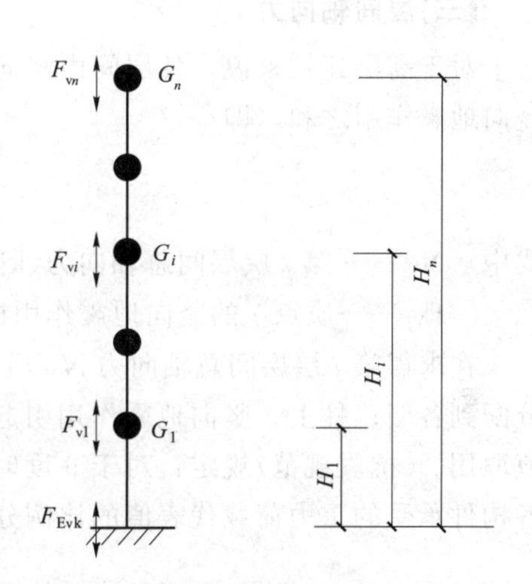

图 4-10 结构竖向地震作用计算简图

(二)可用静力法计算 F_{Evk} 的结构

对平板型网架屋盖和跨度大于 24 m 的屋架、屋盖横梁及托架的竖向地震作用的理论分析表明，它们在竖向地震作用下的内力和重力荷载作用下的比值比较稳定。因此，《抗震规范》作以下规定：

(1)对于平板型网架屋盖和跨度大于 24 m 的屋架、屋盖横梁及托架的竖向地震作用标准值，宜取重力荷载代表值和竖向地震作用系数的乘积。

$$F_{\mathrm{Evk}}=\zeta_{\mathrm{V}}G_{\mathrm{E}} \tag{4-18}$$

式中 F_{Evk}——结构总竖向地震作用的标准值(kN)；

ζ_{V}——竖向地震作用系数，可按表 4-6 采用；

G_{E}——结构重力荷载代表值(kN)。

表 4-6 竖向地震作用系数 ζ_v

结构类型	烈度	场地类别		
		Ⅰ	Ⅱ	Ⅲ、Ⅳ
平板型网架钢屋架	8	可不计算(0.10)	0.08(0.12)	0.10(0.15)
	9	0.15	0.15	0.20
钢筋混凝土屋架	8	0.10(0.15)	0.13(0.19)	0.13(0.19)
	9	0.20	0.25	0.25
注：括号中数值用于设计基本地震加速度为 0.30g 的地区。				

(2)对于长悬臂和其他大跨度[不属于(1)范围内的]结构的竖向地震作用标准值：

8 度(0.2g) $$F_{Evk}=0.1G_E \tag{4-19}$$

8 度(0.3g) $$F_{Evk}=0.15G_E \tag{4-20}$$

9 度 $$F_{Evk}=0.20G_E \tag{4-21}$$

(三)层间轴向力

对于高层建筑来说，各层间由竖向地震作用产生的层间轴向力为该层上部各层楼面处竖向地震作用之和，即

$$N_{Vi}=\sum_{j=i}^{n}F_{Vj} \tag{4-22}$$

式中 N_{Vi}——第 i 层层间总轴向力(kN)；

F_{Vj}——质点 j 的竖向地震作用标准值(kN)。

在求得第 i 层层间总轴向力 N_{Vi}后，按各墙、柱所承受的重力荷载代表值大小，将 N_{Vi} 分配到各墙、柱上。竖向地震作用引起的轴力可能为拉，也可能为压，组合时应按不利的值取用。《抗震规范》规定：对于 9 度时的高层建筑，各楼层计算出的竖向地震作用效应按各构件承受的重力荷载代表值的比例分配，并宜乘以增大系数 1.5。

第三节 地震作用计算一般规定

地震时，地面将发生水平运动和竖向运动，从而引起结构的水平振动和竖向振动；当结构的质量中心和刚度中心不重合时，地面的水平运动分量还会引起结构的扭转振动；由于地面运动水平分量比较大，通常认为水平地震作用对结构起主要作用，但震中高烈度区的竖向地震作用对某些结构物的影响也不容忽视。另外，水平地震作用的方向是随机的，而且结构的抗侧力构件也不一定是正交的，需要考虑最不利的地震作用方向。鉴于上述情况，《抗震规范》对各类建筑结构的地震作用的计算原则做了规定。

一、各类建筑结构地震作用一般规定

(1)一般情况下，应至少在建筑结构的两个主轴方向分别计算水平地震作用，各方向的

水平地震作用应由该方向的抗侧力构件承担。

(2)有斜交抗侧力构件的结构，当相交角度大于15°时，应分别计算各抗侧力构件方向的水平地震作用。

(3)质量和刚度分布明显不对称的结构，应计入双向水平地震作用下的扭转影响；其他情况，应允许采用调整地震作用效应的方法计入扭转影响。

(4)8度、9度时的大跨度和长悬臂结构及9度时的高层建筑，应计算竖向地震作用。

二、各类建筑结构抗震计算方法

《抗震规范》规定，各类建筑结构的抗震计算应采用的方法如下：

(1)高度不超过40 m，以剪切变形为主且质量和刚度沿高度分布比较均匀的结构，以及近似于单质点体系的结构，可采用底部剪力法等简化方法。

(2)除(1)外的建筑结构，宜采用振型分解反应谱法。

(3)特别不规则的建筑，甲类建筑和表4-7所列高度范围的高层建筑，应采用时程分析法进行多遇地震下的补充计算。所谓“补充”，主要是指对计算结果的底部剪力、楼层剪力和层间位移进行比较。当按时程分析法计算的结果大于按振型分解反应谱法时，相关部位的构件内力和配筋应做相应的调整。

表4-7　采用时程分析法的房屋高度范围

烈度、场地类别	房屋高度范围/m
8度Ⅰ、Ⅱ类场地和7度	＞100
8度Ⅲ、Ⅳ类场地	＞80
9度	＞60

第四节　结构抗震验算

一、结构抗震验算的原则和方法

(一)验算原则

根据《建筑结构可靠度设计统一标准》(GB 50068)的规定，建筑结构应采用极限状态设计法进行抗震设计。为保证建筑结构可靠性，结构按极限状态设计法进行抗震设计时必须满足的原则是：结构的地震作用效应不大于结构的抗力。

(二)验算方法

在进行建筑结构抗震设计的具体做法上，《抗震规范》采用了二阶段设计法。

1. 第一阶段——承载力与弹性变形验算

按小震作用效应与其他荷载作用效应的基本组合，验算构件截面的抗震承载力，以及在小震作用下验算结构的弹性变形，用以满足第一水准“小震不坏”的要求和第二水准“中震可修”的目标。

2. 第二阶段——在罕遇地震作用下结构的弹塑性变形验算

在大震作用下验算结构的弹塑性变形，以满足第三水准“大震不倒”的要求。

二、结构构件的截面抗震验算

按照《抗震规范》的要求，结构构件的截面抗震验算应按下式进行：

$$S \leqslant R/\gamma_{RE} \tag{4-23}$$

式中 S——结构构件内力组合设计值，包括组合的弯矩、轴力和剪力设计值等，按式(4-24)计算；

R——结构构件承载力设计值，按有关规范的规定计算；

γ_{RE}——承载力抗震调整系数，按表 4-8 采用。

表 4-8 承载力抗震调整系数 γ_{RE}

材料	结构构件	受力状态	γ_{RE}
钢	柱、梁、支撑、节点板件、螺栓、焊缝	强度	0.75
	柱、支撑	稳定	0.80
砌体	两端均有构造柱、芯柱的抗震墙	受剪	0.9
	其他抗震墙	受剪	1.0
混凝土	梁	受弯	0.75
	轴压比小于 0.15 的柱	偏压	0.75
	轴压比不小于 0.15 的柱	偏压	0.80
	抗震墙	偏压	0.85
	各类构件	受剪、偏拉	0.85

对于 6 度时的建筑(建造于Ⅳ类场地上较高的高层建筑与高耸结构除外)可不进行截面抗震验算，但应符合有关的抗震构造措施。

1. 荷载作用效应 S 的计算

荷载作用效应 S 是指地震作用效应和其他荷载效应的基本组合，效应是指截面上产生的弯矩、轴力、剪力、变形等。

$$S = \gamma_G S_{GE} + \gamma_{Eh} S_{Ehk} + \gamma_{Ev} S_{Evk} + \psi_w \gamma_w S_{wk} \tag{4-24}$$

式中 γ_G——重力荷载分项系数，一般情况应采用 1.2；当重力荷载效应对构件承载能力有利时，不应大于 1.0；

γ_{Eh}、γ_{Ev}——水平、竖向地震作用分项系数，应按表 4-9 采用；

γ_w——风荷载分项系数，应采用 1.4；

S_{GE}——重力荷载代表值的效应，有吊车时，尚应包括悬吊物重力荷载标准值的效应；

S_{Ehk}——水平地震作用标准值的效应，尚应乘以相应的增大系数或调整系数；

S_{Evk}——竖向地震作用标准值的效应，尚应乘以相应的增大系数或调整系数；

S_{wk}——风荷载标准值的效应；

ψ_w——风荷载组合值系数，一般结构取 0，风荷载起控制作用的建筑应采用 0.2。

表 4-9　地震作用分项系数

地震作用	γ_{Eh}	γ_{Ev}
仅计算水平地震作用	1.3	0.0
仅计算竖向地震作用	0.0	1.3
同时计算水平与竖向地震作用(水平地震为主)	1.3	0.5
同时计算水平与竖向地震作用(竖向地震为主)	0.5	1.3

各类结构所受的地震作用和其他荷载作用的反应不尽相同，并不是各类结构构件的荷载效应组合都有前面的表达式的所有项，基本上可分为以下几种：

(1)高层建筑的各类构件。

7 度、8 度和 6 度Ⅳ类场地时的高层建筑。

$$\gamma_G S_{GE} + 1.3 S_{Ehk} + 0.28 S_{wk} \leqslant R/\gamma_{RE} \tag{4-25}$$

9 度时的高层建筑。

$$\gamma_G S_{GE} + 1.3 S_{Ehk} + 0.5 S_{Evk} + 0.28 S_{wk} \leqslant R/\gamma_{RE} \tag{4-26}$$

(2)单层、多层钢筋混凝土结构。

$$\gamma_G S_{GE} + 1.3 S_{Ehk} \leqslant R/\gamma_{RE} \tag{4-27}$$

(3)大跨度屋盖、长悬臂结构。

$$\gamma_G S_{GE} + 1.3 S_{Evk} \leqslant R/\gamma_{RE} \tag{4-28}$$

(4)砌体结构的墙段，受剪承载力验算。

$$1.3 S_{Ehk} \leqslant R/\gamma_{RE} \tag{4-29}$$

2. *结构构件承载力 R 的计算*

结构的抗力是结构抵抗地震破坏的能力。结构构件承载力 R，由结构构件的材料强度和构件的几何尺寸两部分组成。在进行截面抗震验算时，承载力的计算可根据有关现行结构规范进行计算。

3. *承载力抗震调整系数 γ_{RE}*

承载力抗震调整系数 γ_{RE} 是根据可靠度指标用概率统计理论确定的。从表 4-8 可以看出，γ_{RE} 的取值范围为 0.75～1.0，一般均小于 1.0。γ_{RE} 不大于 1.0 的实质含义，可以认为是提高结构构件的承载力设计值。

当仅计算竖向地震作用时，各类结构构件承载力抗震调整系数均应采用 1.0。

三、结构构件的抗震变形验算

(一)多遇地震作用下结构的弹性变形验算——防止非结构构件(隔墙、幕墙)等破坏

在多遇地震作用下，满足抗震承载力要求的结构一般保持在弹性工作阶段，不受损坏。但如果弹性变形过大，将会导致非结构构件或部件(如隔墙、幕墙)及各类装修等出现过重破坏。因为砌体结构刚度大、变形小，以及厂房对非结构构件要求低，故可不验算砌体结构和厂房结构的允许弹性变形。《抗震规范》规定：各类结构应进行多遇地震作用下的抗震变形验算，其楼层内的最大弹性层间位移符合下式要求：

$$\Delta u_e \leqslant [\theta_e]h \tag{4-30}$$

式中 Δu_e——多遇地震作用标准值产生的楼层内最大的弹性层间位移；对于钢筋混凝土结构构件的截面刚度，计算时采用弹性刚度；

$[\theta_e]$——弹性层间位移角限值，宜按表 4-10 采用；

h——计算楼层层高(m)。

表 4-10 弹性层间位移角限值

结构类型	$[\theta_e]$
钢筋混凝土框架	1/550
钢筋混凝土框架-抗震墙、板柱-抗震墙、框架-核心筒	1/800
钢筋混凝土抗震墙、筒中筒	1/1 000
钢筋混凝土框支层	1/1 000
多层、高层钢结构	1/250

(二)罕遇地震作用下结构的弹塑性变形验算——防止结构倒塌

一般罕遇地震的地面运动加速度峰值是多遇地震的 4～6 倍。所以，在多遇地震烈度下处于弹性阶段的结构，在罕遇地震下势必进入弹塑性阶段，结构接近或达到屈服。进入屈服阶段的结构已无强度储备，为抵抗持续的地震作用，要求结构有较好的延性，通过发展塑性变形来消耗地震输入的能量。若结构的变形能力不足，势必会由于薄弱层(部位)弹塑性变形过大而发生倒塌。经过第一阶段的抗震设计后，多数结构可以满足“大震不倒”的要求；但对于某些特殊结构，尚须验算其在强震作用下的弹塑性变形，即第二阶段抗震设计。

1. 验算范围

(1)《抗震规范》规定下列结构应进行弹塑性变形验算。

①8 度Ⅲ、Ⅳ类场地和 9 度时，高大的单层钢筋混凝土柱厂房的横向排架；

②7～9 度时楼层屈服强度系数小于 0.5 的钢筋混凝土框架结构和框排架结构；

③高度大于 150 m 的结构；

④甲类建筑和 9 度时乙类建筑中的钢筋混凝土结构和钢结构；

⑤采用隔震和消能减震设计的结构。

(2)下列结构宜进行弹塑性变形验算。

①表 4-7 所列高度范围且属于《抗震规范》规定的竖向不规则类型的高层建筑结构；

②7 度Ⅲ、Ⅳ类场地和 8 度时乙类建筑中的钢筋混凝土结构和钢结构；

③板柱-抗震墙结构和底部框架砌体房屋；

④高度不大于 150 m 的其他高层钢结构；

⑤不规则的地下建筑结构及地下空间综合体。

2. 验算方法

(1)简化方法。

不超过 12 层且层刚度无突变的钢筋混凝土框架和框排架结构、单层钢筋混凝土柱厂房，可采用简化方法计算结构薄弱层(部位)弹塑性位移。

按简化方法计算时，需确定结构薄弱层(部位)的位置。所谓结构薄弱层(部位)是指在强烈地震作用下，结构首先发生屈服并产生较大弹塑性位移的部位。

根据楼层屈服强度系数大小及其沿建筑高度分布情况，可判断结构薄弱层(部位)。对于多层、高层建筑结构，楼层屈服强度系数按下式计算：

$$\xi_y=\frac{V_y}{V_e} \tag{4-31}$$

式中　ξ_y——楼层屈服强度系数；

V_y——按构件实际配筋面积和材料强度标准值计算的楼层受剪承载力；

V_e——按罕遇地震作用标准值计算的楼层弹性地震剪力。

对于柱排架，楼层屈服强度系数按下式计算：

$$\xi_y=\frac{M_y}{M_e} \tag{4-32}$$

式中　ξ_y——楼层屈服强度系数；

M_y——按实际配筋面积、材料强度标准值和轴向力计算的正截面受弯承载力；

M_e——按罕遇地震作用标准值计算的弹性地震弯矩。

①结构薄弱层(部位)位置的确定。

a. 楼层屈服强度系数沿高度分布均匀的结构，可取底层；

b. 楼层屈服强度系数沿高度分布不均匀的结构，可取该系数最小的楼层(部位)和相对较小的楼层(部位)，一般不超过 2～3 处；

c. 单层厂房，可取上柱。

②结构薄弱层(部位)弹塑性层间位移验算。结构薄弱层(部位)弹塑性层间位移，应符合下式要求：

$$\Delta u_p \leqslant [\theta_p]h \tag{4-33}$$

式中　Δu_p——弹塑性层间位移；

$[\theta_p]$——弹塑性层间位移角限值，可按表 4-11 采用；对钢筋混凝土框架结构，当轴压比小于 0.4 时，可提高 10%；当柱子全高的箍筋构造比《抗震规范》规定的体积配箍率大 30%时，可提高 20%，但累计不超过 25%；

h——薄弱层(部位)楼层高度或单层厂房上柱高度(m)。

表 4-11　弹塑性层间位移角限值

结　构　类　型	$[\theta_p]$
单层钢筋混凝土柱排架	1/30
钢筋混凝土框架	1/50
底部框架砌体房屋中的框架-抗震墙	1/100
钢筋混凝土框架-抗震墙、板柱-抗震墙、框架-核心筒	1/100
钢筋混凝土抗震墙、筒中筒	1/120
多层、高层钢结构	1/50

(2)除上述适用简化方法以外的建筑结构，可采用静力弹塑性分析方法或弹塑性时程分析法。

(3)规则结构可采用弯剪层模型或平面杆系模型，不规则结构应采用空间结构模型。

思考题

4-1 什么是地震作用？怎样确定结构的地震作用？地震作用与哪些因素有关？

4-2 怎样确定建筑的重力荷载代表值？

4-3 地震影响系数如何确定？

4-4 哪些结构只需进行截面抗震验算？哪些结构除进行截面抗震验算外，还需进行抗震变形验算？达到什么目的？

4-5 怎样进行结构截面抗震承载力验算？怎样进行结构抗震变形验算？

4-6 怎样计算楼层屈服强度系数？怎样判断结构薄弱层(部位)？

4-7 哪些结构需考虑竖向地震作用？怎样确定结构的竖向地震作用？

4-8 怎样确定承载力抗震调整系数？为什么抗震设计截面承载力可以提高？

实训题

4-1 地震作用是一种动力反应，结构分析属于动力学的范畴，它属于(　　)。

A. 静力荷载　　B. 间接荷载　　C. 直接荷载　　D. 惯性力

4-2 高度不超过 40 m，以剪切变形为主且质量和刚度沿高度分布比较均匀，同时不考虑扭转影响的结构，可采用(　　)计算水平地震作用。

A. 底部剪力法　　B. 振型分解反应谱法

C. 静力法　　D. 时程分析法

4-3 根据抗震概念设计原理，减小结构水平地震作用可采取(　　)。

A. 增大刚度或减小周期

B. 减小自重

C. 场地特征周期 T_g 远远小于结构自振周期

D. 合理的刚度和质量分布

4-4 在软土地基上新建建筑物，选择(　　)房屋震害比较轻。

A. 框架结构　　B. 框架-抗震墙结构

C. 砌体结构　　D. 钢结构

4-5 突出屋面的小建筑，由于质量和刚度突然变小，地震反应随之急剧增大的现象，在地震工程中称为“鞭梢效应”。当计算这些小建筑的地震作用效应时，宜乘以增大系数(　　)，此增大部分不应往下传递。

A. 2　　B. 3　　C. 4　　D. 5

4-6 (　　)建筑需要考虑竖向地震作用。

A. 高层建筑

B. 9 度时高层建筑

C. 8 度、9 度时长悬臂结构

D. 8 度、9 度时跨度大于 24 m 的屋架

4-7 试用底部剪力法计算图 4-11 所示三质点体系在多遇地震下的各质点水平地震作用(仅考虑左震)，并绘制出楼层地震剪力图。已知设计基本加速度为 0.2g，Ⅲ类场地，地震分组为一组，$m_1 = 116.62 \times 10^3$ kg，$m_2 = 110.85 \times 10^3$ kg，$m_3 = 59.45 \times 10^3$ kg，$T_1 = 0.716$ s。

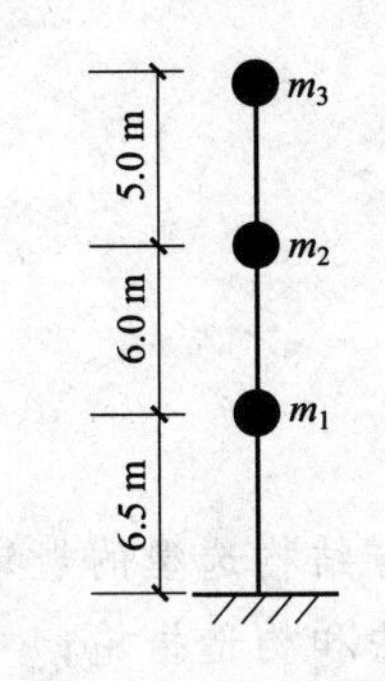

图 4-11　题 4-7 的图

第五章　多层砌体房屋抗震设计

知识目标

1. 了解多层砌体房屋的特点；
2. 掌握主要震害现象和原因；
3. 掌握多层砌体房屋的建筑布置与结构选型的规定和要求；
4. 掌握多层砌体房屋抗震验算方法和构造措施；
5. 了解底部框架-抗震墙砌体房屋抗震设计要点。

能力目标

1. 能够对多层砌体房屋进行抗震概念设计；
2. 能够进行多层砌体房屋抗震验算和抗震措施的合理选择；
3. 能够正确理解熟读施工图，对实际工程中的抗震措施进行正确施工。

素质目标

1. 建立对规范设计与施工的基本工程伦理和认识。
2. 培养学生科学严谨的做事态度，提升学生的责任感和社会使命感。

多层砌体房屋是指以砌体墙为竖向承重构件的房屋。多层砌体房屋是我国房屋建筑中应用最为普遍的一类结构形式，由于其构造简单、施工方便、造价低廉、就地取材等优点，各地采用极为普遍，被广泛地应用于住宅、办公楼、学校、医院、商店、工业厂房等建筑中。未经抗震设防的多层砌体房屋，在高烈度区的震害比较严重，其破坏、倒塌率比较高。10、11 度时房屋倒塌率可达 80%～100%，9 度时房屋的破坏或局部倒塌率在 33%左右。以砖石结构为例，1906 年美国旧金山地震，砖石房屋的破坏十分严重，典型砖结构的市政府大楼全部倒塌，震后成为一片废墟；1923 年日本关东大地震，东京有 7 000 多栋砖房几乎全部遭到破坏，震后仅有 1 000 多栋平房能够修复使用；1948 年苏联阿什哈巴地震，砖石房屋的破坏率为 70%～80%；1976 年我国唐山地震，地处 10～11 度区的砖房倒塌率约为 63.2%，严重破坏率为 23.6%。由此可以看出，多层砌体房屋的抗震性能是比较差的。

然而，多层砌体房屋的震害并非在所有情况下都很严重。当地震烈度不高时，这类房屋还是具有一定的抗震能力的。历次地震的震害调查统计表明：未经抗震设防的多层砖房屋，6 度时的破坏多数表现为非结构构件的破坏；7 度时会有部分房屋发生结构主体的破坏；8 度时近半数房屋的震害也只是属于中等程度的破坏。因此，对于多层砌体房屋来说，只要进行合理的抗震设计、精心施工，仍是可以在地震区使用的。

鉴于未来地震对房屋结构的破坏作用具有很大程度的不确定性，过高地追求设计计算的准确性是比较困难的。由于受到试验手段和试验条件的限制，目前也很难针对实际地震进行室内模拟。因此，必须重视房屋震害的调查，通过震害分析，会对科学、有效的抗震措施、抗震设计思想有所启发。

第一节　震害分析

一、多层砌体房屋的震害及其分析

在多层砌体房屋中，砖房的震害资料还是比较丰富的，它的经验和教训可为其他砌体房屋所借鉴。

1．墙体的破坏

墙体的破坏主要表现为墙体的开裂、错动和倒塌。

与水平地震作用方向平行的承重墙体是承受地震剪力的主要抗侧力构件。当地震作用在砌体内部产生的主拉应变超过材料的极限拉应变时，墙体就会产生裂缝；在反复地震作用下，墙体形成交叉裂缝。由于房屋底部的地震剪力一般都比上部的大，故底部裂缝比上层严重。在房屋的横向山墙上最容易出现这种裂缝，这是由于山墙刚度大，分配的地震剪力多，而其竖向压应力又小，如图 5-1 所示。

(a)　(b)　(c)　(d)

图 5-1　墙体破坏形态

(a)窗间墙的破坏状况(10 度)；(b)凸出顶层的较重震害及墙角宽度面的不同破坏形态(8 度)；(c)三层砖墙裂缝穿过无圈梁的二楼与二层砖墙裂缝连通(7 度)；(d)教学楼的山墙破坏状况

当房屋的楼、屋盖水平刚度不足，横墙间距过大时，由于横向水平地震作用不能通过楼、屋盖有效地传到横墙上，引起纵墙平面的受弯变形而形成水平裂缝。这种裂缝多出现在纵墙窗口上、下截面处，其特点是房屋中段较重、两端较轻。在墙体与楼板连接处也会产生水平裂缝，这主要是楼、屋盖与墙体锚固差的缘故，如图 5-2 所示。

(e)

图 5-1　墙体破坏形态(续)

(e)墙角宽墙面的破坏状况(9 度)

在高烈度区，当房屋的承重横墙开裂后，随着水平地震剪力的继续作用，交叉裂缝所分割的墙体两端三角块体可能会被挤出脱落，从而导致墙体因不能再支承上部垂直荷载和水平剪力的共同作用而倒塌。

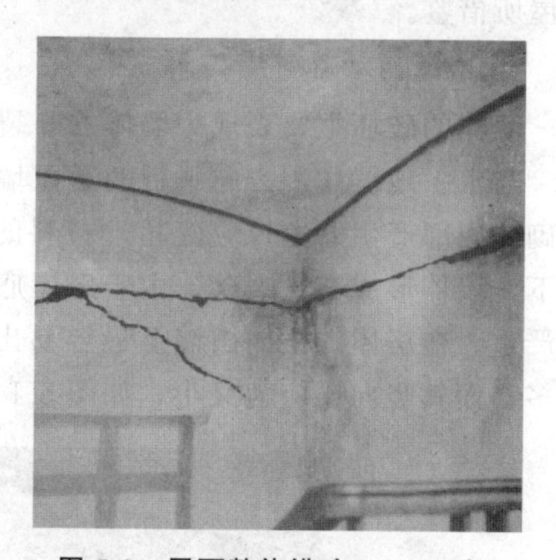

图 5-2　屋面整体错动 3 cm(8 度)

2. 墙角的破坏

房屋四角以及凸出部分阳角的墙面上，会出现纵、横两个方向的 V 形裂缝，严重者会发生外墙角局部塌落。这种破坏形式是砖房结构较为常见的震害表现，其主要原因是墙角位于房屋尽端，房屋整体对其约束作用差；纵墙、横墙产生的裂缝往往在墙角处相遇；地震作用所产生的扭转效应使墙角处于较为复杂的应力状态下，应力较为集中，如图 5-3 所示。

(a)

(b)

图 5-3　墙角破坏形态

(a)阶形房屋的上层墙角破坏严重(7 度)；(b)局部高出的顶层角部破坏严重(9 度)

3. 纵墙、横墙连接处的破坏

纵墙、横墙连接处的破坏形式是在砖房震害中所常见的，具体表现为纵墙、横墙连接处出现竖向裂缝，严重者纵墙外闪而倒塌。一般是施工时纵墙、横墙没有严格咬槎，两者连接差，加之地震时有两个方向的地震作用，使连接处受力复杂、应力集中的缘故，如

图 5-4 所示。另外，如果地基条件不好，地震时产生不均匀沉降，同样也会引起此种裂缝，如图 5-5 所示。

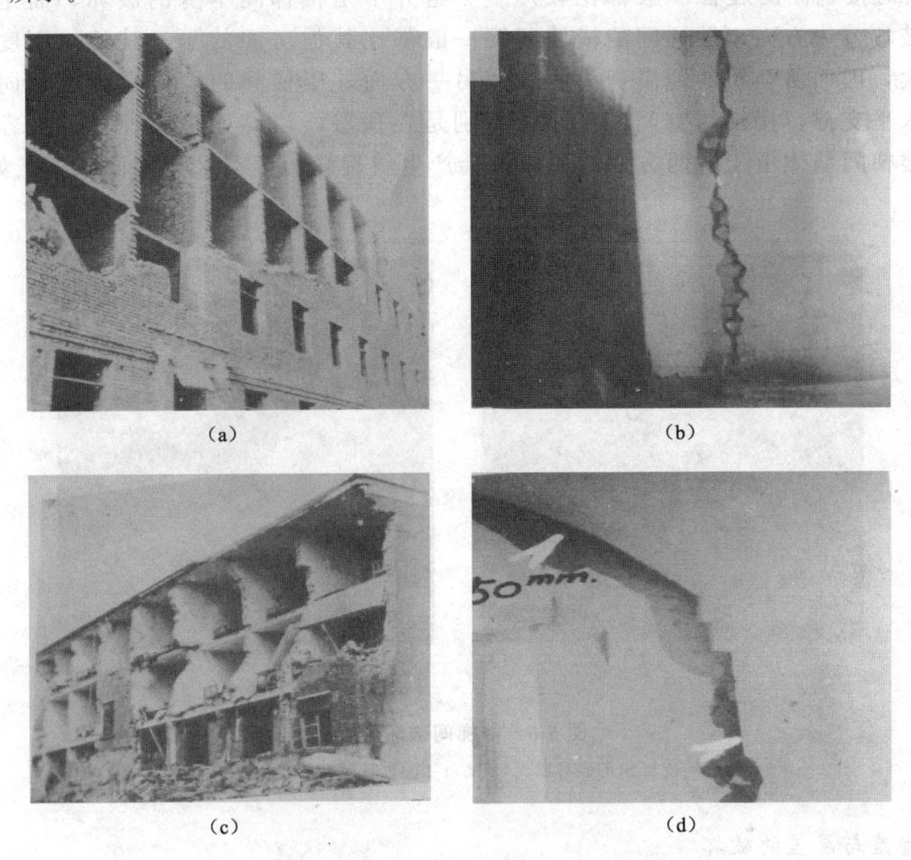

(a)　　(b)　　(c)　　(d)

图 5-4　纵墙、横墙连接处破坏形态

(a)横墙上圈梁间距过大，外墙成片倒塌(8 度)；(b)外墙外闪，内外墙交接处裂开(7 度)；
(c)无圈梁砖房的外墙及内墙破坏状况(9 度)；(d)房屋纵墙外倾(7 度)

图 5-5　天津汉沽区办公楼因地基失效主体下沉、雨篷翘起(9 度)

4. 楼梯间的破坏

地震时楼梯间的震害一般都比较严重。这并不是楼梯间本身的破坏，而是楼梯间的墙体破坏。一方面，楼梯间的横墙间距一般都比其他房间的小，其相对刚度比其他部位要大，因而所承担的地震剪力也大；另一方面，楼梯间的墙体在高度方向上缺乏必要的水平支撑，楼梯间空间刚度小，特别是在顶层，墙高而稳定性差，更容易受到破坏。楼梯间墙体由于这两方面的原因，会产生斜裂缝乃至交叉裂缝而破坏，如图 5-6 所示。

(a)

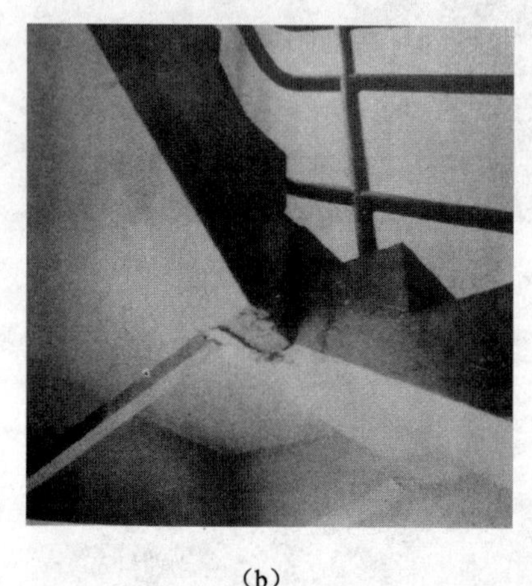

(b)

图 5-6　楼梯间破坏形态

(a)楼梯间内墙角的破坏状况(9 度)；(b)楼梯踏步拐弯处断开(6 度)

5. 楼盖与屋盖的破坏

房屋楼、屋盖的破坏，很少是因为楼、屋盖本身承载力或刚度不足而引起的，大多数情况则是由于楼、屋盖的整体性差，楼、屋盖与其他构件的连接薄弱而导致。现浇或装配整体式钢筋混凝土楼、屋盖整体性能好，是较为理想的抗震构件。装配式钢筋混凝土楼、屋盖，则可能因板与板之间缺乏足够的连接或板的支承长度过短而散落。

6. 房屋倒塌

房屋倒塌是最为严重的一种震害，也是会对人们生命财产造成较大危害的震害。当结构底层墙体不足以抵抗强震作用下的地震剪力时，则易造成底层倒塌，进而导致整个房屋的倒塌；当房屋上部自重大、刚度差或材料强度低时，则易造成上部倒塌；当房屋个别部位整体性差、连接不好或平、立面处理不好时，则易造成局部倒塌以及因地基液化引起的倒塌，如图 5-7 所示。

7. 附属构件的破坏

房屋的附属构件通常是指女儿墙、挑檐、阳台、雨篷、高出屋面的楼电梯间及烟囱、门脸、垃圾道等。由于这些构件与结构主体的连接较差，而它们所处位置往往存在“鞭梢效应”，地震时很容易破坏，如墙面开裂、墙体错动、整体倒塌甚至外甩等，如图 5-8 所示。

(a)

(b)

图 5-7　地基液化造成的房屋倒塌

(a)楼房因地基液化而整体倾斜(8 度)；(b)4 层公寓因地基液化而翻倒(8 度)

(a)

(b)

图 5-8　附属构件破坏形态

(a)高出屋面顶间严重破坏(8 度)；(b)屋顶间的破坏(6 度)

二、震害原因划分

多层砖房地震时所发生的各种破坏，虽然都是由于各部位的强度不足造成的，但归纳起来，可以划分为以下三类：

(1)构件强度不足。震害表现形式及位置包括：纵向和横向砖墙上的斜裂缝；房屋四角墙面上的双向斜裂缝；顶层大会议室外纵墙的窗间墙上、下端水平裂缝；女儿墙、小烟囱根部的水平裂缝。

(2)构件间连接薄弱。震害表现为：山墙、外纵墙向外倾斜，内外墙交接面产生竖向裂缝，檩条、预制楼板由砖墙内拔出；房屋端头大房间内的预制板被拉开；偏廊的短向预制板由内纵墙或外纵墙拔出少许；外廊横梁由横墙内拔出或松动；预制大梁在外墙上发生水平错动；砌块隔墙周边裂开甚至倒塌；楼梯踏步板在接头处拉开。

(3)建筑布置和结构选型不当。震害表现为：凸出屋面的塔楼、屋顶间、小烟囱、女儿墙破坏严重；房屋四角处或凸出部分处的楼梯间破坏严重；走廊的筒形砖拱楼板，拱顶处出现通长的纵向裂缝；无筋砖过梁开裂、下坠。

总结以上震害现象，可以得出以下结论：第一类破坏是由于构件自身的抗震强度不足造成的，这一类破坏可以通过抗震设计中的抗震强度验算来加以防止；第二类破坏是构件间的连接薄弱所致，需要通过相应的抗震构造措施以加强房屋的整体性来防止；第三类破坏是建筑布置和构件选型不当所引起的，可以通过抗震概念设计来预防。

视频：砌体结构抗震试验

第二节　建筑布置与结构选型

根据上述地震震害得到启示，多层砌体房屋的抗震设计，除了要保证房屋具有足够的抗震承载能力以外，更关键的是必须在房屋结构的总体设计和细部构造等方面加以重视，使结构构件布局合理，受力体系安全、可靠，从根本上增强房屋的抗震性能。因此，《抗震规范》就多层砌体房屋的抗震设计，提出了许多相当明确的规定和要求。

一、限制房屋的层数和高度

历次震害表明，地震时多层砌体房屋的破坏，随着房屋高度、层数的增加而加重，房屋倒塌率几乎与房屋高度、层数成正比。为此，《抗震规范》作了明确规定。

(1)一般情况下，房屋的层数和总高度不应超过表 5-1 的规定。

表 5-1　房屋的层数和总高度限值

m

房屋类别		最小抗震墙厚度/mm	烈度和设计基本地震加速度											
			6 度		7 度				8 度				9 度	
			0.05g		0.10g		0.15g		0.20g		0.30g		0.40g	
			高度	层数	高度	层数	高度	层数	高度	层数	高度	层数	高度	层数
多层砌体房屋	普通砖	240	21	7	21	7	21	7	18	6	15	5	12	4
	多孔砖	240	21	7	21	7	18	6	18	6	15	5	9	3
	多孔砖	190	21	7	18	6	15	5	15	5	12	4	—	—
	小砌块	190	21	7	21	7	18	6	18	6	15	5	9	3
底部框架-抗震墙砌体房屋	普通砖 多孔砖	240	22	7	22	7	19	6	16	5	—	—	—	—
	多孔砖	190	22	7	19	6	16	5	13	4	—	—	—	—
	小砌块	190	22	7	22	7	19	6	16	5	—	—	—	—

注：1. 房屋的总高度指室外地面到主要屋面板板顶或檐口的高度；半地下室从地下室室内地面算起；全地下室和嵌固条件好的半地下室应允许从室外地面算起；对带阁楼的坡屋面应算到山尖墙的 1/2 高度处；

2. 室内外高差大于 0.6 m 时，房屋总高度应允许比表中的数据适当增加，但增加量应少于 1.0 m；

3. 乙类的多层砌体房屋仍按本地区设防烈度查表，其层数应减少一层且总高度应降低 3 m；不应采用底部框架-抗震墙砌体房屋；

4. 本表小砌块砌体房屋不包括配筋混凝土小型空心砌块砌体房屋。

(2)横墙较少的多层砌体房屋(同一楼层内开间大于4.2 m的房间占该层总面积的40%以上为横墙较少)，总高度应比表5-1的规定降低3 m，层数相应减少一层；各层横墙很少的多层砌体房屋(开间不大于4.2 m的房间占该层总面积不到20%且开间大于4.8 m的房间占该层总面积的50%以上为横墙很少)，还应再减少一层。

(3)6、7度时，横墙较少的丙类多层砌体房屋，当按规定采取加强措施并满足抗震承载力要求时，其高度和层数应允许仍按表5-1的规定采用。

(4)采用蒸压灰砂砖和蒸压粉煤灰砖的砌体房屋，当砌体的抗剪强度仅达到烧结普通砖砌体的70%时，房屋的层数应比普通砖房减少一层，总高度应减少3 m；当砌体的抗剪强度达到烧结普通砖砌体的取值时，房屋层数和总高度同普通砖房。

二、限制房屋的层高及高宽比

(1)多层砌体承重房屋的层高不应超过3.6 m。

(2)多层砌体房屋的总高度与总宽度的比值宜符合表5-2的要求。

表5-2 房屋最大高宽比

烈 度	6度	7度	8度	9度
最大高宽比	2.5	2.5	2.0	1.5

注：1. 单面走廊房屋的总宽度不包括走廊宽度；
2. 建筑平面接近正方形时，其高宽比宜适当减小。

三、控制抗震横墙的最大间距和房屋局部尺寸

多层砌体房屋的水平地震作用主要是由抗震墙承担，要求抗震墙体不仅具有足够的承载能力，而且它们的间距应能保证楼、屋盖具有足够的水平刚度来传递地震作用。同时，多层砌体对局部薄弱部位的地震破坏也很敏感，这些部位的失效会造成整栋房屋的破坏。因此，《抗震规范》规定了相应的抗震横墙最大间距和房屋局部尺寸限值，详见表5-3和表5-4。

表5-3 房屋抗震横墙的间距 m

房屋类别		烈度 6度	烈度 7度	烈度 8度	烈度 9度
多层砌体房屋	现浇或装配整体式钢筋混凝土楼、屋盖	15	15	11	7
	装配式钢筋混凝土楼、屋盖	11	11	9	4
	木楼屋盖	9	9	4	—
底部框架-抗震墙砌体房屋	上部各层	同多层砌体房屋			—
	底层或底部两层	18	15	11	—

注：1. 多层砌体房屋的顶层，除木屋盖外的最大横墙间距应允许适当放宽，但应采取相应加强措施；
2. 多孔砖抗震横墙厚度为190 mm时，最大横墙间距应比表中数值减少3 m。

表 5-4　房屋局部尺寸限值　m

限　值　项　目	6度	7度	8度	9度
承重窗间墙最小宽度	1.0	1.0	1.2	1.5
承重外墙尽端至门窗洞边的最小距离	1.0	1.0	1.2	1.5
非承重外墙尽端至门窗洞边的最小距离	1.0	1.0	1.0	1.0
内墙阳角至门窗洞边的最小距离	1.0	1.0	1.5	2.0
无锚固女儿墙(非出入口处)的最大高度	0.5	0.5	0.5	0.0

注：1. 局部尺寸不足时，应采取局部加强措施予以弥补，且最小宽度不宜小于1/4层高和表列数据的80%；
2. 出入口处的女儿墙应有锚固。

四、合理布置多层砌体房屋的建筑平面和结构体系

由于采用简化抗震设计方法，当体形复杂或建筑、结构构件布置不均匀时，对应力集中、扭转的影响很难准确地估算。因此，多层砌体房屋更需要注意建筑布置和结构体系选择的合理性。

(1)建筑体形力求简单、规则，应优先采用横墙承重或纵横墙共同承重的结构体系，不应采用砌体墙和混凝土墙混合承重的结构体系。

建筑平面与结构体系

(2)纵向、横向砌体抗震墙的布置应符合下列要求：

①宜均匀对称，沿平面内宜对齐，沿竖向应上、下连续；且纵向、横向墙体的数量不宜相差过大；

②平面轮廓凹凸尺寸，不应超过典型尺寸的50%；当超过典型尺寸的25%时，房屋转角处应采取加强措施；

③楼板局部大洞口的尺寸不宜超过楼板宽度的30%，且不应在墙体两侧同时开洞；

④房屋错层的楼板高差超过500 mm时，应按两层计算；错层部位的墙体应采取加强措施；

⑤同一轴线上的窗间墙宽度宜均匀；在满足房屋局部尺寸的限值的前提下，墙面洞口的立面面积，6、7度时不宜大于墙面总面积的55%，8、9度时不宜大于50%；

⑥在房屋宽度方向的中部应设置内纵墙，其累计长度不宜小于房屋总长度的60%(高宽比大于4的墙段不计入)。

(3)房屋有下列情况之一时宜设置防震缝，缝两侧均应设置墙体，缝宽应根据烈度和房屋高度确定，可采用70～100 mm。

①房屋立面高差在6 m以上；

②房屋有错层，且楼板高差大于层高的1/4；

③各部分结构刚度、质量截然不同。

(4)楼梯间不宜设置在房屋的尽端或转角处。

(5)不应在房屋转角处设置转角窗。

(6)横墙较少、跨度较大的房屋，宜采用现浇钢筋混凝土楼、屋盖。

第三节　多层砌体房屋抗震验算

一、计算原则与计算简图

根据《抗震规范》要求，多层砌体房屋的抗震设计一般可不考虑扭转效应和竖向地震作用的影响，而仅针对水平地震作用进行抗侧力构件自身平面内的抗震承载力验算，并且应在房屋的两个主轴方向分别进行验算。由于该类房屋的高度一般都不会太高，结构的变形主要以剪切变形为主，结构的水平地震作用可以采用底部剪力法计算；对于底部框架砖房来说，考虑到结构刚度、质量分布的不均匀性及抗震墙刚度退化等因素，需对其楼层地震作用或地震内力做适当的调整。

多层砌体房屋的抗震计算，应以抗震缝所划分的区段作为计算单元。计算时，整个计算单元中各楼层的重力荷载集中到相应楼、屋盖标高处而形成多质点体系，如图 5-9 所示。体系中各质点的重力荷载代表值，包括作用在相应标高处楼、屋盖上的所有重力荷载代表值及上、下各半层竖向抗侧力构件的重力荷载。体系中结构底部固定端标高的取值原则是：当基础埋置较浅时，取为基础顶面；当基础埋置较深时，取为室外地坪以下 0.5 m 处；当设有整体刚度很大的全地下室时，取为地下室顶板顶部；当地下室整体刚度较小或为半地下室时，取为地下室室内地坪处。

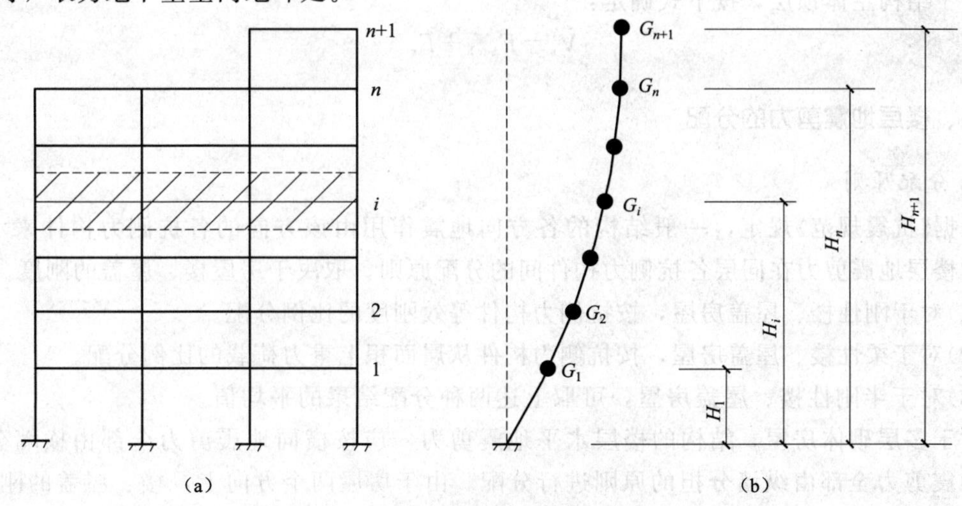

图 5-9　多层砌体结构抗震计算简图

(a)集中荷载法；(b)多质点体系动力计算简图

二、地震作用与楼层地震剪力

1. 水平地震作用

多层砌体结构的纵向、横向侧移刚度都很大，结构纵向、横向的基本周期都很短，一般都不会超过 0.25 s。因此，《抗震规范》规定，对于多层砌体结构，按底部剪力法计算时，

取 $\alpha_1=\alpha_{max}$，其纵向、横向水平地震作用可由下列公式确定：

$$F_{Ek}=\alpha_{max}G_{eq} \tag{5-1}$$

$$F_i=\frac{G_iH_i}{\sum_{j=1}^{n+1}G_jH_j}F_{Ek} \tag{5-2}$$

式中 F_{Ek}——结构总水平地震作用标准值；

α_{max}——结构水平地震影响系数最大值；

G_{eq}——结构等效总重力荷载代表值，$G_{eq}=0.85\sum G_i$；

F_i——结构第 i 层的水平地震作用标准值($i=1$，2，…，n，$n+1$)；

G_i、G_j——结构第 i、j 楼层的重力荷载代表值；

H_i、H_j——结构第 i、j 楼层的计算高度；

n——房屋的总层数；

$n+1$——凸出主体屋顶的小建筑的楼层号或房屋总层数。

2. 楼层地震剪力

对于一般层，按下式确定：

$$V_i=V_{i+1}+F_i \quad (i=1,2,\cdots,n-1) \tag{5-3}$$

对于凸出层，需考虑鞭梢效应，按下式确定：

$$V_{n+1}=3F_{n+1} \tag{5-4}$$

对于结构主体顶层，按下式确定：

$$V_n=F_{n+1}+F_n \tag{5-5}$$

三、楼层地震剪力的分配

1. 分配原则

根据《抗震规范》规定，一般结构的各方向地震作用由该方向的各抗侧力构件来承担；结构的楼层地震剪力在同层各抗侧力构件间的分配原则，取决于房屋楼、屋盖的刚度。

(1)对于刚性楼、屋盖房屋，按抗侧力构件等效刚度的比例分配。

(2)对于柔性楼、屋盖房屋，按抗侧力构件从属面积上重力荷载的比例分配。

(3)对于半刚性楼、屋盖房屋，可取上述两种分配结果的平均值。

对于多层砌体房屋，结构的楼层水平地震剪力，应按横向地震剪力全部由横墙分担、纵向地震剪力全部由纵墙分担的原则进行分配。由于房屋两个方向上，楼、屋盖的刚度不一致，并且不同类型的楼、屋盖的刚度性质也不相同，故地震剪力的分配方案需根据楼、屋盖的具体情况分别确定。

2. 横向地震剪力的分配

(1)现浇或装配整体式钢筋混凝土楼、屋盖房屋——刚性楼盖房屋。现浇钢筋混凝土楼、屋盖的整体性好，水平刚度大，理所当然地属于刚性楼、屋盖；装配整体式楼、屋盖系指装配式预制板上设有钢筋混凝土现浇层的楼、屋盖，其水平刚度也比较大，也可视为刚性楼、屋盖。对这类楼、屋盖房屋，结构的横向楼层地震剪力可按上述第一条原则分配到同层各横墙上。

$$V_{ji}=\frac{K_{ji}}{\sum K_{ji}}V_i \tag{5-6a}$$

式中 V_{ji}——第 i 层第 j 道横墙的地震剪力；

V_i——第 i 层的楼层地震剪力；

K_{ji}——第 i 层第 j 道横墙的抗侧力等效刚度。

当第 i 层的各横墙皆为实墙，并且其高度相同、高宽比都小于1、所用材料一致时，可得如下简化式：

$$V_{ji}=\frac{A_{ji}}{\sum A_{ji}}V_i \tag{5-6b}$$

式中 A_{ji}——第 i 层第 j 道横墙的水平截面面积。

(2)木制楼、屋盖房屋——柔性楼盖房屋。此类房屋楼、屋盖水平刚度小，属于柔性楼、屋盖，结构的横向楼层地震剪力应按上述第二条原则分配到同层各横墙上。

$$V_{ji}=\frac{G_{ji}}{G_i}V_i \tag{5-7a}$$

式中 G_{ji}——第 i 层第 j 道横墙从属面积上的重力荷载代表值；

G_i——第 i 层楼、屋盖总重力荷载代表值。

当第 i 层单位面积上的重力荷载相等时，可得如下简化式：

$$V_{ji}=\frac{S_{ji}}{S_i}V_i \tag{5-7b}$$

式中 S_{ji}——第 i 层第 j 道横墙的从属面积；

S_i——第 i 层楼、屋盖总建筑面积。

(3)装配式钢筋混凝土楼、屋盖房屋——中等刚度楼盖。装配式钢筋混凝土楼、屋盖的水平刚度介于刚性和柔性楼、屋盖之间，属于半刚性楼、屋盖，其各层内各道横墙的地震剪力可按上述第三条原则计算。

$$V_{ji}=\frac{1}{2}\left(\frac{K_{ji}}{\sum K_{ji}}+\frac{G_{ji}}{G_i}\right)V_i \tag{5-8a}$$

相应地，简化公式为

$$V_{ji}=\frac{1}{2}\left(\frac{A_{ji}}{\sum A_{ji}}+\frac{S_{ji}}{S_i}\right)V_i \tag{5-8b}$$

3. 纵向地震剪力的分配

一般砌体房屋的楼、屋盖纵向水平刚度都很大，因此，无论是哪种类型的楼、屋盖房屋，其纵向水平地震剪力在同层各纵墙间的分配，都可按刚性楼、屋盖方案进行。

4. 多洞口墙体地震剪力的分配

房屋中某些纵墙或横墙因门窗的设置会有多个洞口，这些洞口把墙体分割成若干墙段，这些墙段有的会成为薄弱部位。因此，对于开洞墙，有必要将其地震剪力进一步分配到它的各墙段上去，以便对薄弱墙段做相应的抗震承载力验算。

由于同一墙体中各洞口的上、下部分均为侧移刚度很大的水平实心墙带，它们能保证洞口间各等高的墙段具有相同的水平侧移，故墙体的地震剪力可按墙段侧移刚度的比例分配到各墙段上。

$$V_r = \frac{K_r}{\sum K_r} V_{ji} \tag{5-9}$$

式中　V_{ji}——第 i 层第 j 道横墙或纵墙的地震剪力；

V_r——墙体中第 r 墙段的地震剪力；

K_r——第 r 墙段的侧移刚度。

四、墙体、墙段侧移刚度的计算

1. 矩形截面实心砖墙

根据力学知识，矩形截面实心砖墙体、墙段的侧移刚度可按下列原则计算。

(1)当 $\rho<1$ 时，只考虑墙体、墙段的剪切变形。

$$K=\frac{Et}{3\rho} \tag{5-10}$$

(2)当 $1\leqslant\rho\leqslant4$ 时，需同时考虑墙体、墙段的剪切变形和弯曲变形。

$$K=\frac{Et}{\rho(\rho^2+3)} \tag{5-11}$$

(3)当 $\rho>4$ 时，侧移刚度变得很小，不宜计其抗侧能力。

$$K=0 \tag{5-12}$$

式中　K——墙体、墙段的侧移刚度；

t——墙体、墙段的厚度；

E——材料弹性模量；

ρ——墙体、墙段的高宽比(h/b)；

h——墙体、墙段的计算高度；

b——墙体、墙段的计算宽度。

墙体、墙段的计算高度(h)和计算宽度(b)的确定原则是：对于整片实心的层间墙体，h 取层高，b 取整个墙长；对于开有洞口的层间墙体中的各墙段，h 取相邻洞口的较小洞净高，b 取洞间墙宽。

2. 开有规则洞口的砖墙

如果墙体开有规则洞口，其侧移刚度可按“墙带法”计算。现举例说明。

某开洞墙如图 5-10(a)所示。以洞口顶部、底部边缘为界，该墙体可划分为上、中、下三个水平墙带；以洞口左、右边缘为界，中间墙带可进一步划分为五个墙段。在墙顶单位水平剪力作用下，墙体的顶部水平侧移 δ 应等于沿墙高各个墙带的同方向相对侧移 δ_i 之和，而每个墙带的相对侧移 δ_i 为其侧移刚度 K_i 的倒数。

$$\delta=\sum_{i=1}^{3}\delta_i$$

$$\delta_i=\frac{1}{K_i}$$

对于中间墙带，其侧移刚度等于该墙带中各个墙段侧移刚度的和，即

$$K_2=\sum_{j=1}^{5}K_{j2}$$

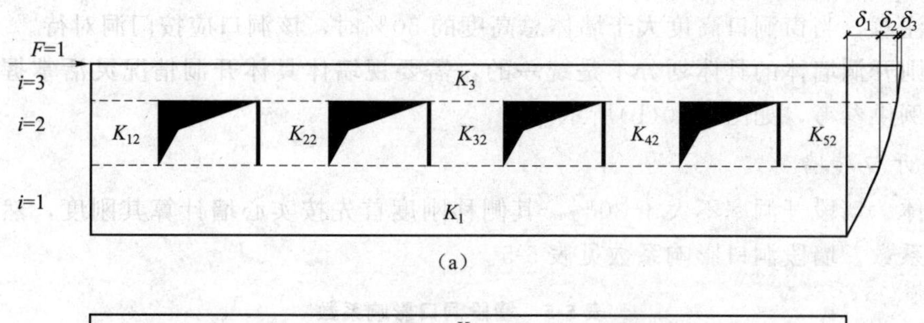

(a)

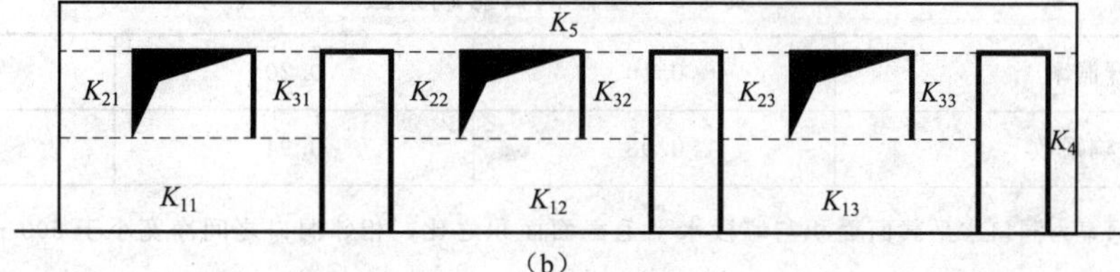

(b)

图 5-10　多洞口墙

墙体侧移的倒数即为墙体的侧移刚度，即

$$K=\frac{1}{\delta}=\frac{1}{\dfrac{1}{K_1}+\dfrac{1}{K_2}+\dfrac{1}{K_3}}=\frac{1}{\dfrac{1}{K_1}+\dfrac{1}{\sum\limits_{j=1}^{5}K_{j2}}+\dfrac{1}{K_3}}$$

实际工程中，若墙体上有 n 个洞口，则墙体的侧移刚度为

$$K=\frac{1}{\dfrac{1}{K_1}+\dfrac{1}{\sum\limits_{j=1}^{n+1}K_{j2}}+\dfrac{1}{K_3}} \tag{5-13}$$

式中　K_3、K_1——洞口上、下水平实心墙带的侧移刚度；

K_{j2}——中间墙带中第 j 个墙段的侧移刚度；

n——洞口总数。

K_1、K_{j2}、K_3 均可视为墙段，根据其高宽比 ρ 情况分别套用相应公式计算。

因此，对于开有规则洞口的墙体而言，墙体的总刚度的倒数等于各墙带刚度的倒数之和；每个墙带的总刚度等于该墙带中各墙段的刚度之和。

3. 开有不规则多洞口的砖墙

当墙体开有多个洞口，但洞口的大小、布局不规则时，应视其为开有不规则多洞口的墙体。该种墙体的侧移刚度仍可按“墙带法”原则计算，只是需要注意墙带、墙段的划分应尽量合理，以保证计算结果的正确性。

不允许割断墙体的实体部分，墙带、墙段的划分宜以门窗洞口为基准。划分工作可分为以下三步：

(1)要保证通长实体部分的完整性，将整个墙体划分为上、下布局的若干“大墙带”；

(2)应考虑以门窗洞口为基准，将存有门洞口的“大墙带”划分为左、右布局的“大墙段”；

(3)对于存有窗口洞口的“大墙段”，以窗洞口为基准，划分成若干个小墙段。

尚需注意，当窗洞口高度大于墙体总高度的50%时，该洞口应按门洞对待。

不规则开洞墙体的具体划分不是统一的，需要视墙体具体开洞情况灵活掌握。这里给出一个实例供参考，如图5-10(b)所示。

4. 小开口砖墙

若墙体、墙段开洞率不大于30%，其侧移刚度首先按实心墙计算其刚度，然后再乘以洞口影响系数。墙段洞口影响系数见表5-5。

表5-5 墙段洞口影响系数

开洞率	0.10	0.20	0.30
影响系数	0.98	0.94	0.88

注：1. 开洞率为洞口水平截面面积与墙段水平毛截面面积之比，相邻洞口之间净宽小于500 mm的墙段视为洞口；

2. 洞口中线偏离墙段中线大于墙段长度的1/4时，表中影响系数值折减0.9；门洞的洞顶高度大于层高80%时，表中数据不适用；窗洞高度大于50%层高时，按门洞对待。

5. 带边框的钢筋混凝土墙

在底部框架砖房的底部框架层中，可能存有带边框的钢筋混凝土抗震墙，如图5-11所示，其侧移刚度宜按如下公式计算。

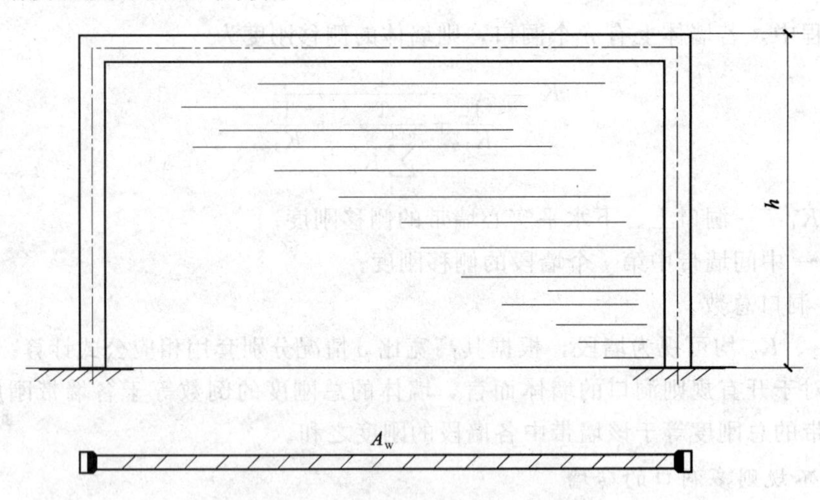

图5-11 带边框钢筋混凝土抗震墙

$$K=\frac{1}{\frac{1.2h}{GA_w}+\frac{h^3}{3EI}} \tag{5-14}$$

式中 G——混凝土剪变模量，$G=0.4E$；

E——混凝土弹性模量；

h——墙体计算高度；

A_w——腹板部分横截面面积；

I——截面惯性矩(I形截面)。

五、结构抗震承载力的验算

砌体墙的抗震承载力验算可只对从属面积较大、竖向应力较小的墙段进行截面抗震承载力验算。

1. 无筋砖砌体

普通砖、多孔砖墙的截面抗震受剪承载力，一般情况按下列规定验算：

$$V \leqslant f_{vE} A / \gamma_{RE} \tag{5-15}$$

式中 V——墙体剪力设计值；

f_{vE}——砖砌体沿阶梯形截面破坏的抗震抗剪强度设计值；

A——墙体的横截面面积，多孔砖取毛截面面积；

γ_{RE}——承载力抗震调整系数，承重墙取 1.0，两端均有构造柱、芯柱的抗震墙取 0.9，自承重墙按 0.75 采用。

2. 水平配筋砖砌体

采用水平配筋的墙体，应按下式验算：

$$V \leqslant \frac{1}{\gamma_{RE}}(f_{vE} A + \xi_s f_{yh} A_{sh}) \tag{5-16}$$

式中 f_{yh}——水平钢筋抗拉强度设计值；

A_{sh}——层间墙体竖向截面的总水平钢筋面积，其配筋率应不小于 0.07%且不大于 0.17%；

ξ_s——钢筋参与工作系数，可按表 5-6 采用。

表 5-6 钢筋参与工作系数

墙体高宽比	0.4	0.6	0.8	1.0	1.2
ξ_s	0.10	0.12	0.14	0.15	0.12

3. 截面抗震承载力验算

当承载力验算不满足要求时，可计入基本均匀设置于墙段中部、截面尺寸不小于 240 mm×240 mm(墙厚 190 mm 时为 240 mm×190 mm)且间距不大于 4 m 的构造柱，按下列简化方法验算：

$$V \leqslant \frac{1}{\gamma_{RE}}[\eta_c f_{vE}(A - A_c) + \xi_c f_t A_c + 0.08 f_{yc} A_{sc} + \xi_s f_{yh} A_{sh}] \tag{5-17}$$

式中 A_c——中部构造柱的横截面总面积(对横墙和内纵墙，$A_c > 0.15A$ 时，取 $0.15A$；对外纵墙，$A_c > 0.25A$ 时，取 $0.25A$)；

f_t——中部构造柱混凝土轴心抗拉强度设计值；

A_{sc}——中部构造柱的纵向钢筋截面总面积(配筋率不小于 0.6%，大于 1.4%时取 1.4%)；

f_{yc}——墙体构造柱钢筋抗拉强度设计值；

ξ_c——中部构造柱参与工作系数，居中设一根时取 0.5，多于一根时取 0.4；

η_c——墙体约束修正系数，一般情况取 1.0，构造柱间距不大于 3.0 m 时取 1.1；

A_{sh}——层间墙体竖向截面的总水平钢筋面积，无水平钢筋时取 0。

4. 小砌块墙体

对于小砌块墙体，其截面抗震受剪承载力应按下式验算：

$$V \leqslant \frac{1}{\gamma_{RE}}[f_{vE}A+(0.3f_tA_c+0.05f_yA_s)\xi_c] \tag{5-18}$$

式中 f_t——芯柱混凝土轴心抗拉强度设计值；

A_c——芯柱截面总面积；

A_s——芯柱钢筋截面总面积；

f_y——芯柱钢筋抗拉强度设计值；

ξ_c——芯柱参与工作系数，可按表 5-7 采用。

注：当同时设有芯柱和构造柱时，构造柱可作为芯柱处理。

表 5-7 芯柱参与工作系数

填孔率 ρ	$\rho<0.15$	$0.15\leqslant\rho<0.25$	$0.25\leqslant\rho<0.5$	$\rho\geqslant0.5$
ξ_c	0.0	1.0	1.10	1.15
注：填孔率指芯柱根数(含构造柱和填实孔洞数量)与孔洞总数之比。				

5. 砌体抗震抗剪强度

各类砌体沿阶梯形截面破坏的抗震抗剪强度设计值，应按下式确定：

$$f_{vE}=\xi_N f_v \tag{5-19}$$

式中 f_v——非抗震设计的砌体抗剪强度设计值；

ξ_N——砌体抗震抗剪强度的正应力影响系数，按表 5-8 取用。

表 5-8 砌体抗震抗剪强度的正应力影响系数

砌体类别	σ_0/f_v							
	0.0	1.0	3.0	5.0	7.0	10.0	12.0	≥16.0
普通砖、多孔砖	0.80	0.99	1.25	1.47	1.65	1.90	2.05	—
小砌块	—	1.23	1.69	2.15	2.57	3.02	3.32	3.92
注：σ_0 为对应于重力荷载代表值的砌体横截面平均压应力。								

第四节 多层砌体房屋抗震构造措施

一、多层砖砌体房屋抗震构造措施

多层砌体房屋设置钢筋混凝土构造柱(芯柱)和圈梁是增强房屋整体性，提高房屋抗倒塌能力的极为有效的抗震措施。构造柱(芯柱)能够对墙体起到约束作用，提高其抗剪能力，使之具有较好的变形性能；圈梁能够对房屋楼、屋盖起约束作用，提高其水平刚度，保证有效地传递水平地震作用，而且能使楼、屋盖与纵、横墙抗侧力构件具有可靠的连接，防止预制板塌落和墙体出现平面的倒塌，增强房屋的整体性；圈梁与构造柱(芯柱)相联合，阻止了墙体剪切变形的发展，改善了墙体乃至整个房屋的延性。为了保证、提高房屋的整体抗震性能，《抗震规范》对多层砌体房屋的构造柱(芯柱)和圈梁的设置问题提出了若干强制性规定，并且明确了相应的构造要求。

(一)多层砖砌体房屋现浇钢筋混凝土构造柱的设置和构造要求

1. 多层砖砌体房屋现浇钢筋混凝土构造柱的设置位置

(1)构造柱设置部位，一般情况下应符合表 5-9 的要求。

表 5-9　多层砖砌体房屋构造柱设置要求

<table>
<tr><th colspan="4">房屋层数</th><th colspan="2" rowspan="2">设置部位</th></tr>
<tr><th>6 度</th><th>7 度</th><th>8 度</th><th>9 度</th></tr>
<tr><td>四、五</td><td>三、四</td><td>二、三</td><td></td><td rowspan="3">楼、电梯间四角，楼梯斜梯段上下端对应的墙体处；
外墙四角和对应转角；
错层部位横墙与外纵墙交接处；
大房间内外墙交接处；
较大洞口两侧</td><td>隔 12 m 或单元横墙与外纵墙交接处；
楼梯间对应的另一侧内横墙与外纵墙交接处</td></tr>
<tr><td>六</td><td>五</td><td>四</td><td>二</td><td>隔开间横墙(轴线)与外墙交接处；
山墙与内纵墙交接处</td></tr>
<tr><td>七</td><td>≥六</td><td>≥五</td><td>≥三</td><td>内墙(轴线)与外墙交接处；
内墙的局部较小墙垛处；
内纵墙与横墙(轴线)交接处</td></tr>
<tr><td colspan="6">注：1. 较大洞口，内墙指不小于 2.1 m 的洞口；外墙在内外墙交接处已设置构造柱时，应允许适当放宽，但洞侧墙体应加强；
2. 楼梯斜梯段上下端对应墙体处，如图 5-12 所示。</td></tr>
</table>

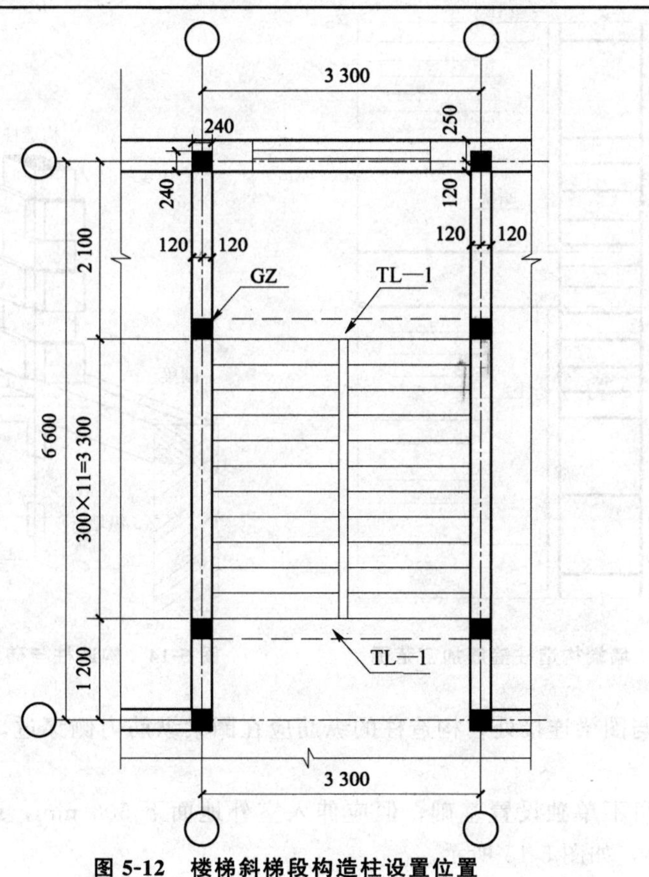

图 5-12　楼梯斜梯段构造柱设置位置

(2)外廊式和单面走廊式的多层房屋，应根据房屋增加一层的层数，按表 5-9 的要求设置构造柱，且单面走廊两侧的纵墙均应按外墙处理。

(3)横墙较少的房屋，应按房屋增加一层的层数，按表 5-9 的要求设置构造柱。当横墙较少的房屋为外廊式或单面走廊式时，应按(2)设置构造柱；但当 6 度不超过四层、7 度不超过三层和 8 度不超过二层时，应按增加二层的层数对待。

(4)各层横墙较少的房屋，应按增加二层的层数设置构造柱。

(5)采用蒸压灰砂砖和蒸压粉煤灰砖的砌体房屋，当砌体的抗剪强度仅达到烧结普通砖砌体的 70%时，应根据增加一层的层数按(1)～(4)要求设置构造柱；但当 6 度不超过四层、7 度不超过三层和 8 度不超过二层时，应按增加二层的层数对待。

2. 多层砖砌体房屋现浇钢筋混凝土构造柱的构造要求

(1)构造柱最小截面尺寸可采用 180 mm×240 mm(墙厚 190 mm 时为 180 mm×190 mm)，纵向钢筋宜采用 4Φ12，箍筋间距不宜大于 250 mm，且在柱上、下端应适当加密，如图 5-13 所示；6、7 度时超过六层，8 度时超过五层和 9 度时，构造柱纵向钢筋宜采用 4Φ14，箍筋间距不应大于 200 mm；房屋四角的构造柱应适当加大截面及配筋。

(2)构造柱与墙体连接处应砌成马牙槎，沿墙高每隔 500 mm 设置 2Φ6 水平钢筋和 Φ4 分布短筋平面内点焊组成的拉结网片或 Φ4 点焊钢筋网片，每边伸入墙内不宜小于 1 m。6、7 度时底部 1/3 楼层，8 度时底部 1/2 楼层，9 度时全部楼层，上述拉结钢筋网片应沿墙体水平通长设置，如图 5-14 所示。

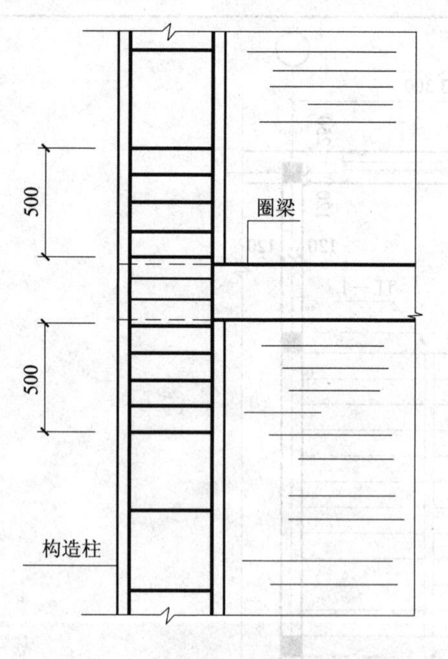

图 5-13　墙端构造柱箍筋加密范围

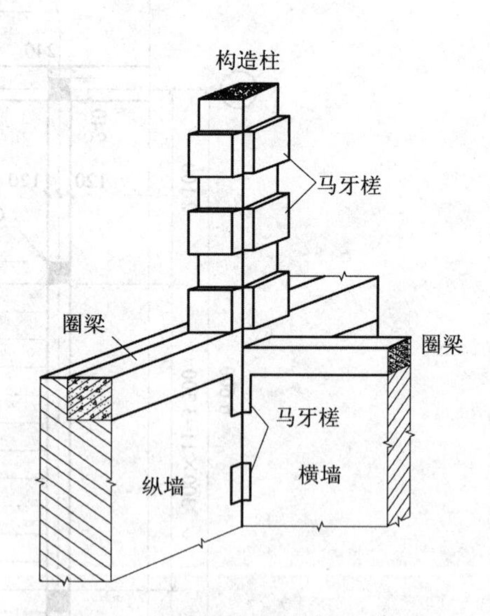

图 5-14　构造柱与砖墙的马牙槎结合

(3)构造柱与圈梁连接处，构造柱的纵筋应在圈梁纵筋内侧穿过，保证构造柱纵筋上下贯通。

(4)构造柱可不单独设置基础，但应伸入室外地面下 500 mm，或与埋深小于 500 mm 的基础圈梁相连，如图 5-15 所示。

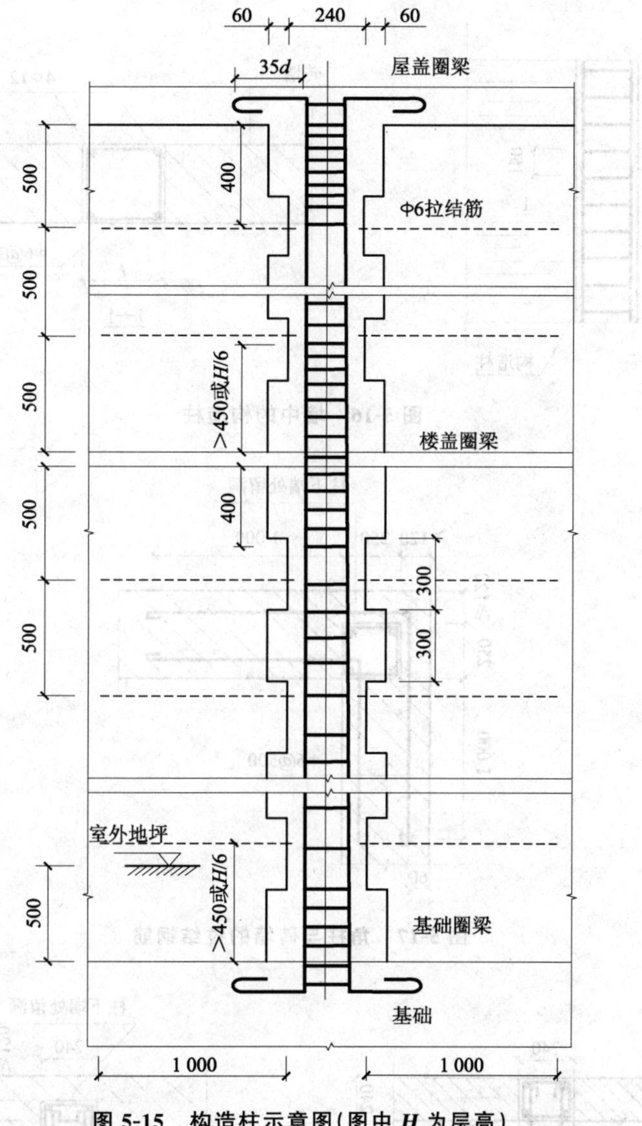

图 5-15　构造柱示意图(图中 *H* 为层高)

(5)房屋高度及层数接近表 5-1 的限值时，纵、横墙内构造柱间距尚应符合下列要求：

①横墙内的构造柱间距不宜大于层高的两倍，下部 1/3 楼层的构造柱间距适当减小；

②当外纵墙开间大于 3.9 m 时，应另设加强措施，内纵墙的构造柱间距不宜大于 4.2 m。

构造柱的其他一些常用构造做法如图 5-16～图 5-18 所示。

(二)多层砖砌体房屋现浇钢筋混凝土圈梁的设置和构造要求

1. 多层砖砌体房屋现浇钢筋混凝土圈梁的设置位置

(1)装配式钢筋混凝土楼、屋盖或木屋盖的砖房，应按表 5-10 的要求设置圈梁；纵墙承重时，抗震横墙上的圈梁间距应比表内要求适当加密。

(2)现浇或装配整体式钢筋混凝土楼、屋盖与墙体有可靠连接的房屋，应允许不另设圈梁，但楼板沿墙体周边应加强配筋并应与相应的构造柱钢筋可靠连接。

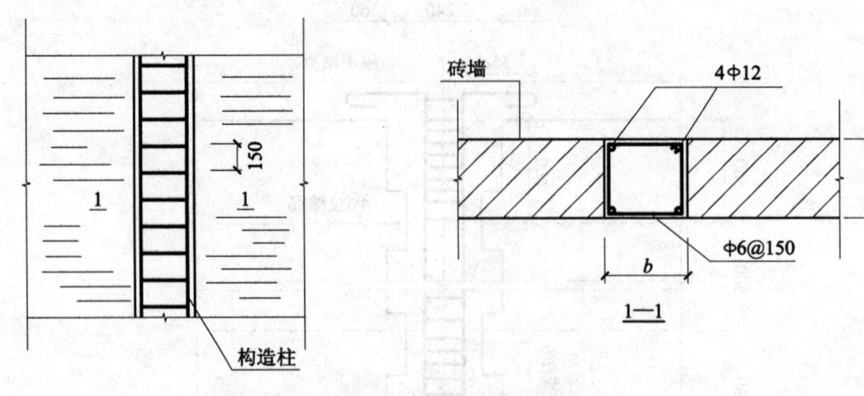

图 5-16　墙中的构造柱

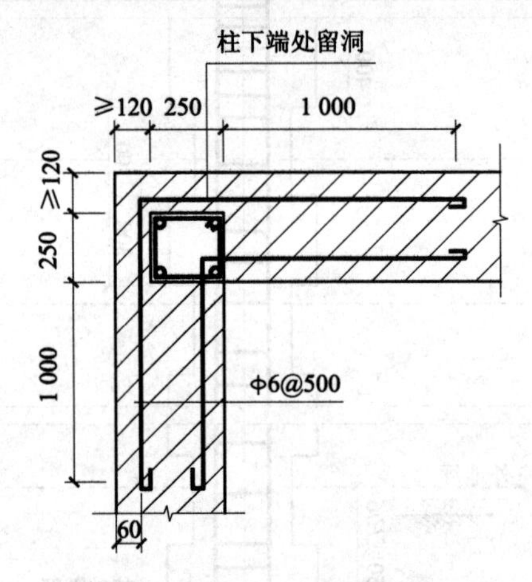

图 5-17　角柱与砖墙的拉结钢筋

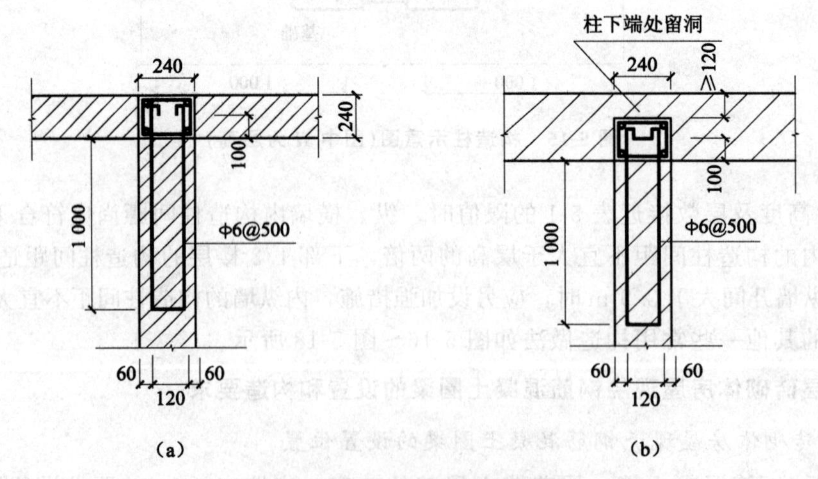

图 5-18　边柱与砖墙的拉结钢筋

(a)外露柱；(b)内藏柱

表 5-10　多层砖砌体房屋现浇钢筋混凝土圈梁设置要求

墙　类	烈　　度		
	6、7 度	8 度	9 度
外墙和内纵墙	屋盖处及每层楼盖处	屋盖处及每层楼盖处	屋盖处及每层楼盖处
内横墙	同上； 屋盖处间距不应大于 4.5 m； 楼盖处间距不应大于 7.2 m； 构造柱对应部位	同上； 各层所有横墙，且间距不应大于 4.5 m； 构造柱对应部位	同上； 各层所有横墙

2. *多层砖砌体房屋现浇钢筋混凝土圈梁的构造要求*

(1)圈梁应闭合，遇有洞口时，圈梁应上、下搭接。圈梁宜与预制板设在同一标高处或紧靠板底。

(2)圈梁在表 5-10 要求的间距内无横墙时，应利用梁或板缝中配筋替代圈梁。

(3)圈梁的截面高度不应小于 120 mm，配筋应符合表 5-11 的要求；按《抗震规范》规定，地基为软弱黏性土、液化土、新近填土或严重不均匀土时要求增设基础圈梁，截面高度不应小于 180 mm，配筋不应少于 4Φ12。

表 5-11　多层砖砌体房屋圈梁配筋要求

配　筋	烈　　度		
	6、7 度	8 度	9 度
最小纵筋	4Φ10	4Φ12	4Φ14
最大箍筋间距/mm	250	200	150

圈梁的其他一些常用构造做法，如图 5-19 和图 5-20 所示。

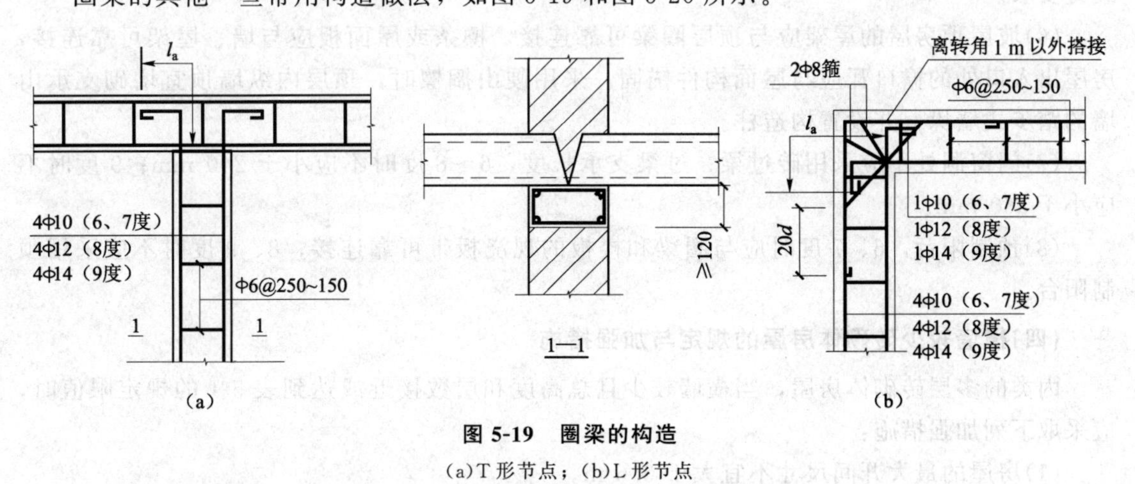

图 5-19　圈梁的构造

(a)T 形节点；(b)L 形节点

(三)多层砖砌体房屋楼、屋盖的支承和连接

从结构抗震的角度看，房屋的楼、屋盖是重要的传递水平地震作用的构件，它的作用

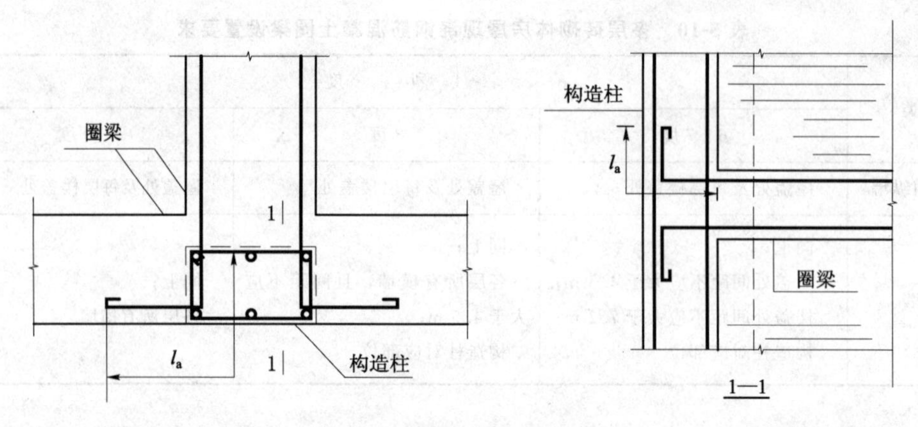

图 5-20　圈梁与边柱的拉结

在于有效地传递水平地震作用并将其合理地分配给各个竖向抗侧力构件；不仅需要其具有一定的承载能力，更关键的是需要保证它自身的刚度和整体性，同时要求在墙体等竖向承重构件上有足够的支承和连接。

(1)现浇钢筋混凝土楼板或屋面板伸进纵、横墙内的长度，均不应小于 120 mm。

(2)装配式钢筋混凝土楼板或屋面板，当圈梁未设在板的同一标高时，板端伸进外墙的长度不应小于 120 mm，伸入内墙的长度不应小于 100 mm 或采用硬架支模连接，在梁上不应小于 80 mm 或采用硬架支模连接。

(3)当板跨度大于 4.8 m 并与外墙平行时，靠外墙的预制板侧边应与墙或圈梁拉结。

(4)房屋端部大房间的楼盖，6 度时房屋的屋盖和 7～9 度时房屋的楼、屋盖，当圈梁设在板底时，钢筋混凝土预制板应相互拉结，并应与梁、墙或圈梁拉结。

(5)楼、屋盖的钢筋混凝土梁或屋架应与墙、柱(包括构造柱)或圈梁可靠连接；不得采用独立砖柱。跨度不小于 6 m 的大梁的支承构件应采用组合砌体等加强措施，并应满足承载力要求。

(6)坡屋顶房屋的屋架应与顶层圈梁可靠连接，檩条或屋面板应与墙、屋架可靠连接，房屋出入口处的檐口瓦应与屋面构件锚固。采用硬山搁檩时，顶层内纵墙顶宜增砌支承山墙的踏步式墙垛，并设置构造柱。

(7)门窗洞处不应采用砖过梁；过梁支承长度，6～8 度时不应小于 240 mm；9 度时不应小于 360 mm。

(8)预制阳台，6、7 度时应与圈梁和楼板的现浇板带可靠连接；8、9 度时不应采用预制阳台。

(四)横墙较少砖砌体房屋的规定与加强措施

丙类的多层砖砌体房屋，当横墙较少且总高度和层数接近或达到表 5-1 的规定限值时，应采取下列加强措施：

(1)房屋的最大开间尺寸不宜大于 6.6 m。

(2)同一结构单元内横墙错位数量不宜超过横墙总数的 1/3，且连续错位不宜多于两道；错位的墙体交接处均应增设构造柱，并且楼、屋面板应采用现浇钢筋混凝土板。

(3)横墙和内纵墙上洞口的宽度不宜大于 1.5 m；外纵墙上洞口的宽度不宜大于 2.1 m

或开间尺寸的一半；且内、外墙上洞口位置不应影响内外纵墙与横墙的整体连接。

(4)所有纵、横墙均应在楼、屋盖标高处设置加强的现浇钢筋混凝土圈梁：圈梁的截面高度不宜小于 150 mm，上、下纵筋均不应少于 3Φ10，箍筋不小于 Φ6，间距不大于 300 mm。

(5)所有纵、横墙交接处及横墙的中部，均应增设满足下列要求的构造柱：在纵、横墙内的柱距不宜大于 3.0 m，最小截面尺寸不宜小于 240 mm×240 mm(墙厚 190 mm 时为 240 mm×190 mm)，配筋宜符合表 5-12 的要求。

表 5-12　增设构造柱的纵筋和箍筋设置要求

<table>
<tr><th rowspan="2">位置</th><th colspan="3">纵向钢筋</th><th colspan="3">箍　筋</th></tr>
<tr><th>最大配筋率
/%</th><th>最小配筋率
/%</th><th>最小直径
/mm</th><th>加密区范围
/mm</th><th>加密区间距
/mm</th><th>最小直径
/mm</th></tr>
<tr><td>角柱</td><td rowspan="2">1.8</td><td rowspan="2">0.8</td><td>14</td><td>全高</td><td rowspan="3">100</td><td rowspan="3">6</td></tr>
<tr><td>边柱</td><td>14</td><td rowspan="2">上端 700
下端 500</td></tr>
<tr><td>中柱</td><td>1.4</td><td>0.6</td><td>12</td></tr>
</table>

(6)同一结构单元的楼、屋面板应设置在同一标高处。

(7)房屋底层和顶层的窗台标高处，宜设置沿纵、横墙通长的水平现浇钢筋混凝土带；其截面高度不小于 60 mm，宽度不小于墙厚，纵筋不少于 2Φ10，横向分布筋的直径不小于 Φ6，且其间距不大于 200 mm。

(五)墙体间的连接

(1)6、7 度时长度大于 7.2 m 的大房间，以及 8、9 度时外墙转角及内外墙交接处，应沿墙高每隔 500 mm 配置 2Φ6 的通长钢筋和 Φ4 分布短筋平面内点焊组成的拉结网片或 Φ4 点焊网片。图 5-21 和图 5-22 是内外墙的拉结钢筋及外墙转角处的配筋；图 5-23 是构造筋与墙体的拉结。

(2)后砌的非承重隔墙应沿墙高每隔 500～600 mm 配置 2Φ6 拉结钢筋与承重墙或柱拉结，每边伸入墙内不应小于 500 mm；8、9 度时，长度大于 5 m 的后砌隔墙，墙顶还应与楼板或梁拉结，独立墙肢端部及大门洞边宜设钢筋混凝土构造柱。

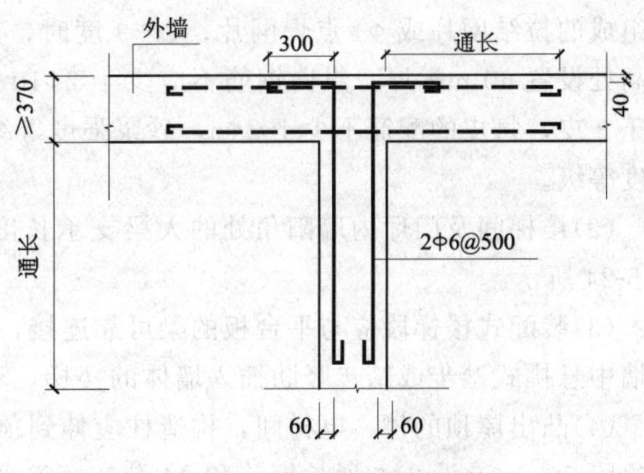

图 5-21　内外墙的拉结钢筋

(3)烟道、风道、垃圾道等不应削弱墙体；当墙体被削弱时，应对墙体采取加强措施；不宜采用无竖向配筋的附墙烟囱或出屋面的烟囱。

(六)楼梯间的整体性

楼梯间尚应符合下列要求：

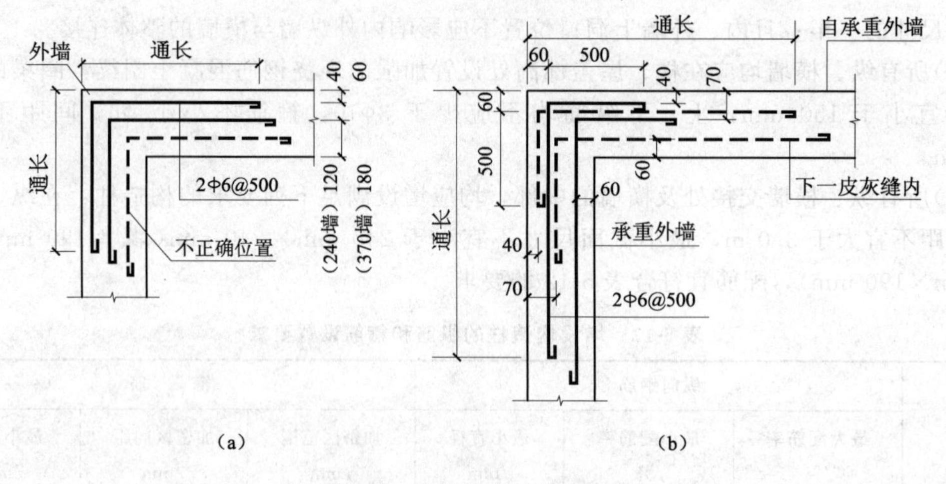

图 5-22　外墙转角处的拉结筋

(a)7 度区；(b)8、9 度区

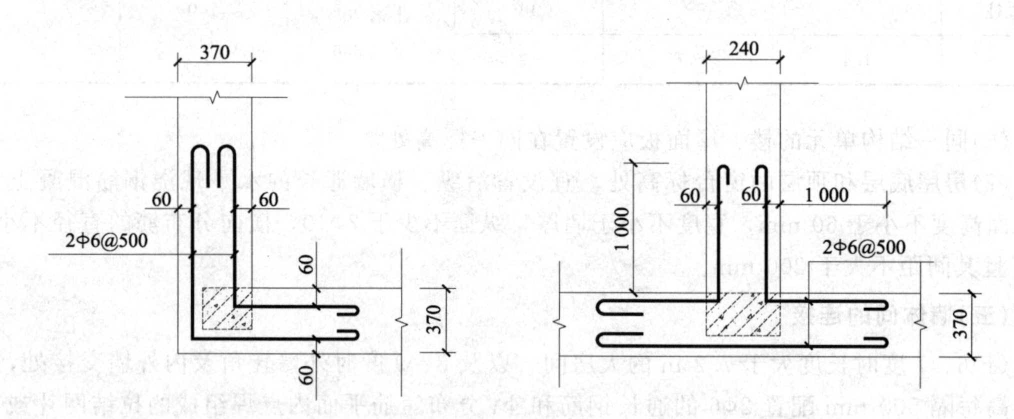

图 5-23　构造筋与墙体的拉结

(1)顶层楼梯间墙体应沿墙高每隔 500 mm 设 2Φ6 通长钢筋和 Φ4 分布短钢筋平面内点焊组成的拉结网片或 Φ4 点焊网片；7～9 度时，其他各层楼梯间墙体应在休息平台或楼层半高处设置 60 mm 厚、纵向钢筋不应少于 2Φ10 的钢筋混凝土带或配筋砖带，配筋砖带不少于 3 皮，每皮的配筋不少于 2Φ6，砂浆强度等级不应低于 M7.5 且不低于同层墙体的砂浆强度等级。

(2)楼梯间及门厅内墙阳角处的大梁支承长度不应小于 500 mm，并应与圈梁连接，如图 5-24 所示。

(3)装配式楼梯段应与平台板的梁可靠连接，8、9 度时不应采用装配式楼梯段；不应采用墙中悬挑式踏步或踏步竖肋插入墙体的楼梯，不应采用无筋砖砌栏板。

(4)凸出屋顶的楼、电梯间，构造柱应伸到顶部，并与顶部圈梁连接，所有墙体应沿墙高每隔 500 mm 设 2Φ6 通长钢筋和 Φ4 分布短筋平面内点焊组成的拉结网片或 Φ4 点焊网片。

(七)同一类型基础的设置

同一结构单元的基础(或桩承台)，宜采用同一类型的基础，底板宜埋置在同一标高上；

否则，应增设基础圈梁并应按 1∶2 的台阶逐步放坡。

(八)非结构构件的抗震构造措施

(1)砌体女儿墙在人流出入口和通道处应与主体结构锚固。非出入口无锚固的女儿墙高度，6～8 度时不宜超过 0.5 m；9 度时应有锚固。防震缝处女儿墙应留有足够的宽度，缝两侧的自由端应予以加强，如图 5-25 和图 5-26 所示。

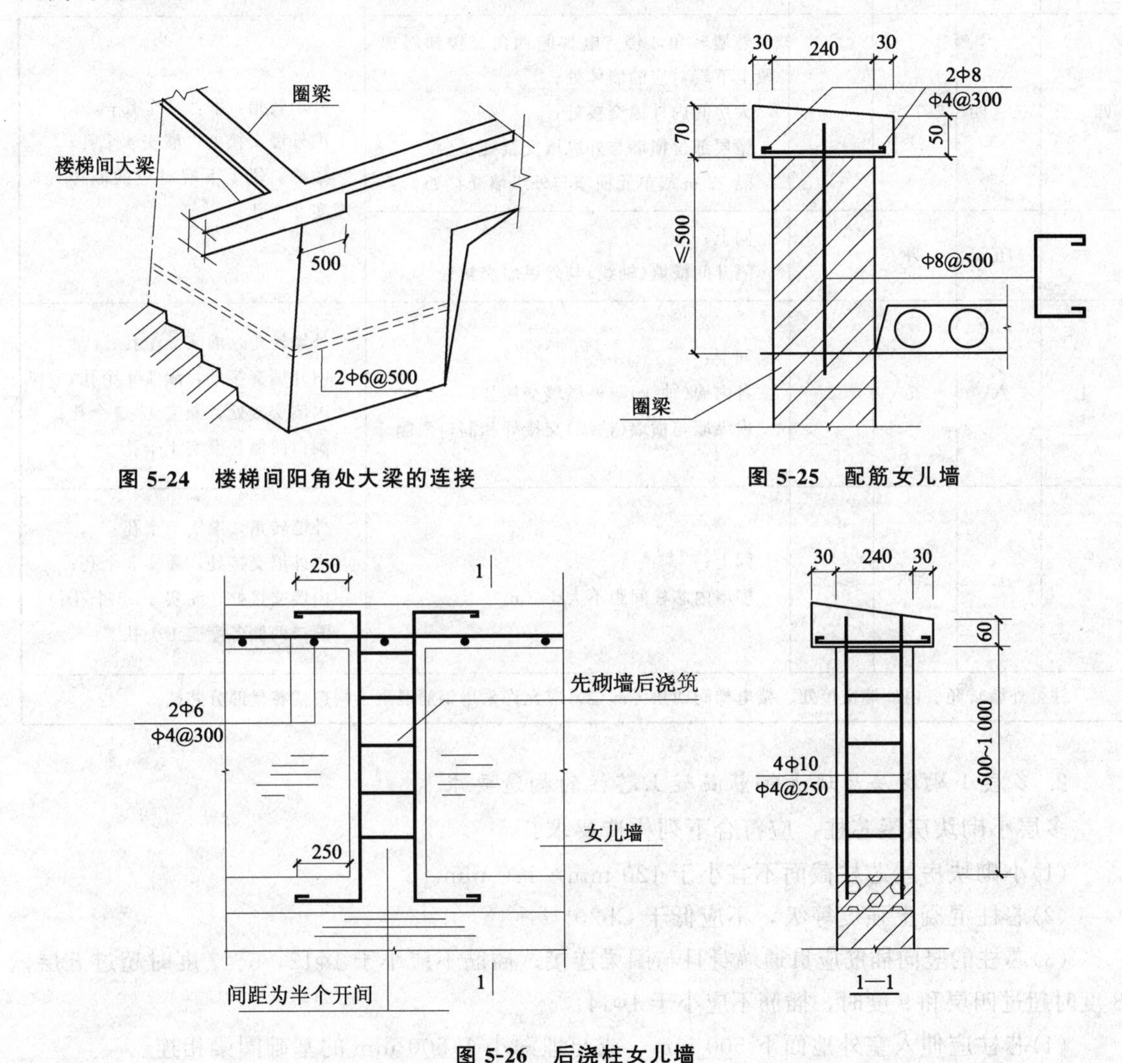

图 5-24 楼梯间阳角处大梁的连接

图 5-25 配筋女儿墙

图 5-26 后浇柱女儿墙

(2)不应采用无锚固的钢筋混凝土预制挑檐。

二、多层砌块房屋抗震构造措施

(一)多层砌块房屋现浇钢筋混凝土芯柱的设置和构造要求

1. 多层砌块房屋现浇钢筋混凝土芯柱的设置位置及灌实的孔数

多层小砌块房屋应按表 5-13 的要求设置钢筋混凝土芯柱。对外廊式和单面走廊式的多层房屋、横墙较少的房屋、各层横墙很少的房屋，还应分别按多层砖砌体房屋设置构造柱位置的要求中2～4条关于增加层数的对应要求，按表5-13的要求设置钢筋混凝土芯柱。

表5-13　多层小砌块房屋芯柱设置要求

<table>
<tr><th colspan="4">房屋层数</th><th rowspan="2">设置部位</th><th rowspan="2">设置数量</th></tr>
<tr><th>6度</th><th>7度</th><th>8度</th><th>9度</th></tr>
<tr><td>四、五</td><td>三、四</td><td>二、三</td><td></td><td>外墙转角，楼、电梯间四角，楼梯斜梯段上下端对应的墙体处；
大房间内外墙交接处；
错层部位横墙与外纵墙交接处；
隔12 m或单元横墙与外纵墙交接处</td><td rowspan="2">外墙转角，灌实3个孔；
内外墙交接处，灌实4个孔；
楼梯斜段上下端对应的墙体处，灌实2个孔</td></tr>
<tr><td>六</td><td>五</td><td>四</td><td></td><td>同上；
隔开间横墙(轴线)与外纵墙交接处</td></tr>
<tr><td>七</td><td>六</td><td>五</td><td>二</td><td>同上；
各内墙(轴线)与外纵墙交接处；
内纵墙与横墙(轴线)交接处和洞口两侧</td><td>外墙转角，灌实5个孔；
内外墙交接处，灌实4个孔；
内墙交接处，灌实4～5个孔；
洞口两侧各灌实1个孔</td></tr>
<tr><td></td><td>七</td><td>≥六</td><td>≥三</td><td>同上；
横墙内芯柱间距不大于2 m</td><td>外墙转角，灌实7个孔；
内外墙交接处，灌实5个孔；
内墙交接处，灌实4～5个孔；
洞口两侧各灌实1个孔</td></tr>
<tr><td colspan="6">注：外墙转角、内外墙交接处、楼电梯间四角等部位，应允许采用钢筋混凝土构造柱替代部分芯柱。</td></tr>
</table>

2. 多层小砌块房屋现浇钢筋混凝土芯柱的构造要求

多层小砌块房屋芯柱，应符合下列构造要求：

(1)小砌块房屋芯柱截面不宜小于120 mm×120 mm。

(2)芯柱混凝土强度等级，不应低于Cb20。

(3)芯柱的竖向插筋应贯通墙身且与圈梁连接；插筋不应小于1ϕ12，6、7度时超过五层，8度时超过四层和9度时，插筋不应小于1ϕ14。

(4)芯柱应伸入室外地面下500 mm，或与埋深小于500 mm的基础圈梁相连。

(5)为提高墙体抗震受剪承载力而设置的芯柱，宜在墙体内均匀布置，最大净距不宜大于2 m。

(6)多层小砌块房屋墙体交接处或芯柱与墙体连接处应设置拉结钢筋网片，网片可采用直径4 mm的钢筋点焊而成，沿墙高间距不大于600 mm，并应沿墙体水平通长设置。6、7度时底部1/3楼层，8度时底部1/2楼层，9度时全部楼层，上述拉结钢筋网片沿墙高间距不大于400 mm。

3. 多层小砌块房屋替代芯柱的构造柱的构造要求

多层小砌块房屋中替代芯柱的钢筋混凝土构造柱，应符合下列构造要求：

(1)构造柱截面不宜小于 190 mm×190 mm，纵向钢筋宜采用 4Φ12，箍筋间距不宜大于 250 mm，且在柱上、下端应适当加密；6、7 度时超过五层，8 度时超过四层和 9 度时，构造柱纵向钢筋宜采用 4Φ14，箍筋间距不应大于 200 mm；外墙转角的构造柱可适当加大截面及配筋。

(2)构造柱与砌块墙连接处应砌成马牙槎，与构造柱相邻的砌块孔洞，6 度时宜填实，7 度时应填实，8、9 度时应填实并插筋。构造柱与砌块墙之间沿墙高每隔 600 mm 设置 Φ4 点焊拉结钢筋网片，并应沿墙体水平通长设置。6、7 度时底部 1/3 楼层，8 度时底部 1/2 楼层，9 度时全部楼层，上述拉结钢筋网片应沿墙高间距不大于 400 mm。

(3)构造柱与圈梁连接处，构造柱的纵筋应在圈梁纵筋内侧穿过，保证构造柱纵筋上下贯通。

(4)构造柱可不单独设置基础，但应伸入室外地面下 500 mm，或与埋深小于 500 mm 的基础圈梁相连。

(二)多层砌块房屋现浇钢筋混凝土圈梁的设置要求

1. 多层砌块房屋现浇钢筋混凝土圈梁的设置位置

多层小砌块房屋的现浇钢筋混凝土圈梁设置，应按多层砖砌体房屋现浇钢筋混凝土圈梁设置要求，按表 5-10 的要求执行。

2. 多层砌块房屋现浇钢筋混凝土圈梁的设置要求

(1)多层小砌块房屋的现浇钢筋混凝土圈梁的宽度不应小于 190 mm，配筋不应少于 4Φ12，箍筋间距不应大于 200 mm。

(2)多层小砌块房屋的层数，6 度时超过五层、7 度时超过四层、8 度时超过三层和 9 度时，在底层和顶层的窗台标高处，沿纵、横墙应设置通长的水平现浇混凝土带；其截面高度不小于 60 mm，纵筋不少于 2Φ10，并应有分布拉结钢筋；其混凝土强度等级不应低于 C20。

水平现浇混凝土带也可采用槽形砌块替代模板，其纵筋和拉结钢筋不变。

(三)多层砌块房屋的其他构造要求

(1)丙类的多层小砌块房屋，当横墙较少且总高度和层数接近或达到表 5-1 的规定限值时，应按同样条件的多层砖砌体房屋横墙较少的房屋对待；其中，墙体中部的构造柱可采用芯柱替代，芯柱的灌孔数量不应少于 2 孔，每孔插筋的直径不应小于 18 mm。

(2)小砌块房屋的其他抗震构造措施，还应满足同多层砖砌体房屋的楼、屋盖和楼梯、基础等抗震要求。

第五节　底部框架-抗震墙砌体房屋抗震设计要点

底部框架-抗震墙砌体房屋的特点是底层为框架-抗震墙结构，因此，底层可以获得较大的空间，上部是砖房，故较全框架结构经济。震害表明：未经抗震设计的这类房屋，由于其上刚下柔，底层容易形成薄弱层，故底层的外墙及四角墙体破坏严重，框架柱顶、柱底破坏也较严重甚至倒塌。上部砖房一般较底层震害轻。这类房屋经合理的抗震设计，可以在地震区建造。

一、一般规定

(1)底部框架-抗震墙砌体房屋的层数和总高度，不应超过表5-1的规定。

(2)底部框架-抗震墙砌体房屋的底部，层高不应超过4.5 m；当底层采用约束砌体抗震墙时，底层的层高不应超过4.2 m。当使用功能确有需要时，采用约束砌体等加强措施的普通砖房屋，层高不应超过3.9 m。

(3)底部框架-抗震墙砌体房屋抗震横墙的最大间距，不应超过表5-3的规定。

(4)底部框架-抗震墙砌体房屋的结构布置，应符合下列要求：

①上部的砌体墙体与底部的框架梁或抗震墙，除楼梯间附近的个别墙段外均应对齐。

②房屋的底部应沿纵、横两方向设置一定数量的抗震墙，并应均匀、对称布置。6度且总层数不超过4层的底层框架-抗震墙砌体房屋，应允许采用嵌砌于框架之间的约束普通砖砌体或小砌块砌体的砌体抗震墙，但应计入砌体墙对框架的附加轴力和附加剪力并进行底层的抗震验算，且同一方向不应同时采用钢筋混凝土抗震墙和约束砌体抗震墙；其余情况，8度时应采用钢筋混凝土抗震墙，6、7度时应采用钢筋混凝土抗震墙或配筋小砌块砌体抗震墙。

③底层框架-抗震墙砌体房屋的纵、横两个方向，第二层计入构造柱影响的侧向刚度与底层侧向刚度的比值，6、7度时不应大于2.5，8度时不应大于2.0，且均不应小于1.0。

④底部两层框架-抗震墙砌体房屋的纵、横两个方向，底层与底部第二层侧向刚度应接近，第三层计入构造柱影响的侧向刚度与底部第二层侧向刚度的比值，6、7度时不应大于2.0，8度时不应大于1.5，且均不应小于1.0。

⑤底部框架-抗震墙砌体房屋的抗震墙，应设置条形基础、筏形基础等整体性好的基础。

(5)底部框架-抗震墙砌体房屋的钢筋混凝土结构部分，除应符合本章规定外，尚应符合钢筋混凝土房屋的有关要求；此时，底部混凝土框架的抗震等级，6、7、8度应分别按三、二、一级采用；混凝土墙体的抗震等级，6、7、8度应分别按三、三、二级采用。

二、计算要点

1. 底部框架-抗震墙砌体房屋的地震作用效应

底部框架-抗震墙砌体房屋的地震作用效应，可采用底部剪力法计算，并按下列规定调整：

(1)对底部框架-抗震墙砌体房屋，底层的纵向和横向地震剪力设计值均应乘以增大系数，其值应允许在1.2～1.5范围内选用，第二层与底层侧向刚度比大者应取大值。

(2)对于底部两层框架-抗震墙砌体房屋，底层和第二层的纵向和横向地震剪力设计值亦均乘以增大系数，其值应允许在1.2～1.5范围内选用，第三层与第二层侧向刚度比大者应取大值。

(3)底层或底部两层的纵向和横向地震剪力设计值应全部由该方向的抗震墙承担，并可按各墙体侧向刚度比例分配。

2. 底部框架-抗震墙砌体房屋底部框架的地震作用效应

底部框架-抗震墙砌体房屋中，底部框架的地震作用效应宜采用下列方法确定。

(1)底部框架柱的地震剪力和轴向力，宜按下列规定调整：

①框架柱承担的地震剪力设计值，可按各抗侧力构件有效侧向刚度比例分配确定；有效侧向刚度的取值，框架不折减，混凝土墙或配筋混凝土小砌块砌体墙可乘以折减系数 0.30；约束普通砖砌体或小砌块砌体抗震墙，可乘以折减系数 0.20；

②框架柱的轴力应计入地震倾覆力矩引起的附加轴力，上部砖房可视为刚体，底部各轴线承受的地震倾覆力矩，可近似按底部抗震墙和框架的有效侧向刚度的比例分配确定；

③当抗震墙之间楼盖长宽比大于 2.5 时，框架柱各轴线承担的地震剪力和轴向力，尚应计入楼盖平面内变形的影响。

(2)底部框架-抗震墙砌体房屋的钢筋混凝土托墙梁计算地震组合内力时，应采用合适的计算简图。若考虑上部墙体与托墙梁的组合作用，应计入地震时墙体开裂对组合作用的不利影响，可调整有关的弯矩系数、轴力系数等计算参数。

3. 底部框架-抗震墙砌体房屋中嵌砌于框架之间的普通砖或小砌块的砌体墙的抗震验算

底部框架-抗震墙砌体房屋中嵌砌于框架之间的普通砖或小砌块的砌体墙，当符合构造要求时，其抗震验算应符合下列规定。

(1)底层框架柱的轴向力和剪力，应计入砖墙或小砌块墙引起的附加轴向力和附加剪力，其值可按下列公式确定：

$$N_f = V_W H_f / l \tag{5-20}$$

$$V_f = V_W \tag{5-21}$$

式中 V_W——墙体承担的剪力设计值，柱两侧有墙时可取两者的较大值；

N_f——框架柱的附加轴压力设计值；

V_f——框架柱的附加剪力设计值；

H_f、l——框架的层高和跨度。

(2)嵌砌于框架之间的普通砖或小砌块墙及两端框架柱，其抗震受剪承载力应按下式验算：

$$V \leqslant \frac{1}{\gamma_{REc}} \sum (M_{yc}^{u} + M_{yc}^{l}) / H_0 + \frac{1}{\gamma_{REw}} \sum f_{vE} A_{w0} \tag{5-22}$$

式中 V——嵌砌普通砖墙或小砌块墙及两端框架柱剪力设计值；

A_{w0}——砖墙或小砌块墙水平截面的计算面积，无洞口时取实际截面的 1.25 倍，有洞口时取截面净面积，但不计入宽度小于洞口高度 1/4 的墙肢截面面积；

M_{yc}^{u}、M_{yc}^{l}——底层框架柱上、下端的正截面受弯承载力设计值，可按《混凝土结构设计规范(2015 年版)》(GB 50010—2010)非抗震设计的有关公式取等号计算；

H_0——底层框架柱的计算高度，两侧均有砌体墙时取柱净高的 2/3，其余情况取柱净高；

γ_{REc}——底层框架柱承载力抗震调整系数，可采用 0.8；

γ_{REw}——嵌砌普通砖墙或小砌块墙承载力抗震调整系数，可采用 0.9。

三、抗震构造措施

正如震害分析中所述，就底部框架房屋而言，由于其底部纵、横墙一般较少，房屋的上、下两部分侧向刚度相差很大，房屋的变形将集中发生于底部框架层，引起底部结构的严重破坏，进而导致整个房屋的倒塌。因此，必须对底框房屋的底部框架层进行特别设计和处理。

1. 底部框架-抗震墙砌体房屋的构造柱及芯柱的设置

底部框架-抗震墙砌体房屋的上部墙体应设置钢筋混凝土构造柱或芯柱，并应符合下列要求：

(1)钢筋混凝土构造柱、芯柱的设置部位，应根据房屋的总层数分别按表 5-9 和表 5-13 的规定设置。

(2)构造柱、芯柱的构造，除应符合下列要求外，尚应符合多层砖房和多层小砌块房屋的构造柱和芯柱的规定：

①砖砌体墙中构造柱截面不宜小于 240 mm×240 mm(墙厚 190 mm 时为 240 mm×190 mm)；

②构造柱的纵向钢筋不宜少于 4Φ14，箍筋间距不宜大于 200 mm；芯柱每孔插筋不应小于 1Φ14，芯柱之间沿墙高应每隔 400 mm 设 Φ4 焊接钢筋网片。

(3)构造柱、芯柱应与每层圈梁连接，或与现浇楼板可靠拉结。

2. 底部框架-抗震墙砌体房屋过渡层墙体的构造要求

过渡层墙体的构造，应符合下列要求：

(1)上部砌体墙的中心线宜与底部的框架梁、抗震墙的中心线相重合；构造柱或芯柱宜与框架柱上、下贯通。

(2)过渡层应在底部框架柱、混凝土墙或约束砌体墙的构造柱所对应处设置构造柱或芯柱；墙体内的构造柱间距不宜大于层高；芯柱除按表 5-13 设置外，最大间距不宜大于 1 m。

(3)过渡层构造柱的纵向钢筋，6、7 度时不宜少于 4Φ16，8 度时不宜少于 4Φ18。过渡层芯柱的纵向钢筋，6、7 度时不宜少于每孔 1Φ16，8 度时不宜少于每孔 1Φ18。一般情况下，纵向钢筋应锚入下部的框架柱或混凝土墙内；当纵向钢筋锚固在托墙梁内时，托墙梁的相应位置应加强。

(4)过渡层的砌体墙在窗台标高处，应设置沿纵、横墙通长的水平现浇钢筋混凝土带；其截面高度不小于 60 mm，宽度不小于墙厚，纵向钢筋不少于 2Φ10，横向分布筋的直径不小于 6 mm 且其间距不大于 200 mm。此外，砖砌体墙在相邻构造柱间的墙体，应沿墙高每隔 360 mm 设置 2Φ6 通长水平钢筋和 Φ4 分布短筋平面内点焊组成的拉结网片或 Φ4 点焊钢筋网片，并锚入构造柱内；小砌块砌体墙芯柱之间沿墙高应每隔 400 mm 设置 Φ4 通长水平点焊钢筋网片。

(5)过渡层的砌体墙，凡宽度不小于 1.2 m 的门洞和 2.1 m 的窗洞，洞口两侧宜增设截面不小于 120 mm×240 mm(墙厚 190 mm 时为 120 mm×190 mm)的构造柱或单孔芯柱。

(6)当过渡层的砌体抗震墙与底部框架梁、墙体不对齐时，应在底部框架内设置托墙转换梁，并且过渡层砖墙或砌块墙应采取比(4)更高的加强措施。

3. 底部框架-抗震墙砌体房屋钢筋混凝土抗震墙的构造

底部框架-抗震墙砌体房屋的底部采用钢筋混凝土墙时，其截面和构造应符合下列要求：

(1)墙体周边应设置梁(或暗梁)和边框柱(或框架柱)组成的边框；边框梁的截面宽度不宜小于墙板厚度的1.5倍，截面高度不宜小于墙板厚度的2.5倍；边框柱的截面高度不宜小于墙板厚度的2倍。

(2)墙板的厚度不宜小于160 mm，且不应小于墙板净高的1/20；墙体宜开设洞口形成若干墙段，各墙段的高度比不宜小于2。

(3)墙体的竖向和横向分布钢筋配筋率均不应小于0.3%，并应采用双排布置；双排分布钢筋间拉筋的间距不应大于600 mm，直径不应小于6 mm。

(4)墙体的边缘构件要符合抗震墙结构中关于一般部位的规定设置。

4. 底部框架-抗震墙砌体房屋底部约束砖砌体墙的构造要求

(1)当6度设防的底部框架-抗震墙砖房的底层采用约束砖砌体墙时，其构造应符合下列要求：

①砖墙厚不应小于240 mm，砌筑砂浆强度等级不应低于M10，应先砌墙后浇框架。

②沿框架柱每隔300 mm配置2Φ8水平钢筋和Φ4分布短筋平面内点焊组成的拉结网片，并沿砖墙水平通长设置；在墙体半高处尚应设置与框架柱相连的钢筋混凝土水平系梁。

③墙长大于4 m时和洞口两侧，应在墙内增设钢筋混凝土构造柱。

(2)当6度设防的底部框架-抗震墙砌块房屋的底层采用约束小砌块砌体墙时，其构造应符合下列要求：

①墙厚不应小于190 mm，砌筑砂浆强度等级不应低于Mb10，应先砌墙后浇框架。

②沿框架柱每隔400 mm配置2Φ8水平钢筋和Φ4分布短筋平面内点焊组成的拉结网片，并沿砌块墙水平通长设置；在墙体半高处尚应设置与框架柱相连的钢筋混凝土水平系梁，系梁截面不应小于190 mm×190 mm，纵筋不应小于4Φ12，箍筋直径不应小于Φ6，间距不应大于200 mm。

③墙体在门、窗洞口两侧应设置芯柱，墙长大于4 m时，应在墙内增设芯柱，芯柱应符合多层小砌块房屋芯柱的有关规定；其余位置，宜采用钢筋混凝土构造柱代替芯柱，钢筋混凝土构造柱应符合多层小砌块房屋替代芯柱的有关规定。

5. 底部框架-抗震墙砌体房屋的框架柱的设置要求

底部框架-抗震墙砌体房屋的框架柱应符合下列要求：

(1)柱的截面不应小于400 m×400 mm，圆柱直径不应小于450 mm。

(2)柱的轴压比，6度时不宜大于0.85，7度时不宜大于0.75，8度时不宜大于0.65。

(3)柱的纵向钢筋最小总配筋率，当钢筋的强度标准值低于400 MPa时，中柱在6、7度时不应小于0.9%，8度时不应小于1.1%；边柱、角柱和混凝土抗震墙端柱在6、7度时不应小于1.0%，8度时不应小于1.2%。

(4)柱的箍筋直径，6、7度时不应小于8 mm，8度时不应小于10 mm，并应全高加密箍筋，间距不大于100 mm。

(5)柱的最上端和最下端组合的弯矩设计值应乘以增大系数，一、二、三级的增大系数应分别按1.5、1.25和1.15采用。

6. 底部框架-抗震墙砌体房屋楼盖的构造要求

底部框架-抗震墙砌体房屋的楼盖应符合下列要求：

(1)过渡层的底板应采用现浇钢筋混凝土板，板厚不应小于 120 mm；并应减少开洞、开小洞。当洞口尺寸大于 800 mm 时，洞口周边应设置边梁。

(2)其他楼层，采用装配式钢筋混凝土楼板时均应设现浇圈梁；采用现浇钢筋混凝土楼板时应允许不另设圈梁，但楼板沿抗震墙体周边均应加强配筋并应与相应的构造柱可靠连接。

7. 底部框架-抗震墙砌体房屋的钢筋混凝土托墙梁的构造要求

底部框架-抗震墙砌体房屋的钢筋混凝土托墙梁，其截面和构造应符合下列要求：

(1)梁的截面宽度不应小于 300 mm，梁的截面高度不应小于跨度的 1/10。

(2)箍筋的直径不应小于 8 mm，间距不应大于 200 mm；梁端在 1.5 倍梁高且不小于 1/5 梁净跨范围内，以及上部墙体的洞口处和洞口两侧各 500 mm 且不小于梁高的范围内，箍筋间距不应大于 100 mm。

(3)沿梁高应设腰筋，数量不应少于 2ϕ14，间距不应大于 200 mm。

(4)梁的纵向受力钢筋和腰筋应按受拉钢筋的要求锚固在柱内，并且支座上部的纵向钢筋在柱内的锚固长度应符合钢筋混凝土框支梁的有关要求。

8. 底部框架-抗震墙砌体房屋的材料要求

底部框架-抗震墙砌体房屋的材料强度等级应符合下列要求：

(1)框架柱、混凝土墙和托墙梁的混凝土强度等级，不应低于 C30。

(2)过渡层砌体块材的强度等级不应低于 MU10，砖砌体砌筑砂浆强度的等级不应低于 M10，砌块砌体砌筑砂浆强度的等级不应低于 Mb10。

9. 底部框架-抗震墙砌体房屋的其他要求

底部框架-抗震墙砌体房屋的其他抗震构造措施，应符合多层砖砌体房屋、多层砌块砌体房屋和多层钢筋混凝土房屋的有关要求。

思考题

5-1　试述多层砌体房屋的主要震害及其产生的原因。

5-2　在多层砌体房屋抗震设计中，是怎样体现“小震不坏、大震不倒”的？

5-3　为什么要限制多层砌体房屋的总高度和层数？

5-4　为什么要限制多层砌体房屋的高宽比？

5-5　为什么要控制抗震墙的最大间距和房屋局部尺寸？

5-6　如何合理布置多层砌体房屋的建筑布置和结构体系？

5-7　砌体房屋抗震设计中构造柱、圈梁应如何设置？

5-8　试分析水平地震作用下墙体的受力状态，并分析导致该墙体产生裂缝的原因。

5-9　试述多层砌体房屋中的钢筋混凝土构造柱与圈梁的作用。

5-10　简述多层砌体房屋的主要抗震措施。

实训题

5-1　试在某 5 层砌体房屋中设置构造柱及圈梁，本工程抗震设防烈度为 8 度(0.20g)，如图 5-27 所示。

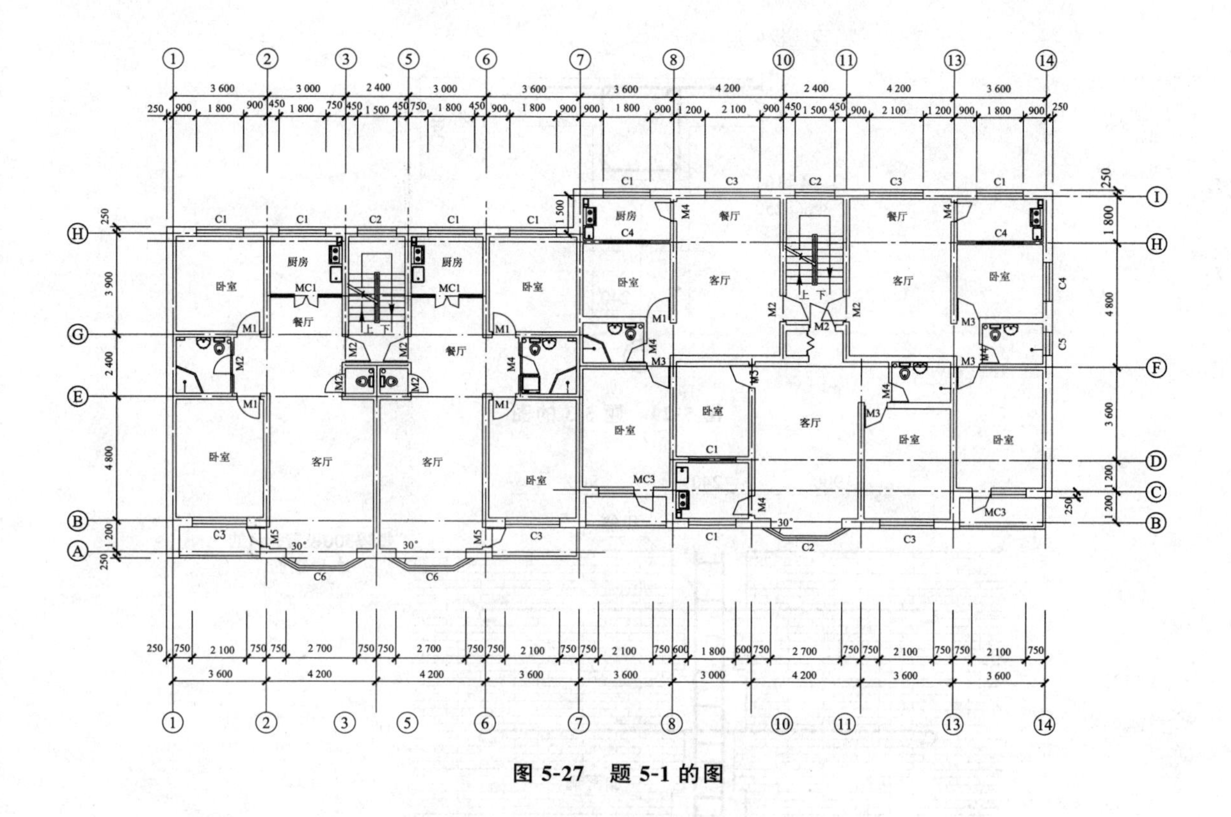

图 5-27　题 5-1 的图

5-2　指出图 5-28 构造柱中的构造错误，并将正确的构造画出。

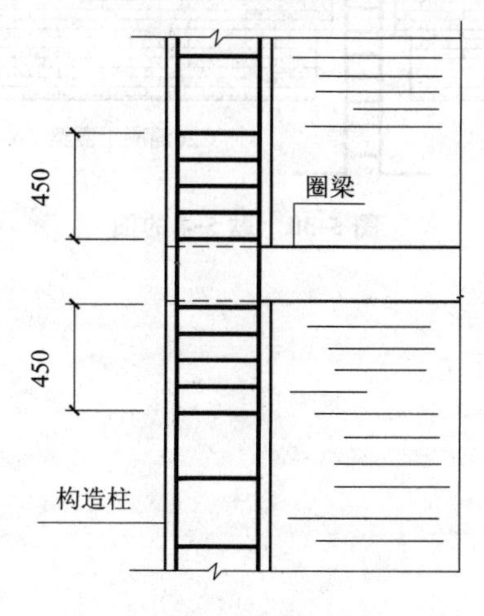

图 5-28　题 5-2 的图

5-3　某地区 8 度设防，图 5-29 为该地区某多层砖砌体房屋中圈梁的设置，请指出构造错误并改正。

5-4　指出图 5-30 中错误的地方并改正。

5-5　某四层砌体房屋构造柱同时又兼为轴心受压柱，原配 4Φ14 和 Φ6@200 钢筋，经等强度代换变为 4Φ12 和 Φ6@200 后，是否可行？

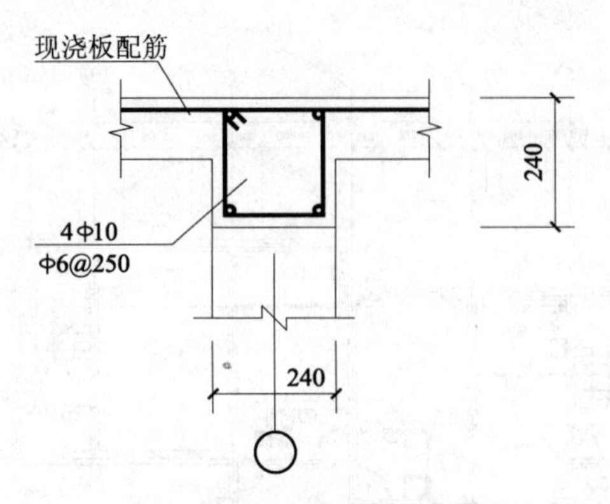

图 5-29　题 5-3 的图

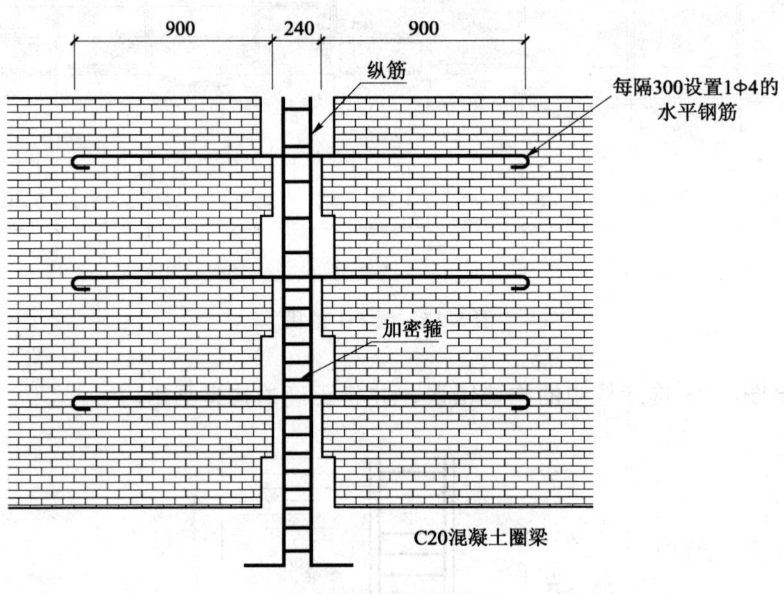

图 5-30　题 5-4 的图

第六章　多层、高层钢筋混凝土房屋抗震设计

知识目标

1. 了解多层、高层钢筋混凝土房屋的结构类型；
2. 掌握框架、抗震墙、框架-抗震墙结构房屋的震害分析；
3. 掌握框架、抗震墙、框架-抗震墙结构房屋抗震设计的一般规定；
4. 掌握框架结构在水平荷载作用下内力的近似计算方法；
5. 掌握框架、抗震墙、框架-抗震墙结构房屋的抗震构造措施。

能力目标

1. 能够对多层、高层钢筋混凝土房屋建筑方案进行抗震概念设计；
2. 能够进行框架结构水平地震作用效应的验算，以及抗震构造措施的合理选择；
3. 能够对框架、抗震墙、框架-抗震墙结构房屋施工图中涉及的抗震措施进行正确理解和应用；
4. 能够应用《抗震规范》对框架、抗震墙、框架-抗震墙结构的相关条文内容。

素质目标

1. 加强对规范设计与施工的基本工程伦理和认识。
2. 建立职业责任底线意识。

多层、高层钢筋混凝土房屋体系包括框架结构、抗震墙结构、框架-抗震墙结构、筒体结构房屋，本章仅介绍常见的前三类体系，并且着重讲述钢筋混凝土框架结构房屋的震害和抗震设计。

钢筋混凝土框架结构房屋是由钢筋混凝土梁、板、柱构件通过钢筋混凝土节点连接而成的承重体系房屋，因具有结构平面布置灵活、能够容易满足生产和使用功能上所提出的室内大空间要求的优点，所以在工业与民用建筑中得到广泛应用。

从抗震的角度来讲，目前绝大多数情况下钢筋混凝土框架结构房屋为全现浇结构，其抗震性能要比同等条件下的砌体结构好得多。但框架结构抗侧移刚度较小，地震作用下结构的侧向位移较大，容易引起非结构构件的破坏，故其应用范围受到一定的限制，一般仅适于多层、体形比较规则、质量和刚度比较均匀的建筑物。

按照现行《抗震规范》的要求，钢筋混凝土框架结构须设计成延性结构。延性是指构件和结构屈服后，在承载能力不降低或基本不降低的情况下，具有足够塑性变形能力而吸收地震破坏能量的一种性能。因此，只有结构具有合理的刚度、足够的承载力以及较强的变

形能力，才能真正实现“小震不坏、中震可修、大震不倒”的抗震设防目标。实际工程设计中，人们通过合理地布置结构及构件，严格地进行抗震计算以及采取必要的抗震构造措施，将框架结构设计成延性框架，以保障框架结构的抗震性能。

第一节　框架结构房屋震害分析

一、震害分析

历次地震震害调查表明：现浇钢筋混凝土多层、高层框架结构房屋具有比较好的抗震性能。如能采用合理的建筑结构方案、进行合理的抗震设计计算及采取必要的抗震措施，在遭遇中等烈度的地震时，一般均可达到“裂而不倒”的要求。然而，由于场地、建筑设计方案、结构设计、抗震构造以及施工技术等方面的原因，特别是未经抗震设防的建筑，在遭遇强烈地震时，框架结构房屋也反映出比较严重的震害。

二、结构主体的震害

框架结构的震害主要反映在节点区及其周边构件上。通常柱的震害要严重于梁，柱顶的震害要严重于柱底，角柱的震害要严重于中柱、边柱，短柱的震害要严重于一般柱。

1. 框架柱破坏

柱端剪切破坏，上、下柱端出现水平、斜向或交叉的裂缝，混凝土局部压溃，柱端形成塑性铰，甚至混凝土剥落，箍筋外鼓崩断，柱筋屈曲，如图 6-1 所示。

(a)

(b)

图 6-1　框架柱破坏

(a)柱上端破坏；(b)底层所有柱上、下柱端均出现塑性铰

(1)柱身破坏：多出现交叉斜裂缝，同时有箍筋屈服或崩断现象，导致此类破坏的原因是剪扭复合作用，属于剪切破坏；另外，可能存在混凝土被压碎、纵筋外鼓等现象，这是由于过大轴力所引起的，属于受压破坏。图 6-2 所示为框架柱身破坏(主筋外露)。

(2)角柱破坏：由于角柱双向受弯、受剪，再加上扭转作用以及水平方向受到的约束较小，故角柱的破坏一般较中柱、边柱严重，如图 6-3 所示。

(3)短柱破坏：当柱高小于其截面高度的 4 倍时，即为短柱。短柱刚度大，其承受的地震作用也大，导致其容易发生脆性的剪切破坏，如图 6-4 所示。

图 6-2　框架柱身破坏(主筋外露)

图 6-3　角柱破坏

(a)

(b)

图 6-4　短柱破坏

(a)顶层短柱混凝土被压碎；(b)错层处短柱底部破坏

2. 框架梁破坏

框架梁的震害多发生在梁两端，在反复的水平地震作用下，梁端会产生反号弯矩和剪力，而且其值一般较大。当截面的承载力不足时，将产生上、下贯通的垂直裂缝和交叉斜裂缝，导致塑性铰的出现，最终发生破坏，如图 6-5 所示。

(a)

(b)

图 6-5　框架梁破坏

(a)层间梁发生梁弯剪破坏；(b)梁侧无板发生弯剪破坏

3. 节点区破坏

在反复的水平地震作用下，节点区的受力十分复杂，往往处于剪压复合状态。若核心区约束箍筋太少，节点区会产生对角线方向的斜裂缝，混凝土被剪碎、剥落，柱纵筋压曲外鼓；若梁的纵向钢筋锚固长度不够，还会出现梁纵向钢筋被拔出、混凝土被拉裂的现象。图 6-6 所示为节点区破坏。

(a)

(b)

图 6-6　节点区破坏

(a)角节点破坏；(b)节点破坏导致整体倒塌

三、填充墙的震害

框架结构房屋的填充墙通常采用轻质砌体材料，其相对刚度大，吸收的地震能量也较大。但砌体本身的抗剪、抗拉强度都低，其整体性和变形能力又差，所以很容易破坏，出现剪切斜裂缝和沿周边的裂缝，如图 6-7 所示。若墙与柱连接不当，也会导致填充墙外闪而破坏，如图 6-8 所示。另外，填充墙可能使框架结构柱成为短柱，导致柱发生脆性的剪切破坏。

图 6-7　框架结构填充墙破坏

图 6-8　框架结构实心砖填充墙外闪破坏

第二节　框架结构房屋抗震设计一般规定

总结国内外大量的震害经验，结合近年来的试验研究、理论分析以及工程实践经验等方面的成果，针对钢筋混凝土框架结构房屋，现行规范提出达到“三水准”设防目标的规定，下面简述其中涉及框架结构房屋抗震设计有关的条文。

一、房屋的最大适用高度

在抗震设防区建造多层、高层钢筋混凝土结构房屋，如果不考虑结构类型和设防烈度而将房屋设计得过高，房屋的适用性和经济性就会下降。与其他结构(如抗震墙等结构)相比，框架结构房屋属于柔性结构，强震作用下的结构侧移比较大，容易使非结构构件发生破坏。因此，《抗震规范》在考虑场地影响、使用要求及经济效果的基础上，明确现浇钢筋混凝土框架房屋的最大适用高度，见表6-1。对于平面和竖向均不规则的结构，其适用高度宜适当降低。

表6-1　现浇钢筋混凝土房屋适用的最大高度　　m

结构类型		烈度				
		6	7	8(0.2g)	8(0.3g)	9
框架		60	50	40	35	24
框架-抗震墙		130	120	100	80	50
抗震墙		140	120	100	80	60
部分框支抗震墙		120	100	80	50	不应采用
筒体	框架-核心筒	150	130	100	90	70
	筒中筒	180	150	120	100	80
板柱-抗震墙		80	70	55	40	不应采用

注：1. 房屋高度指室外地面到主要屋面板板顶的高度(不包括局部凸出屋顶部分)；
2. 框架-核心筒结构指周边稀柱框架与核心筒组成的结构；
3. 部分框支抗震墙结构指首层或底部两层为框支层的结构，不包括仅个别框支墙的情况；
4. 乙类建筑可按本地区抗震设防烈度确定适用的最大高度；
5. 超过表内高度的房屋，应进行专门研究和论证，采取有效的加强措施。

二、房屋的最大高宽比

房屋的高宽比大，水平地震作用所产生的倾覆力矩就会很大。过大的倾覆力矩会使结构产生过大的侧移，从而危及房屋的整体稳定性，同时还会使结构底部的框架柱产生较大的附加轴力而降低其延性。为避免此类问题，宜对房屋的最大高宽比适当限制，抗震设计框架结构房屋高宽比一般控制在4以下，非抗震设计框架结构可达5。

三、钢筋混凝土结构抗震等级

裙房和地下室的抗震等级解读

抗震等级是确定结构构件抗震分析及抗震措施的宏观控制标准。在设防烈度与场地类别均相同的条件下，随着结构类型和房屋高度的不同，结构应具有的抗震能力也不同。为使抗震设计更为经济、合理，就需要事先确定结构的抗震等级，以此来决定结构的抗震计算和抗震构造措施要求。以下简述《抗震规范》中的相关内容。

(1)钢筋混凝土房屋应根据设防类别、烈度、结构类型和房屋高度采用不同的抗震等级，并应符合相应的计算和构造措施要求。丙类建筑按表 6-2 确定抗震等级。

表 6-2　现浇钢筋混凝土房屋的抗震等级

结构类型		设防烈度									
		6		7			8			9	
框架结构	高度/m	≤24	>24	≤24	>24		≤24	>24		≤24	
	框架	四	三	三	二		二	一		一	
	大跨度框架	三		二			一			一	
框架-抗震墙结构	高度/m	≤60	>60	≤24	25～60	>60	≤24	25～60	>60	≤24	25～50
	框架	四	三	四	三	二	三	二	一	二	一
	抗震墙	三		三	二		二	一		一	
抗震墙结构	高度/m	≤80	>80	≤24	25～80	>80	≤24	25～80	>80	≤24	25～60
	抗震墙	四	三	四	三	二	三	二	一	二	一

注：1. 建筑场地为Ⅰ类时，除 6 度外应允许按表内降低 1 度所对应的抗震等级采取抗震构造措施，但相应的计算要求不应降低；
2. 接近或等于高度分界时，应允许结合房屋不规则程度及场地、地基条件确定抗震等级；
3. 大跨度框架指跨度不小于 18 m 的框架。

(2)设置少量抗震墙的框架结构，在规定的水平力作用下，底层框架部分所承担的地震倾覆力矩大于结构总地震倾覆力矩的 50％时，其框架的抗震等级应按框架结构确定，抗震墙的抗震等级可与其框架的抗震等级相同。这里，底层指计算嵌固端所在的层。

(3)裙房与主楼相连，除应按裙房本身确定抗震等级外，相关范围不应低于主楼的抗震等级(裙房与主楼相连的相关范围，一般可从主楼周边外延 3 跨且不小于 20 m)；主楼结构在裙房顶板对应的相邻上下各一层应适当加强抗震构造措施。裙房与主楼分离时，应按裙房本身确定抗震等级。

(4)当地下室顶板作为上部结构的嵌固部位时，地下一层的抗震等级应与上部结构相同，地下一层以下抗震构造措施的抗震等级可逐层降低一级，但不应低于四级。地下室中无上部结构的部分，抗震构造措施的抗震等级可根据具体情况采用三级或四级。

(5)当甲、乙类建筑按规定提高1度确定其抗震等级，而房屋的高度超过表6-2相应规定的上界时，应采取比一级更有效的抗震构造措施。

四、防震缝的设置

在多层、高层钢筋混凝土房屋的工程实践中，设置防震缝将会给设计、施工及使用带来诸多不便。多层、高层钢筋混凝土房屋，特别是高层房屋，宜避免采用不规则的建筑结构方案而尽量不设缝。只有当房屋的平、立面特别不规则或结构刚度截然不同时，才需设置防震缝。

(1)框架结构房屋的防震缝宽度应遵循以下规定：

①房屋高度不超过15 m时取100 mm。

②房屋高度超过15 m时：

6度时，高度每增加5 m，缝宽宜增加20 mm；

7度时，高度每增加4 m，缝宽宜增加20 mm；

8度时，高度每增加3 m，缝宽宜增加20 mm；

9度时，高度每增加2 m，缝宽宜增加20 mm。

(2)框架-抗震墙结构房屋防震缝宽度不应小于框架结构房屋规定数值的70%，抗震墙结构房屋的防震缝宽度不应小于框架结构房屋规定数值的50%；并且均不宜小于100 mm。

(3)8、9度抗震设防区框架结构房屋防震缝两侧结构层高相差较大时，防震缝两侧框架柱的箍筋应沿房屋全高加密，并可根据需要在缝两侧沿房屋全高各设置不少于两道垂直于防震缝的抗撞墙。抗撞墙的布置宜避免加大扭转效应，其长度可不大于1/2层高，抗震等级可同框架结构；框架构件的内力应按设置和不设置抗撞墙两种计算模型的不利情况取用。

五、建筑和结构设计的规则性

随着多层、高层建筑的迅速发展，人们对建筑物的使用功能和建筑造型的要求也越来越高，各种平面、立面变化丰富以及质量、刚度分布不均匀的建筑方案不断涌现，这就给结构抗震设计带来了新的困难和挑战，因为这类建筑会不可避免地产生扭转和应力集中问题。为了同时满足建筑设计的多样化与结构抗震设计简单化的要求，《抗震规范》对规则的建筑物提出了比较具体的标准和要求，希望建筑设计师和结构设计师在选择建筑造型、进行结构设计布置时尽可能符合这些要求，以便使结构的抗震设计工作尽量减少。对于规则建筑的概念，《抗震规范》提出的建筑、结构方面的具体要求包括如下几个方面：

(1)建筑平面和抗侧力结构的平面布置宜规则、对称。

(2)建筑立面和竖向剖面宜规则，结构的侧向刚度宜均匀一致。

(3)竖向抗侧力构件的截面尺寸和材料强度宜自下而上逐渐减小，避免抗侧力构件的侧向刚度和承载力突变。

(4)对于钢筋混凝土框架结构均宜双向布置，由于水平地震作用是由两个相互垂直的地震作用构成的，所以钢筋混凝土框架结构应在两个方向上均具有较好的抗震能力；结构的纵、横向的抗震能力相互影响和关联，使结构形成空间结构体系。

(5)框架结构的梁、柱构件应避免剪切破坏。梁、柱是钢筋混凝土结构中的主要构件，应以构件弯曲时主筋受拉屈服破坏为主，避免剪切破坏。

(6)框架结构的梁、柱构件之间应设置为“强柱弱梁”；较为合理的框架结构在地震作用下的破坏机制，应该是梁比柱的塑性屈服尽可能早发生、多发生，底层柱底的塑性铰较晚形成，各层柱的屈服顺序尽量错开，避免集中于某一层内，这样才能形成良好的变形能力和整体抗倒塌能力。

(7)梁柱节点的承载能力宜大于梁、柱构件的承载能力。

(8)框架结构设置单独柱基，有下列情况之一时，宜沿两个主轴方向设置基础系梁。

①一级框架和Ⅳ类场地的二级框架；

②各柱基础底面在重力荷载代表值作用下的压应力差别较大；

③基础埋置较深，或各基础埋置深度差别较大；

④地基主要受力层范围内存在软弱黏性土层、液化土层或严重不均匀土层；

⑤桩基承台之间。

《抗震规范》根据近年来发生的地震震害经验，为了能达到在强烈地震作用下将楼梯间作为“安全岛”的预期目的，对楼梯间的布置及设计提出如下要求：

①宜采用现浇钢筋混凝土楼梯。

②对于框架结构，楼梯间的布置不应导致结构平面特别不规则；楼梯构件与主体结构整浇时，应计入楼梯构件对地震作用及其效应的影响，应进行楼梯构件的抗震承载力验算；宜采取构造措施，减少楼梯构件对主体结构刚度的影响。

楼梯间布置解读

③楼梯间两侧填充墙与柱之间应加强拉结。

六、材料要求

1. 混凝土

设防烈度为 8 度、9 度时，分别不宜超过 C70、C60；框支梁、框支柱以及框架结构抗震等级为一级时，框架梁、柱、节点核心区不应低于 C30。

2. 钢筋

宜优先选用延性、韧性和可焊性较好的钢筋；纵向受力钢筋宜选用符合抗震性能指标不低于 HRB400 级的热轧钢筋，也可选用符合抗震性能指标的 HRB335 级钢筋；箍筋宜选用符合抗震性能的不低于 HRB335 级的热轧钢筋，也可选用 HPB300 级热轧钢筋。

按抗震等级为一、二、三级的框架(包括框架结构以及框架-抗震墙结构中的框架)，其纵向受力钢筋采用普通钢筋时应符合下列要求：

(1)钢筋的抗拉强度实测值与屈服强度实测值的比值不应小于 1.25；

(2)钢筋的屈服强度实测值与屈服强度标准值的比值不应大于 1.30；

(3)钢筋在最大拉力下的总伸长率实测值不应小于 9%。

3. 填充墙

实践中，多数框架结构中填充墙采用砌体填充墙。作为非结构构件，《抗震规范》指出，砌体填充墙应采取措施减少对主体结构的不利影响，并应设置拉结筋、水平系梁、圈梁、构造柱等与主体结构可靠拉结，且应符合如下要求：

(1)填充墙在平面和竖向的布置宜均匀、对称，应避免形成薄弱层或短柱。

(2)砌体的砂浆强度等级不应低于 M5，实心块体的强度等级不宜低于 MU2.5，空心块体的强度等级不宜低于 MU3.5，墙顶应与框架梁密切结合。

(3)填充墙应沿框架柱全高每隔 500～600 mm 设置 2Φ6 拉筋，每边伸入墙内的长度，6、7 度时宜沿墙全长贯通；8、9 度时应沿墙全长贯通，如图 6-9 所示。

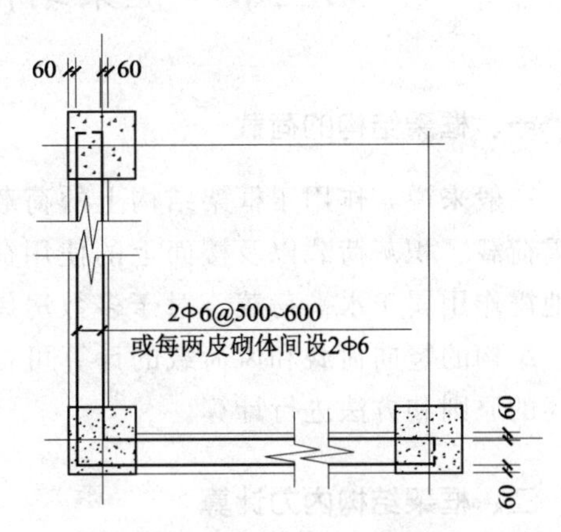

图 6-9　填充墙与柱的连接做法

(4)墙长大于 5 m 时，墙顶与梁宜有拉结，如图 6-10 所示；墙长超过 8 m 或层高的 2 倍时，宜设置钢筋混凝土构造柱；墙高超过 4 m 时，墙体半高处(或门窗洞口处)宜设置与柱连接且沿墙全长贯通的钢筋混凝土水平系梁，如图 6-11 所示。

(5)楼梯间和人流通道的填充墙，尚应采用钢丝网砂浆面层加强。

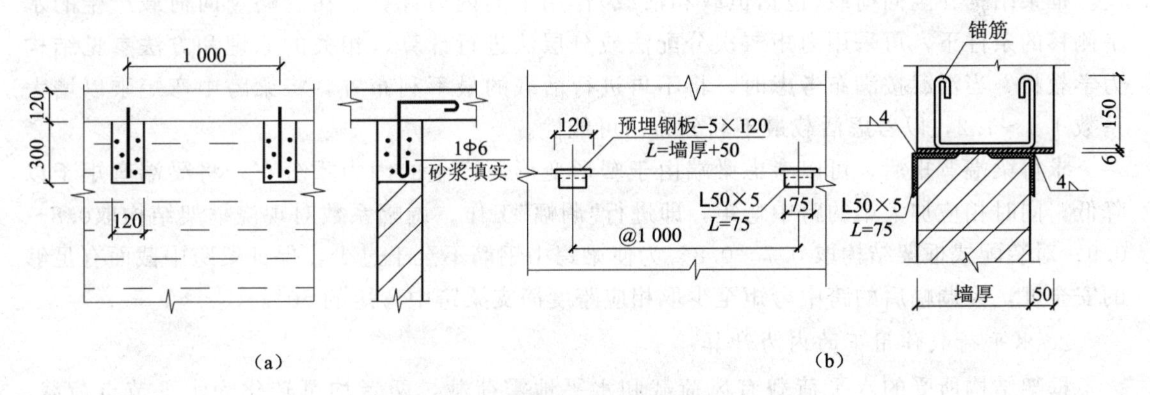

图 6-10　砌体填充墙顶部拉结做法

(a)做法一；(b)做法二

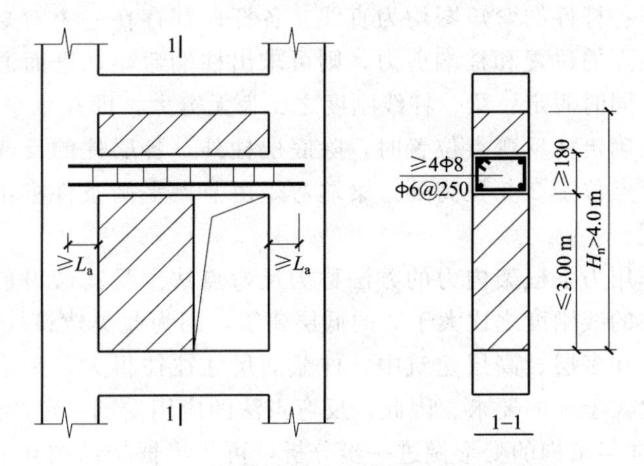

图 6-11　砌体填充墙中间设置水平系梁做法

第三节　框架结构内力计算、组合与调整

一、框架结构的荷载

一般来说，作用于框架结构上的荷载可分为两大类——竖向荷载和水平荷载。屋面上的雪荷载、积灰荷载以及楼面上的使用荷载(如活荷载等)，均属于竖向荷载；风荷载和水平地震作用属于水平荷载。对于多数房屋，通常认为竖向地震作用影响很小，可以不予考虑。结构的竖向荷载和风荷载的计算可按常规方法求得，水平地震作用计算则须按第四章讲述的原则和方法进行计算。

二、框架结构内力计算

1. 竖向荷载作用下的内力计算

框架结构在竖向荷载(包括恒载和活载)作用下的内力计算，在忽略竖向荷载产生的水平侧移的条件下，可采用力矩二次分配法或分层法进行计算，相关的原理和方法参见结构力学教材。当活载按满布考虑时，将不再进行活载的最不利布置，将梁跨中弯矩乘以增大系数1.1～1.2，以考虑活载最不利分布的可能性。

求得梁端弯矩后，可以考虑梁端由于塑形变形而产生的内力重分布，将梁端弯矩予以降低，同时相应加大梁的跨中弯矩，即进行“调幅”工作。调幅系数对现浇框架结构取0.8～0.9；对装配式框架结构取0.7～0.8。为使梁跨中钢筋不至于过少，保证梁跨中截面有足够的安全度，经调幅后的跨中弯矩至少取相应跨度简支梁跨中弯矩的50%。

2. 水平荷载作用下的内力计算

框架结构所受的水平荷载有风荷载和水平地震荷载，两者均可转化为水平节点荷载，通常有两种简化计算方法，即反弯点法和D值法。

(1)反弯点法。在水平荷载作用下，框架结构所受的弯矩以及产生的变形如图6-12所示，因无节间荷载，各杆件的弯矩图均为直线。各杆件都存在一个弯矩为零的点，称为反弯点。若能够确定该点的位置和柱端剪力，则可求出柱端弯矩，进而通过节点平衡求出梁端弯矩和其他内力。同时假定：梁、柱线刚度之比为无穷大，即在水平力作用下，各柱上、下端没有角位移。在确定柱反弯点位置时，除底层柱外，各层柱的反弯点位置位于1/2柱高处；底层柱的反弯点位于2/3柱高处。梁端弯矩由节点平衡条件求出，并按节点左右侧梁的线刚度进行分配。

上述求解水平作用力下框架内力的方法称为反弯点法。受其假设前提的限制，反弯点法通常适用于梁与柱的线刚度之比大于3的低层建筑，因为此类建筑柱子的截面尺寸较小，而梁的刚度较大。但在多层、高层建筑中，柱截面尺寸往往很大，无法满足反弯点法中的梁与柱的线刚度之比大于3的要求。因此，反弯点法的应用受到一定的限制。

(2)D值法。对框架结构的变形做进一步分析，可找出框架结构在节点水平荷载作用下杆件端部的水平位移和角变形，如图6-13所示，即每一节点有一个水平位移(即层间位移)

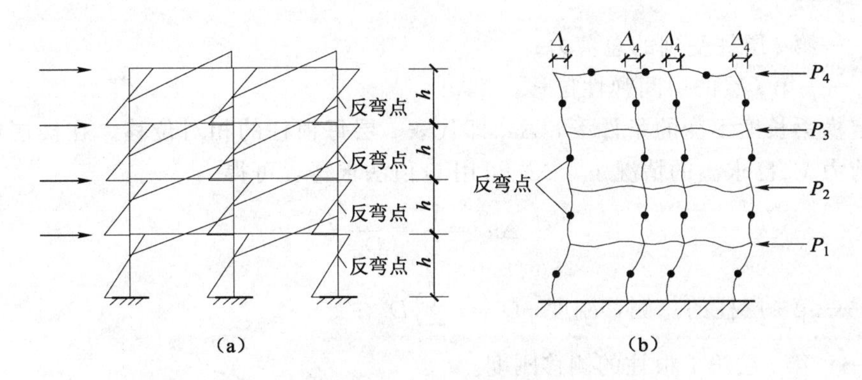

图 6-12　水平荷载作用下框架结构弯矩、变形示意图

(a)弯矩图；(b)变形图

Δ_1，Δ_2，…，Δ_m，和一个节点转角 θ_1，θ_2，…，θ_m。由于框架越靠近下层，其层间剪力越大，因此，层间水平位移和节点转角也就越大。

日本的武藤清教授提出了经过改进的反弯点法——D 值法，即在反弯点法的基础上从两方面进行改进：一是考虑了柱端转角的影响，即梁线刚度不是无穷大的情况下，对柱抗侧移刚度进行修正；二是考虑了梁与柱的线刚度比、上下层横梁线刚度比以及层高对柱端约束的影响，对反弯点高度的修正。以下对 D 值法进行详细阐述。

图 6-14 所示的框架结构，水平地震作用或风荷载均化为水平节点荷载 P_1，P_2，…，P_i，P_n，框架结构第 i 层的层间剪力按式(6-1)计算。

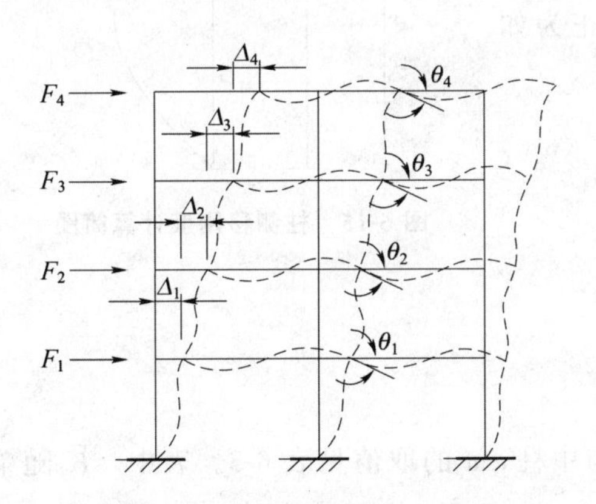

图 6-13　框架结构的变形示意图

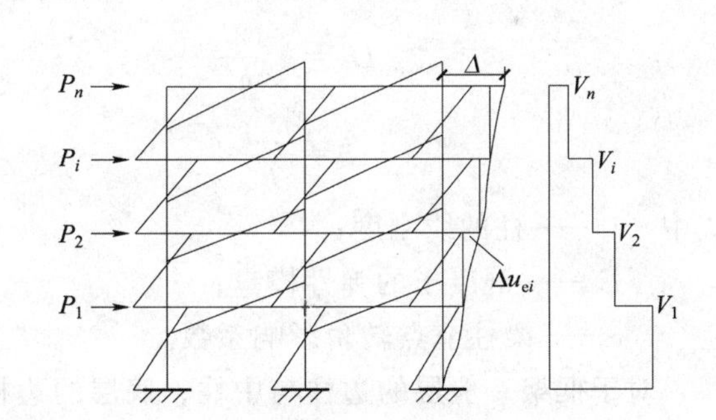

图 6-14　水平节点荷载作用下框架层间位移示意图

$$V_i = \sum_{j=i}^{n} P_i \tag{6-1}$$

若第 i 层第 j 根柱的剪力为 V_{ij}，可得

$$V_i = \sum_{j=1}^{m} V_{ij} \tag{6-2}$$

式中　m——第 i 层柱的总根数；

V_{ij}——第 i 层第 j 根柱受到的剪力；

V_i——第 i 层柱受到的总剪力；

Δu_{ei}——第 i 层的层间弹性位移。

在假定横梁长度不变的条件下，Δu_{ei} 即代表 i 层每根柱的相对位移。在楼层剪力 V_i 以及每根柱剪力 V_{ij} 已求出的情况下，Δu_{ei} 可用D值法求得，可得

$$\Delta u_{ei}=\frac{V_i}{D_i}=\frac{V_{ij}}{D_{ij}} \tag{6-3}$$

式中 D_i——第 i 层柱的总侧移刚度，$D_i = \sum_{j=1}^{n} D_{ij}$ ；

D_{ij}——第 i 层第 j 根柱的侧移刚度。

层间位移 Δu_{ei} 求出之后，Δ 即可由式(6-4)得到：

$$\Delta = \sum_{i=1}^{n} \Delta u_{ei} \tag{6-4}$$

式中 Δ——框架的总侧移量或称顶点位移。

如图 6-15 所示，横梁刚度为无限大时，节点无转角，由结构力学知识得侧移刚度 D_{ij} 计算式(6-5)，即柱端上、下节点发生单位相对位移时柱所受的剪力。

$$D_{ij}=\frac{12I_c}{h_c^2} \tag{6-5}$$

式中 I_c——柱的截面惯性矩；

h_c——柱的高度，一般取层高。

实际框架结构中，横梁刚度为有限的数值，节点存在一定的转角。在D值法中，将侧移刚度 D_{ij} 修正为如式(6-6)所示：

$$D_{ij}=\alpha\,\frac{12i_c}{h_c^2} \tag{6-6}$$

$$i_c=\frac{E_c I_c}{h_c}$$

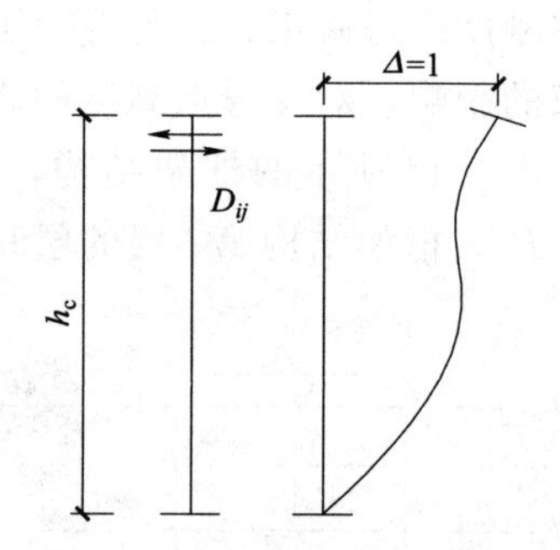

图 6-15 柱侧移刚度计算简图

式中 i_c——柱的线刚度；

E_c——混凝土的弹性模量；

α——梁柱节点转角影响系数。

对于框架一般层的边柱与中柱、底层的边柱与中柱，α 的取值见表 6-3。表中，$\overline{K}$ 随梁与柱线刚度取值的不同而不同。

表 6-3 梁柱节点转角影响系数 α

柱别 / 层别	边柱、中柱	$\overline{K}$	α
一般层	i_2 i_1 i_2 / i_c i_c / i_4 i_3 i_4	$\overline{K}=\frac{i_1+i_2+i_3+i_4}{2i_c}$	$\alpha=\frac{\overline{K}}{2+\overline{K}}$

续表

层别＼柱别	边柱、中柱	$\overline{K}$	α
底层	i_2 i_c；i_1 i_2 i_c	$\overline{K}=\frac{i_1+i_2}{i_c}$	$\alpha=\frac{0.5+\overline{K}}{2+\overline{K}}$
注：i_1、i_2、i_3、i_4 分别为柱上端左、右侧梁和柱下端左、右侧梁的线刚度，均按 $i_b=\frac{E_c I_b}{L_b}$ 计算，L_b 为梁的跨度。			

在实际工程中，框架梁与楼板多数情况下为整体现浇，此时，现浇楼板可作为框架梁的有效翼缘，如图 6-16 所示，框架梁形成 T 形或 L 形截面。在结构设计中，计算框架梁的截面惯性矩时，允许简化计算，即边框架梁取 $I=1.5I_b$，中框架梁取 $I=2I_b$，此处 I_b 为矩形截面部分的惯性矩。

一般地，D 值法求解过程如下：

①计算每层各柱的侧移刚度 D_{ij}。

②计算各层的层间侧移刚度 D_i。

③计算各柱的水平剪力。各柱剪力的大小按各柱的 D 值的大小分配，见式(6-7)。

$$V_{ij}=\frac{D_{ij}}{D_i}V_i \tag{6-7}$$

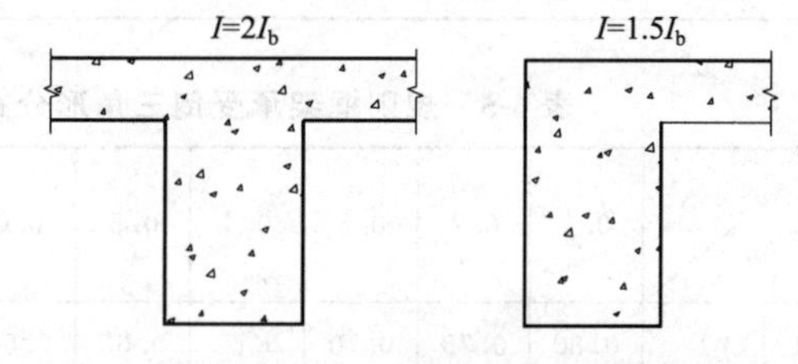

图 6-16　计入有效翼缘后的框架梁截面惯性矩计算

④确定各柱的反弯点高度。在水平节点荷载作用下，如果某层某根柱的剪力已经确定，求出反弯点高度后便可计算柱所受的弯矩。

表 6-4 和表 6-5 列出了规则框架结构(等跨、等高、梁线刚度、柱线刚度均相等)在均布水平荷载、倒三角形荷载作用下各层柱标准反弯点高度比 y_0，其值随总层数 m 以及该柱的 $\overline{K}$ 而变化。将 y_0 乘以层高 h，即可得到反弯点至柱下端的距离。

表 6-4　规则框架承受均布水平荷载作用下的标准反弯点高度比 y_0

m	n \ $\overline{K}$	0.1	0.2	0.3	0.4	0.5	0.6	0.7	0.8	0.9	1.0	2.0	3.0	4.0	5.0
1	1	0.80	0.75	0.70	0.65	0.65	0.60	0.60	0.60	0.60	0.55	0.55	0.55	0.55	0.55
2	2	0.45	0.40	0.35	0.35	0.35	0.35	0.40	0.40	0.40	0.40	0.45	0.45	0.45	0.45
	1	0.95	0.80	0.75	0.70	0.65	0.65	0.65	0.60	0.60	0.60	0.55	0.55	0.55	0.50
3	3	0.15	0.20	0.20	0.23	0.30	0.30	0.30	0.35	0.35	0.35	0.40	0.45	0.45	0.45
	2	0.55	0.50	0.45	0.45	0.45	0.45	0.45	0.45	0.45	0.45	0.45	0.50	0.50	0.50
	1	1.00	0.85	0.80	0.75	0.70	0.70	0.65	0.65	0.65	0.60	0.55	0.55	0.55	0.55

续表

m \ n \ $\overline{K}$		0.1	0.2	0.3	0.4	0.5	0.6	0.7	0.8	0.9	1.0	2.0	3.0	4.0	5.0
4	4	0.05	0.05	0.15	0.20	0.25	0.30	0.30	0.35	0.35	0.35	0.40	0.45	0.45	0.45
	3	0.25	0.30	0.30	0.35	0.35	0.40	0.40	0.40	0.40	0.45	0.45	0.50	0.50	0.50
	2	0.65	0.55	0.50	0.50	0.45	0.45	0.45	0.45	0.45	0.45	0.50	0.50	0.50	0.50
	1	1.10	0.90	0.80	0.75	0.70	0.70	0.65	0.65	0.65	0.60	0.55	0.55	0.55	0.55
5	5	−0.20	0.00	0.15	0.20	0.23	0.30	0.30	0.30	0.35	0.35	0.40	0.45	0.45	0.45
	4	0.10	0.20	0.25	0.30	0.35	0.35	0.40	0.40	0.40	0.40	0.45	0.45	0.50	0.50
	3	0.40	0.40	0.40	0.40	0.40	0.45	0.45	0.45	0.45	0.45	0.50	0.50	0.50	0.50
	2	0.65	0.55	0.50	0.50	0.50	0.50	0.50	0.50	0.50	0.50	0.50	0.50	0.50	0.50
	1	1.20	0.95	0.80	0.75	0.75	0.70	0.70	0.65	0.65	0.65	0.55	0.55	0.55	0.55

注：m 为框架的总层数，n 为某一层，$\overline{K}$ 按表 6-3 计算求得。

表 6-5　规则框架承受倒三角形分布水平荷载作用下的标准反弯点高度比 y_0

m \ n \ $\overline{K}$		0.1	0.2	0.3	0.4	0.5	0.6	0.7	0.8	0.9	1.0	2.0	3.0	4.0	5.0
1	1	0.80	0.75	0.70	0.65	0.65	0.60	0.60	0.60	0.60	0.55	0.55	0.55	0.55	0.55
2	2	0.50	0.45	0.40	0.40	0.40	0.40	0.40	0.40	0.40	0.45	0.45	0.45	0.45	0.50
	1	1.00	0.85	0.75	0.70	0.65	0.65	0.65	0.65	0.60	0.60	0.55	0.55	0.55	0.55
3	3	0.25	0.25	0.25	0.30	0.30	0.35	0.35	0.35	0.40	0.40	0.45	0.45	0.45	0.50
	2	0.60	0.50	0.50	0.50	0.50	0.45	0.45	0.45	0.45	0.45	0.50	0.50	0.55	0.50
	1	1.15	0.90	0.80	0.75	0.75	0.70	0.70	0.65	0.65	0.65	0.55	0.55	0.55	0.55
4	4	0.10	0.15	0.20	0.25	0.30	0.30	0.35	0.35	0.35	0.40	0.45	0.45	0.45	0.45
	3	0.35	0.35	0.35	0.40	0.40	0.40	0.40	0.45	0.45	0.45	0.45	0.50	0.50	0.50
	2	0.70	0.60	0.55	0.50	0.50	0.50	0.50	0.50	0.50	0.50	0.50	0.50	0.50	0.50
	1	1.20	0.95	0.85	0.80	0.75	0.70	0.70	0.70	0.65	0.65	0.55	0.55	0.55	0.55
5	5	−0.55	0.10	0.20	0.25	0.30	0.30	0.35	0.35	0.35	0.35	0.40	0.45	0.45	0.45
	4	0.20	0.25	0.35	0.35	0.40	0.40	0.40	0.40	0.40	0.45	0.45	0.50	0.50	0.50
	3	0.45	0.40	0.45	0.45	0.45	0.45	0.45	0.45	0.45	0.45	0.50	0.50	0.50	0.50
	2	0.75	0.60	0.55	0.55	0.50	0.50	0.50	0.50	0.50	0.50	0.50	0.50	0.50	0.50
	1	1.30	1.00	0.85	0.80	0.75	0.70	0.70	0.65	0.65	0.65	0.65	0.55	0.55	0.55

续表

m \ n \ $\overline{K}$		0.1	0.2	0.3	0.4	0.5	0.6	0.7	0.8	0.9	1.0	2.0	3.0	4.0	5.0
6	6	−0.15	0.05	0.15	0.20	0.25	0.30	0.30	0.35	0.35	0.35	0.40	0.45	0.45	0.45
	5	0.10	0.25	0.30	0.35	0.35	0.40	0.40	0.40	0.45	0.45	0.45	0.50	0.50	0.50
	4	0.30	0.35	0.40	0.40	0.45	0.45	0.45	0.45	0.45	0.45	0.50	0.50	0.50	0.50
	3	0.50	0.45	0.45	0.45	0.45	0.45	0.45	0.45	0.45	0.50	0.50	0.50	0.50	0.50
	2	0.80	0.65	0.55	0.55	0.55	0.55	0.50	0.50	0.50	0.50	0.50	0.50	0.50	0.50
	1	1.30	1.00	0.85	0.80	0.75	0.70	0.70	0.65	0.65	0.65	0.60	0.55	0.55	0.55
7	7	−0.20	0.05	0.15	0.20	0.25	0.30	0.30	0.35	0.35	0.35	0.45	0.45	0.45	0.45
	6	0.05	0.20	0.30	0.35	0.35	0.40	0.40	0.40	0.40	0.45	0.45	0.50	0.50	0.50
	5	0.20	0.30	0.35	0.40	0.40	0.45	0.45	0.45	0.45	0.45	0.50	0.50	0.50	0.50
	4	0.35	0.40	0.40	0.45	0.45	0.45	0.45	0.45	0.45	0.45	0.50	0.50	0.50	0.50
	3	0.55	0.50	0.50	0.50	0.50	0.50	0.50	0.50	0.50	0.50	0.50	0.50	0.50	0.50
	2	0.80	0.65	0.60	0.55	0.55	0.55	0.50	0.50	0.50	0.50	0.50	0.50	0.50	0.50
	1	1.30	1.00	0.90	0.80	0.75	0.70	0.70	0.70	0.65	0.65	0.60	0.55	0.55	0.55

注：m 为框架的总层数，n 为某一层，$\overline{K}$ 按表 6-3 计算求得。

当柱的上、下层横梁具有不同的线刚度时，y_0 应根据上、下横梁线刚度比值 α_1，利用表 6-6 进行修正，其修正值为 y_1。

表 6-6　上、下层横梁线刚度比对 y_0 的修正值 y_1

α_1 \ $\overline{K}$	0.1	0.2	0.3	0.4	0.5	0.6	0.7	0.8	0.9	1.0	2.0	3.0	4.0	5.0
0.4	0.55	0.40	0.30	0.25	0.20	0.20	0.20	0.15	0.15	0.15	0.05	0.05	0.05	0.05
0.5	0.45	0.30	0.20	0.30	0.15	0.15	0.15	0.10	0.10	0.10	0.05	0.05	0.05	0.05
0.6	0.30	0.20	0.15	0.15	0.10	0.10	0.10	0.10	0.05	0.05	0.05	0.05	0.00	0.00
0.7	0.20	0.15	0.10	0.10	0.10	0.10	0.05	0.05	0.05	0.05	0.05	0.00	0.00	0.00
0.8	0.15	0.10	0.05	0.05	0.05	0.05	0.05	0.05	0.05	0.00	0.00	0.00	0.00	0.00
0.9	0.05	0.05	0.05	0.05	0.00	0.00	0.00	0.00	0.00	0.00	0.00	0.00	0.00	0.00

注：$\alpha_1=\frac{i_1+i_2}{i_3+i_4}$，当 $\alpha>1$ 时，则取 α_1 的倒数，即 $\alpha_1=\frac{i_3+i_4}{i_1+i_2}$，且 y_2 前取负号。

当柱所在层层高与上层层高不同时，y_0 应根据上层层高与所在层层高之比 α_2，利用

表 6-7 进行修正，其修正值为 y_2；当柱所在层层高与下层层高不同时，y_0 应根据下层层高与所在层层高之比 α_3，同样利用表 6-7 进行修正，其修正值为 y_3。

表 6-7 上、下层高变化对 y_0 的修正值 y_2、y_3

α_2	α_3 \ $\overline{K}$	0.1	0.2	0.3	0.4	0.5	0.6	0.7	0.8	0.9	1	2	3	4	5
2.0		0.25	0.15	0.13	0.10	0.10	0.10	0.10	0.10	0.05	0.05	0.05	0.05	0	0
1.8		0.20	0.15	0.10	0.10	0.10	0.05	0.05	0.05	0.05	0.05	0.05	0	0	0
1.6	0.4	0.15	0.10	0.10	0.05	0.05	0.05	0.05	0.05	0.05	0.05	0	0	0	0
1.4	0.6	0.10	0.05	0.05	0.05	0.05	0.05	0.05	0.05	0.05	0	0	0	0	0
1.2	0.8	0.05	0.05	0.05	0	0	0	0	0	0	0	0	0	0	0
1.0	1.0	0	0	0	0	0	0	0	0	0	0	0	0	0	0
0.8	1.2	0.05	−0.05	−0.05	0	0	0	0	0	0	0	0	0	0	0
0.6	1.4	−0.10	−0.05	−0.05	−0.05	−0.05	−0.05	−0.05	−0.05	−0.05	0	0	0	0	0
0.4	1.6	−0.15	−0.10	−0.10	−0.05	−0.05	−0.05	−0.05	−0.05	−0.05	−0.05	0	0	0	0
	1.8	−0.20	−0.15	−0.10	−0.10	−0.10	−0.05	−0.05	−0.05	−0.05	−0.05	−0.05	0	0	0
	2.0	−0.25	−0.15	−0.15	−0.10	−0.10	−0.10	−0.10	−0.05	−0.05	−0.05	−0.05	−0.05	0	0

注：$\alpha_2=h_{上}/h$，当 $\alpha_2>1$，y_2 为正值；当 $\alpha_2<1$，y_2 为负值。对于最上层，不考虑 y_2 修正值。$\alpha_3=h/h_{下}$，对于最下层，不考虑 y_3 的修正。

综上所述，柱的最终反弯点高度比由式(6-8)求得：

$$\overline{y}=y_0+y_1+y_2+y_3 \tag{6-8}$$

式中 $\overline{y}$——柱的最终反弯点高度比；

y_0——柱的标准反弯点高度比；

y_1——考虑柱上、下端横梁线刚度变化时的柱反弯点高度比的修正系数；

y_2——考虑上层层高与本层层高不同时的柱反弯点高度比的修正系数；

y_3——考虑下层层高与本层层高不同时的柱反弯点高度比的修正系数。

⑤计算各柱的柱端弯矩。如图 6-17 所示，计算柱上、下端的弯矩如式(6-9)所示。

$$M_{AB}=V_{ij}h_c(1-\overline{y}),\ M_{BA}=V_{ij}h_c\overline{y} \tag{6-9}$$

式中 M_{AB}——A 节点柱下端弯矩；

M_{BA}——B 节点柱上端弯矩。

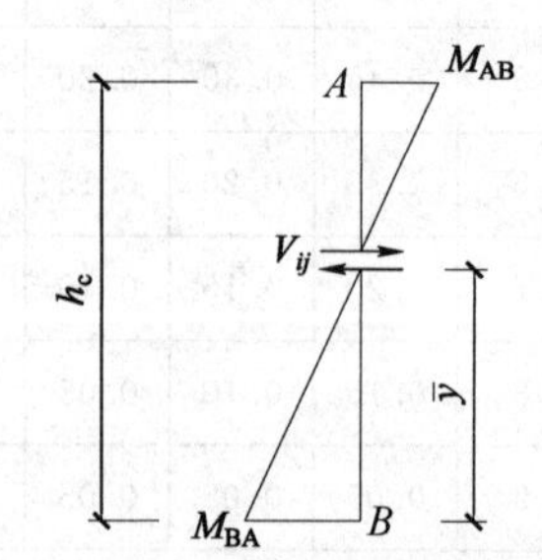

图 6-17 柱端弯矩计算简图

⑥计算各梁的梁端弯矩。求出各柱弯矩后，横梁的杆端弯矩根据节点平衡条件，将柱端弯矩之和按梁的线刚度比例分配到节点两侧，如图 6-18 所示，计算式如下：

$$M_{AD}=\frac{-i_{AD}}{i_{AD}+i_{AE}}(M_{AC}+M_{AB}) \tag{6-10}$$

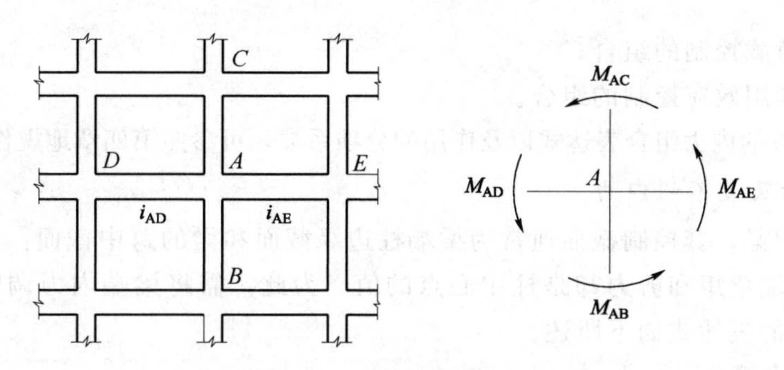

图 6-18　梁端弯矩计算简图

$$M_{AE}=\frac{-i_{AE}}{i_{AD}+i_{AE}}(M_{AC}+M_{AB}) \tag{6-11}$$

式中　M_{AD}——A 节点左侧梁的右端梁端弯矩；

M_{AE}——A 节点右侧梁的左端梁端弯矩；

i_{AD}——节点左侧梁的线刚度；

i_{AE}——节点右侧梁的线刚度。

⑦计算各梁的梁端剪力。根据梁的平衡条件，如图 6-19 所示，可得梁端剪力的计算式(6-12)。

$$V_{EA}=V_{AE}=\frac{M_{AE}+M_{EA}}{l_b} \tag{6-12}$$

式中　V_{AE}——梁左端剪力；

V_{EA}——梁右端剪力；

M_{AE}——A 节点右侧梁的左端梁端弯矩；

M_{EA}——E 节点左侧梁的右端梁端弯矩；

l_b——横梁的跨度。

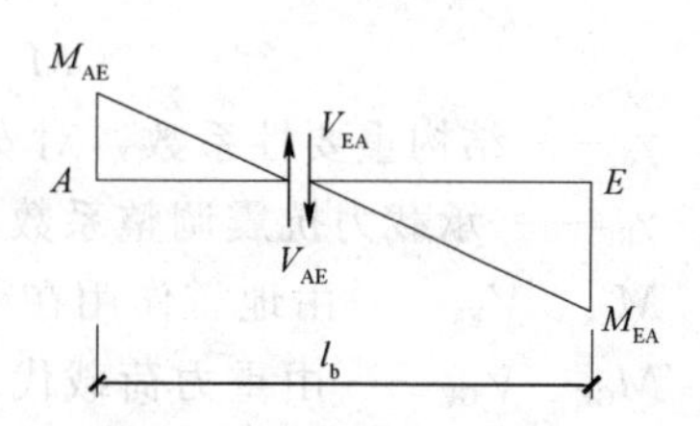

图 6-19　梁端剪力计算简图

⑧计算各柱的轴力。梁端剪力即柱的轴力。

三、框架结构内力组合和调整

一般而言，框架结构的抗震验算，是对框架梁、柱配筋后才进行的计算。然而在确定梁、柱配筋的具体过程中，抗震作用是其中重要的影响因素之一，除水平地震作用效应外，对多层框架结构，还必须考虑恒荷载、活荷载、风荷载等产生的作用效应，同时应进行各种最不利的内力组合，最后才能给出受力钢筋的配筋量。因此，就框架结构的整体计算而言，水平地震作用与风荷载引起的内力要分别计算，竖向荷载与活荷载引起的内力亦分别计算，然后进行全面的内力组合。将内力组合得到的内力值，按照规范的要求调整之后再进行框架结构梁、柱的配筋计算。

1. 框架结构的内力组合

根据《建筑结构荷载规范》(GB 50009—2012)、《混凝土结构设计规范(2015 年版)》(GB 50010—2010)和《抗震规范》的要求，可将框架结构设计中的内力组合分为以下三大类：

(1)以永久荷载控制的组合；

(2)以可变荷载控制的组合；

(3)以地震作用效应控制的组合。

框架结构构件的内力组合表达式以及作用的分项系数，可参照第四章地震作用的有关内容。

2. 控制截面及最不利内力

(1)对于框架梁，其控制截面通常为梁端柱边缘截面和梁的跨中截面。而在框架结构计算时，计算的梁端弯矩和剪力却是柱中心点的值。为此，需将梁端内力调整到柱边。框架梁的最不利内力的表达式如下所述。

①梁端最大负弯矩：

$$M=\gamma_0(1.35M_{Gk}+1.4\times0.7M_{Qk}) \tag{6-13}$$

$$M=\gamma_0(1.2M_{Gk}+1.4M_{Qk}) \tag{6-14}$$

$$M=\gamma_{RE}(1.3M_{Ek}+1.2M_{GE}) \tag{6-15}$$

②梁端最大剪力：

$$V=\gamma_0(1.35V_{Gk}+1.4\times0.7V_{Qk}) \tag{6-16}$$

$$V=\gamma_0(1.2V_{Gk}+1.4V_{Qk}) \tag{6-17}$$

$$V=\gamma_{RE}(1.3V_{Ek}+1.2V_{GE}) \tag{6-18}$$

③梁跨中最大正弯矩：

$$M=\gamma_0(1.35M_{Gk}+1.4\times0.7M_{Qk}) \tag{6-19}$$

$$M=\gamma_0(1.2M_{Gk}+1.4M_{Qk}) \tag{6-20}$$

$$M=\gamma_{RE}(1.3M_{Ek}+1.2M_{GE}) \tag{6-21}$$

式中 γ_0——结构重要性系数，对安全等级为一、二、三级的构件分别取1.1、1.0、0.9；

γ_{RE}——承载力抗震调整系数；

M_{Ek}、V_{Ek}——由地震作用在梁内产生的弯矩、剪力标准值；

M_{GE}、V_{GE}——由重力荷载代表值在梁内产生的弯矩、剪力标准值；

M_{Gk}、V_{Gk}——由永久荷载在梁内产生的弯矩、剪力标准值；

M_{Qk}、V_{Qk}——由可变荷载在梁内产生的弯矩、剪力标准值。

(2)对于框架柱，其控制截面一般为柱端梁边缘截面。需要将计算到的柱内力调整到梁边缘截面。柱通常为偏心受压构件，其同一截面的控制弯矩和轴力应同时考虑以下四种情况，最终的配筋方案取配筋量最多的情况：

$|M|_{max}$及相应的N；

N_{max}及相应的M；

N_{min}及相应的M；

$|M|$比较大但N比较小或比较大。

框架柱的内力组合：

$$\begin{cases}M=\gamma_0(1.35M_{Gk}+1.4\times0.7M_{Qk})\\N=\gamma_0(1.35N_{Gk}+1.4\times0.7N_{Qk})\end{cases} \tag{6-22}$$

$$\begin{cases}M=\gamma_0(1.2M_{Gk}+1.4M_{Qk})\\N=\gamma_0(1.2N_{Gk}+1.4N_{Qk})\end{cases} \tag{6-23}$$

$$\begin{cases}M=\gamma_{RE}(1.3M_{Ek}+1.2M_{GE})\\N=\gamma_{RE}(1.3N_{Ek}+1.2N_{GE})\end{cases} \tag{6-24}$$

3. 框架结构的内力调整

从国内外多次地震中认识到的建筑物震害以及开展的试验研究成果表明，建筑物在地震时想要免于倒塌和严重破坏，结构构件中的杆件，发生强度屈服的顺序有：杆先于节点；梁先于柱；弯曲先于剪切。即框架结构建筑遭遇地震时，其抗侧力体系中的构件的损坏过程应该是：梁、柱的屈服先于框架节点；梁的屈服又先于柱的屈服；而且梁和柱又是弯曲屈服在前，剪切屈服在后。这样，构件发生变形时均具有较好的延性，而不是脆性破坏。

(1)强柱弱梁：控制同一节点的梁、柱的相对承载力，使其在地震作用下，柱端的实际抗弯承载力大于梁端的实际抗弯承载力。因为对于同一节点处而言，梁柱弯矩是平衡的。当梁端弯矩达到其承载能力时，梁端纵筋将会屈服，梁所承担的弯矩值将不会增加。由于节点弯矩平衡，此时柱所承担的弯矩就等于梁端的抗弯承载力。如果柱端的抗弯承载力大于梁端的抗弯承载力，则柱承担的弯矩就会小于其承载力而使柱端不会出现塑性铰。这样，塑性铰将会转移至梁中而避免在柱中出现。

(2)强剪弱弯：要求构件的抗剪能力强于其抗弯能力，从而避免梁、柱构件过早发生剪切破坏。

(3)强节点、弱构件：要求节点的抗剪承载力大于与其相连的构件的抗剪承载力，并且梁、柱纵筋在节点区应有可靠的锚固，以保证在梁的塑性铰充分发挥作用前，框架节点、钢筋的锚固不会过早地破坏。

抗震等级为一、二、三、四级的框架结构，为体现"强柱弱梁""强剪弱弯""强节点、弱构件"的抗震设计原则，需要对梁、柱内力进行适当调整。

(1)柱端弯矩设计值的调整。为了达到"强柱弱梁"的设计目的，《抗震规范》规定：一、二、三、四级框架的梁柱节点处，除框架结构顶层和柱轴压比小于 0.15 的情况外，柱端截面组合的弯矩设计值应按式(6-25)和式(6-26)进行调整。调整过程以中节点为例，如图 6-20 所示。

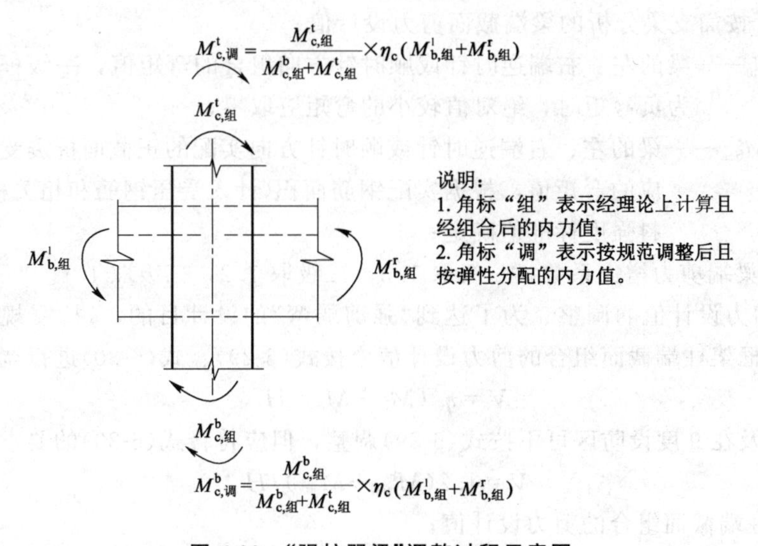

图 6-20 "强柱弱梁"调整过程示意图

$$\sum M_c = \eta_c \sum M_b \tag{6-25}$$

一级框架结构以及在 9 度设防区时可不符合式(6-25)的要求，但应符合式(6-26)的要求。

$$\sum M_c = 1.2\sum M_{bua} \tag{6-26}$$

式中 $\sum M_c$——节点上、下柱端顺时针或逆时针方向截面组合的弯矩设计值之和，上、下柱端的弯矩，可按弹性分析分配；

$\sum M_b$——节点左、右梁端逆时针或顺时针方向截面组合的弯矩设计值，一级框架节点左、右梁端均为负弯矩时，绝对值较小的弯矩应取零；

$\sum M_{bua}$——节点左、右梁端截面逆时针或顺时针方向实配的正截面抗震受弯承载力所对应的弯矩值之和，根据实配钢筋面积(计入梁受压筋和相关楼板钢筋)和材料强度标准值确定；

η_c——柱端弯矩增大系数，一级取1.7，二级取1.5，三级取1.3，四级取1.2。

当反弯点不在柱的层高范围内时，柱端截面组合的弯矩设计值可乘以上述柱端弯矩增大系数 η_c。

另外，一、二、三、四级框架结构的底层，柱下端截面组合的弯矩设计值，应分别乘以增大系数1.7、1.5、1.3和1.2。底层柱纵向钢筋应按上、下端的不利情况配置。

(2)梁端剪力设计值的调整。为了达到“强剪弱弯”的设计目的，《抗震规范》规定：一、二、三级框架梁端部截面组合的设计值应按式(6-27)和式(6-28)进行调整。

$$V=\eta_{vb}(M_b^l+M_b^r)/l_n+V_{Gb} \tag{6-27}$$

一级框架结构及在9度设防区时可不按式(6-27)调整，但应符合式(6-28)的要求。

$$V=1.1(M_{bua}^l+M_{bua}^r)/l_n+V_{Gb} \tag{6-28}$$

式中 V——梁端截面组合的剪力设计值；

l_n——梁的净跨；

V_{Gb}——梁在重力荷载代表值(9度时高层建筑还应包括竖向地震作用标准值)作用下，按简支梁分析的梁端截面剪力设计值；

M_b^l、M_b^r——梁的左、右端逆时针或顺时针方向组合的弯矩值，一级框架两端弯矩均为负弯矩时，绝对值较小的弯矩应取零；

M_{bua}^l、M_{bua}^r——梁的左、右端逆时针或顺时针方向实配的正截面抗震受弯承载力所对应的弯矩值，根据实配钢筋面积(计入受压钢筋和相关楼板钢筋)和材料强度标准值确定；

η_{vb}——梁端剪力增大系数，一级取1.3，二级取1.2，三级取1.1。

(3)柱端剪力设计值的调整。为了达到“强剪弱弯”的设计目的，《抗震规范》规定：一、二、三、四级框架柱端截面组合的剪力设计值应按式(6-29)、式(6-30)进行调整。

$$V=\eta_{vc}(M_c^b+M_c^t)/H_n \tag{6-29}$$

一级框架及在9度设防区可不按式(6-29)调整，但应符合式(6-30)的要求。

$$V=1.2(M_{cua}^b+M_{cua}^t)/H_n \tag{6-30}$$

式中 V——柱端截面组合的剪力设计值；

H_n——柱的净高；

M_c^t、M_c^b——柱的上、下端顺时针或逆时针方向截面组合的弯矩设计值，应符合式(6-25)和式(6-26)的规定，即经式(6-25)和式(6-26)调整后的框架柱上、下端弯矩设计值；

M_{cua}^{t}、M_{cua}^{b}——偏心受压柱上、下端顺时针或逆时针方向实配的正截面抗震受弯承载力所对应的弯矩值，根据实配钢筋面积、材料强度标准值和轴压力等确定；

η_{vc}——柱剪力增大系数，一级取 1.5，二级取 1.3，三级取 1.2，四级取 1.1。

(4)一、二、三、四级框架的角柱，按照上述(1)、(2)、(3)的要求调整后的组合弯矩设计值、剪力设计值，还应乘以不小于 1.10 的增大系数。主要考虑地震时角柱处于复杂的受力状态，其弯矩和剪力设计值的增大系数，比其他柱略有增加，以提高抗震能力。

第四节　框架结构抗震验算

目前，从结构设计的角度来看，钢筋混凝土框架结构抗震设计的关键是进行延性设计。为了达到这样的预期目的，就必须合理地设计梁、柱以及节点，防止构件过早发生脆性破坏，控制构件破坏的先后顺序，加强构件连接及钢筋锚固。

一、框架梁

1. 正截面受弯承载力验算

矩形或翼缘位于受拉区的 T 形梁，可采用下列公式验算。

(1)当 $x \geqslant 2a_s'$，且 $x \leqslant \xi_b h_0$ 时：

$$x=(f_y A_s - f_y' A_s')/\alpha_1 f_c b \tag{6-31}$$

$$M_b \leqslant \frac{1}{\gamma_{RE}}[\alpha_1 f_c b x(h_0 - 0.5x) + f_y' A_s'(h_0 - a_s')] \tag{6-32}$$

应满足

$$一级\quad x \leqslant 0.25h_0 \tag{6-33}$$

$$二、三级\quad x \leqslant 0.35h_0 \tag{6-34}$$

计算时，一级取 $A_s' \geqslant 0.5A_s$ 时取 $0.5A_s$，二、三级 $A_s' \geqslant 0.3A_s$ 时取 A_s' 且 $\leqslant 0.5A_s$。

(2)当 $x < 2a_s'$ 时：

$$M_b \leqslant \frac{1}{\gamma_{RE}}[f_y A_s(h_0 - a_s')] \tag{6-35}$$

式中　M_b——梁端组合的弯矩设计值；

f_y、f_y'——普通钢筋的抗拉和抗压强度设计值；

A_s、A_s'——受拉区和受压区纵向钢筋的截面面积；

x——混凝土受压区高度；

b——矩形梁截面宽度或 T 形梁腹板截面宽度；

h_0——梁的截面有效高度；

a_s'——纵向受压钢筋合力点至截面近边的距离；

f_c——混凝土轴心抗压强度设计值；

α_1——受压混凝土矩形应力图的应力与混凝土抗压强度设计值的比值(当混凝土强度等级不超过 C50 时，α_1 取 1.0；当混凝土强度等级为 C80 时，α_1 取为 0.94；其间按线性内插法取用)；

ξ_b——相对界限受压区高度；

γ_{RE}——承载力抗震调整系数(当轴压比 $\lambda_N<0.15$ 时，取 0.75；其他情况，取 0.80)。

2. 斜截面受剪承载力验算

(1)框架梁截面应满足如下条件。

当跨高比 $l_n/h>2.5$ 时，须满足式(6-36)。

$$V_b\leqslant\frac{1}{\gamma_{RE}}(0.2\beta_c f_c bh_0) \tag{6-36}$$

当跨高比 $l_n/h\leqslant2.5$ 时，须满足式(6-37)。

$$V_b\leqslant\frac{1}{\gamma_{RE}}(0.15\beta_c f_c bh_0) \tag{6-37}$$

式中 V_b——内力调整后梁端组合的剪力设计值；

f_c——混凝土轴心抗压强度设计值；

β_c——混凝土强度影响系数(当混凝土强度等级不大于 C50 时取 1.0；当混凝土强度等级为 C80 时取 0.8；当混凝土强度等级在 C50 和 C80 之间时可按线性内插法取用)；

γ_{RE}——承载力抗震调整系数，取 0.85。

(2)一般情况梁须满足式(6-38)。

$$V_b\leqslant\frac{1}{\gamma_{RE}}\left(0.6\alpha_{cr}f_t bh_0+f_{yv}\frac{A_{sv}}{s}h_0\right) \tag{6-38}$$

式中 A_{sv}——同一截面内各肢箍筋的全部截面面积；

s——箍筋间距；

f_{yv}——箍筋抗拉强度设计值；

α_{cr}——斜截面混凝土受剪承载力系数[对一般受弯构件取 0.7；对集中荷载作用下(包括作用有多种荷载，其中集中荷载对支座截面或节点边缘所产生的剪力值占总剪力的 75%以上的情况)的独立梁，取 $\frac{1.75}{\lambda+1}$。其中 $\lambda=a/h_0$，当 λ 小于 1.5 时，取 1.5；当 λ 大于 3 时，取 3。a 取集中荷载作用点至支座截面或节点边缘的距离]。

(3)集中荷载对梁端产生的剪力占总剪力的 75%以上的梁须满足式(6-39)。

$$V_b\leqslant\frac{1}{\gamma_{RE}}\left(\frac{1.05}{\lambda+1}f_t bh_0+f_{yv}\frac{A_{sv}}{s}h_0\right) \tag{6-39}$$

式中 λ——剪跨比(应按柱端或墙端截面组合的弯矩计算值 M_c、对应的截面组合剪力计算值 V_c 及截面有效高度 h_0 确定，并取上下端计算结果的较大值；反弯点位于柱高中部的框架柱可按柱净高与 2 倍柱截面高度之比计算)。

二、框架柱

(一)正截面受弯承载力验算

对称配筋的矩形截面柱，可采用下列公式验算。

(1)当 $x\geqslant2a_s'$，且 $\xi\leqslant\xi_b$ 时：

$$x=\gamma_{RE}N/\alpha_1 f_c b \tag{6-40}$$

$$\eta_{ns}M_c\leqslant\frac{1}{\gamma_{RE}}\left[\alpha_1 f_c bx\left(h_0-\frac{x}{2}\right)+f'_y A'_s(h_0-a'_s)\right]-0.5N(h_0-a'_s)-\eta_{ns}Ne_a \tag{6-41}$$

$$\eta_{ns}=1+\frac{1}{1\,300\left(\frac{M_c}{N}+e_a\right)\Big/h_0}\left(\frac{H_n}{h}\right)^2\xi_c \tag{6-42}$$

(2)当 $x\geqslant 2a'_s$，且 $\xi>\xi_b$ 时：

$$\xi=\frac{x}{h_0}=\frac{\gamma_{RE}N-\xi_b\alpha_1 f_c bh_0}{\dfrac{\gamma_{RE}N\left[\eta_{ns}\left(\frac{M_c}{N}+e_a\right)+0.5(h_0-a_s)\right]-0.45\alpha_1 f_c bh_0^2}{(0.8-\xi_b)(h_0-a')}+\alpha_1 f_c bh_0}+\xi_b \tag{6-43}$$

$$\eta_{ns}M_c\leqslant\frac{1}{\gamma_{RE}}[f'_y A'_s(h_0-a'_s)+\xi(1-0.5\xi)\alpha_1 f_c bh_0^2]-0.5N(h_0-a'_s)-\eta_{ns}Ne_a \tag{6-44}$$

(3)当 $x<2a'_s$ 时：

$$\eta_{ns}M_c\leqslant\frac{1}{\gamma_{RE}}f_y A_s(h_0-a'_s)-0.5N(h_0-a'_s)-\eta_{ns}Ne_a \tag{6-45}$$

式中 M_c——经内力调整后的柱端组合弯矩设计值；

N——柱端组合的轴向压力设计值；

e_a——附加偏心距，取 20 mm 和偏心方向尺寸的 1/30 两者中的较大值；

η_{ns}——弯矩增大系数；

H_n——柱的净高；

ξ_c——小偏心受压柱截面曲率修正系数，$\xi_c=0.5f_cA/N$，当 $\xi_c>1$，取 $\xi_c=1$；

A——柱的截面面积；

ξ——柱截面受压区相对高度；

γ_{RE}——承载力抗震调整系数(当轴压比 $\lambda_N<0.15$ 时，取 0.75；其他情况，取 0.80)。

(二)斜截面受剪承载力验算

1. 框架柱截面尺寸限值条件

剪跨比 $\lambda>2$ 的柱，须满足式(6-46)。

$$V_c\leqslant\frac{1}{\gamma_{RE}}(0.2\beta_c f_c bh_0) \tag{6-46}$$

剪跨比 $\lambda\leqslant 2$ 的柱，须满足式(6-47)。

$$V_c\leqslant\frac{1}{\gamma_{RE}}(0.15\beta_c f_c bh_0) \tag{6-47}$$

式中 γ_{RE}——取 0.85；

β_c——混凝土强度影响系数(当混凝土强度等级不大于 C50 时取 1.0；当混凝土强度等级为 C80 时取 0.8；当混凝土强度等级在 C50～C80 之间时可按线性内插法取用)；

h_0——截面有效高度。

2. 斜截面受剪承载力验算

$$V_c\leqslant\frac{1}{\gamma_{RE}}\left(\frac{1.05}{\lambda+1}f_t bh_0+f_{yv}\frac{A_{sv}}{s}h_0+0.056N_c\right) \tag{6-48}$$

式中 V_c——内力调整后的柱端组合剪力设计值；

N_c——考虑地震作用组合的柱端轴压力设计值；

λ——柱的剪跨比($\lambda=H_n/2h_0$)(当$\lambda<1$，取$\lambda=1$；当$\lambda>3$时，取$\lambda=3$)；

γ_{RE}——承载力抗震调整系数，取0.85。

三、框架节点核心区

1. 框架节点核心区的抗震验算

为了体现“强节点、弱构件”的设计要求，《抗震规范》规定：一、二、三级框架的节点核心区，应按式(6-49)进行抗震验算；四级框架节点核心区可不进行抗震验算，但应符合抗震构造措施的要求。

$$V_j=\frac{\eta_{jb}\sum M_b}{h_{b0}-a_s'}\left(1-\frac{h_{b0}-a_s'}{H_c-h_b}\right) \tag{6-49}$$

一级框架和在9度设防区时可不按式(6-49)计算，但应符合式(6-50)的要求。

$$V_j=\frac{1.15\sum M_{bua}}{h_{b0}-a_s'}\left(1-\frac{h_{b0}-a_s'}{H_c-h_b}\right) \tag{6-50}$$

式中 V_j——梁柱节点核心区组合的剪力设计值；

h_{b0}——梁截面的有效高度，节点两侧梁截面高度不等时可采用平均值；

a_s'——梁受压钢筋合力点至受压边缘的距离；

H_c——柱的计算高度，可采用节点上、下柱反弯点之间的距离；

h_b——梁的截面高度，节点两侧梁截面高度不等时可采用平均值；

η_{jb}——强节点系数(对于框架结构，一级宜取1.5，二级取1.35，三级宜取1.2；对于其他结构中的框架，一级宜取1.35，二级取1.2，三级宜取1.1)；

$\sum M_b$——节点左、右梁端逆时针或顺时针方向组合弯矩设计值之和，一级框架节点左、右梁端均为负弯矩时，绝对值较小的弯矩应取零；

$\sum M_{bua}$——节点左、右梁端逆时针或顺时针方向实配的正截面抗震受弯承载力所对应的弯矩值之和，根据实配钢筋面积(计入受压钢筋)和材料强度标准值确定。

2. 核心区截面验算宽度

(1)核心区截面有效验算宽度，当验算方向的梁截面宽度不小于该侧柱截面宽度的1/2时，可采用该侧柱截面宽度；当小于柱截面宽度的1/2时，可采用式(6-51)中的较小值。

$$\begin{cases}b_j=b_b+0.5h_c\\ b_j=b_c\end{cases} \tag{6-51}$$

式中 b_j——节点核心区的截面有效验算宽度；

b_b——梁截面宽度；

h_c——验算方向的柱截面高度；

b_c——验算方向的柱截面宽度。

(2)当梁、柱的中线不重合且偏心距不大于柱宽的1/4时，核心区的截面有效验算宽度可采用式(6-51)和式(6-52)计算结果中的较小值。

$$b_j=0.5(b_b+b_c)+0.25h_c-e \tag{6-52}$$

式中 e——梁与柱中线偏心距。

3. 节点核心区组合的剪力设计值

节点核心区组合的剪力设计值，应符合式(6-53)的要求：

$$V_j \leqslant \frac{1}{\gamma_{RE}}(0.30\eta_j f_c b_j h_j) \tag{6-53}$$

式中 η_j——正交梁的约束影响系数(楼板为现浇，梁柱中心重合，四侧各梁截面宽度不小于该侧柱截面宽度的1/2，且正交方向梁高度不小于框架梁高度的3/4时，可采用1.5；9度时的一级宜采用1.25；其他情况均采用1.0)；

h_j——节点核心区的截面高度，可采用验算方向的柱截面高度；

γ_{RE}——承载力抗震调整系数，可采用0.85。

4. 节点核心区截面抗震受剪承载力

节点核心区截面抗震受剪承载力，应按式(6-54)进行验算。

$$V_j \leqslant \frac{1}{\gamma_{RE}}\left(1.1\eta_j f_t b_j h_j + 0.05\eta_j N \frac{b_j}{b_c} + f_{yv} A_{svj} \frac{h_{b0} - a'_s}{s}\right) \tag{6-54}$$

9度时的一级框架结构，应按式(6-55)进行验算。

$$V_j \leqslant \frac{1}{\gamma_{RE}}\left(0.9\eta_j f_t b_j h_j + f_{yv} a_{svj} \frac{h_{b0} - a'_s}{s}\right) \tag{6-55}$$

式中 N——对应于组合剪力设计值的上柱组合轴向压力较小值(其取值不应大于柱的截面面积和混凝土轴心抗压强度设计值的乘积的50%，当N为拉力时，$N=0$)；

f_{yv}——箍筋的抗拉强度设计值；

f_t——混凝土轴心抗拉强度设计值；

a_{svj}——核心区有效验算宽度范围内同一截面验算方向箍筋的总截面面积；

s——箍筋间距。

第五节　框架结构抗震构造措施

由于影响地震作用和结构承载能力的因素十分复杂，地震破坏机理还不十分清楚，故结构设计中的地震作用、地震作用效应以及承载能力的计算不可能达到很精确的程度。为了从总体上来保障结构的抗震能力，必须重视抗震概念设计，充分合理地采取抗震构造措施。对于钢筋混凝土框架结构，其关键在于做好梁、柱以及节点的抗震构造措施。

一、框架梁

1. 截面尺寸要求

截面的宽度不宜小于200 mm，截面的高宽比不宜大于4；净跨与截面高度之比不宜小于4。

当采用梁宽大于柱宽的扁梁时，楼板应现浇，梁中线宜与柱中线重合，扁梁应双向布置，且不宜用于一级框架结构；扁梁的截面尺寸应符合下列要求，并应满足规范对挠度和裂缝宽度的要求。

$$b_b \leqslant 2b_c \tag{6-56}$$

$$b_b \leqslant b_c + h_b \tag{6-57}$$

$$h_b \geqslant 16d \tag{6-58}$$

式中 b_c——柱截面宽度，圆形截面取柱直径的 0.8 倍；

b_b、h_b——梁截面宽度和高度；

d——柱纵筋直径。

2. 纵筋配筋要求

(1)梁端计入受压钢筋后的混凝土受压区高度与有效高度之比，一级不应大于 0.25，二、三级不应大于 0.35。

(2)梁端底、顶部纵筋配筋量之比，除按计算确定外，一级不应小于 0.5，二、三级不应小于 0.3。

(3)梁端纵向受拉钢筋的配筋率不宜大于 2.5%。沿梁全长的顶面和底面纵向钢筋，一、二级不应少于 2Φ14 且分别不应少于梁端顶面和底面纵向钢筋中较大截面面积的 1/4，三、四级不应少于 2Φ12。

(4)一、二、三级框架梁内贯通中柱的纵向钢筋直径，对矩形截面，不应大于柱在该方向截面尺寸的 1/20；对圆形截面，不应大于纵向钢筋所在位置柱截面弦长的 1/20。

(5)梁内纵向钢筋的最小抗震锚固长度 l_{aE} 为：

一、二级抗震：$l_{aE}=1.15l_a$。

三级抗震：$l_{aE}=1.05l_a$。

四级抗震：$l_{aE}=1.0l_a$。

(6)梁内纵向钢筋，一级抗震时宜采用机械接头；二、三、四级抗震时，宜采用机械连接接头，也可采用焊接接头或搭接接头；接头位置宜避开箍筋加密区；位于同一区段内的受力钢筋接头面积百分率不应超过 50%；当采用搭接接头时，其搭接长度要满足相应要求。

3. 箍筋配置要求

(1)框架梁必须在两端设置箍筋加密区，加密区的长度、箍筋最大间距及最小直径应按表 6-8 采用。当梁端纵向受拉钢筋配筋率大于 2%时，表中数值应增大 2 mm。

表 6-8 梁端箍筋加密区的长度、箍筋的最大间距和最小直径

抗震等级	加密区长度/mm		箍筋最小直径/mm
	加密区段长度(取大值)	箍筋最大间距(取小值)	
一	$2h_b$，500	$h_b/4$，$6d$，100	10
二	$1.5h_b$，500	$h_b/4$，$8d$，100	8
三	$1.5h_b$，500	$h_b/4$，$8d$，150	8
四	$1.5h_b$，500	$h_b/4$，$8d$，150	6

注：1. d 为纵向钢筋直径，h_b 为梁截面高度；

2. 箍筋直径大于 12 mm、数量不少于 4 肢且肢距不大于 150 mm 时，一、二级的最大间距允许适当放宽，但不得大于 150 mm。

各级抗震等级框架结构梁箍筋加密区长度，如图 6-21 所示。

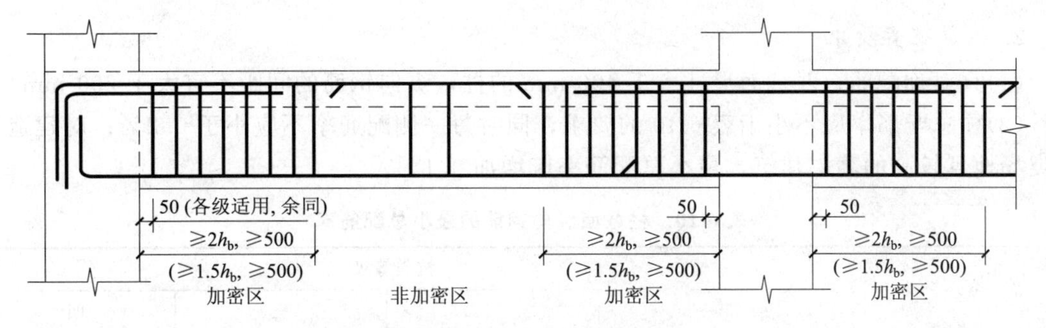

图 6-21　各级抗震等级框架梁箍筋加密区长度

注：括号内数值用于二、三、四级抗震等级情况，其余适用于一级抗震等级情况。

(2)梁端加密区的箍筋肢距，一级不宜大于 200 mm 和 20 倍箍筋直径的较大值，二、三级不宜大于 250 mm 和 20 倍箍筋直径的较大值，四级不宜大于 300 mm。

二、框架柱

1. 截面尺寸要求

(1)一般要求。截面宽度和高度，四级抗震等级框架或不超过 2 层时不宜小于 300 mm，一、二、三级且超过 2 层时不宜小于 400 mm；截面的长边与短边的边长之比不宜大于 3。圆柱的直径，四级或不超过 2 层时不宜小于 350 mm；一、二、三级且超过 2 层时不宜小于 450 mm；剪跨比宜大于 2。

(2)柱轴压比的限值。柱的轴压比不宜超过表 6-9 的规定，建于Ⅳ类场地上且较高的高层建筑，柱轴压比限值应适当减小。限制框架柱的轴压比，主要是为了保证柱的塑性变形能力和保证框架的抗倒塌能力。抗震设计时，除了预计不可能进入屈服的柱外，通常希望框架柱为大偏心受压破坏。

柱轴压的比限值解读

表 6-9　柱轴压比限值

结构类型	抗震等级			
	一	二	三	四
框架结构	0.65	0.75	0.85	0.90
框架-抗震墙、板柱-抗震墙、框架-核心筒及筒中筒	0.75	0.85	0.90	0.95
部分框支抗震墙	0.6	0.7	—	

注：1. 轴压比指柱组合的轴压力设计值与柱的全截面面积和混凝土轴心抗压强度设计值乘积之比值；对《抗震规范》中规定不进行地震作用计算的结构，可取无地震作用组合的轴力设计值计算；
2. 表内限值适用于剪跨比大于 2、混凝土强度等级不高于 C60 的柱；剪跨比不大于 2 的柱，轴压比限值应降低 0.05；剪跨比小于 1.5 的柱，轴压比限值应专门研究并采取特殊构造措施；
3. 沿柱全高采用井字复合箍且箍筋肢距不大于 200 mm、间距不大于 100 mm、直径不小于 12 mm，或沿柱全高采用复合螺旋箍、螺旋间距不大于 100 mm、箍筋肢距不大于 200 mm、直径不小于 12 mm，或沿柱全高采用连续复合矩形螺旋箍、螺旋净距不大于 80 mm、箍筋肢距不大于 200 mm、直径不小于 10 mm，轴压比限值均可增加 0.10；上述三种箍筋的最小配箍特征值，均应按增大的轴压比由表 6-12 确定；
4. 在柱的截面中部附加芯柱，其中另加的纵向钢筋的总面积不少于柱截面面积的 0.8%，轴压比限值可增加 0.05；此项措施与注 3 的措施共同采用时，轴压比限值可增加 0.15，但箍筋的体积配箍率仍可按轴压比增加 0.10 的要求确定；
5. 柱轴压比不应大于 1.05。

2. 纵筋配置要求

(1)宜对称配筋；对截面尺寸大于400 mm的柱，纵向钢筋的间距不宜大于200 mm。

(2)柱总配筋率应不小于表6-10的要求，同时每一侧配筋率不应小于0.2%；对建造于Ⅳ类场地且较高的高层建筑，最小总配筋率应增加0.1%。

表6-10 柱截面纵向钢筋的最小总配筋率 %

类型	抗震等级			
	一	二	三	四
中柱和边柱	0.9(1.0)	0.7(0.8)	0.6(0.7)	0.5(0.6)
角柱、框支柱	1.1	0.9	0.8	0.7

注：1. 表中括号内的数值用于框架结构的柱；
2. 钢筋强度标准值小于400 MPa时，表中数值应增加0.1，钢筋强度标准值为400 MPa时，表中数值应增加0.05；
3. 混凝土强度等级高于C60时，表中数值应增加0.1。

(3)柱的总配筋率不应大于5%。

(4)一级框架的柱且剪跨比不大于2时，每侧纵向钢筋配筋率不宜大于1.2%。

(5)边柱、角柱在地震作用组合产生小偏心受拉时，柱内纵筋总截面面积应比计算值增加25%。

(6)柱纵筋的绑扎接头应避开柱端箍筋加密区。

3. 箍筋配置要求

(1)框架柱箍筋的加密区范围有：取柱截面高度(长边尺寸)、柱净高的1/6和500 mm三者中的最大值；底层柱的下端不小于柱净高的1/3；有刚性地面者尚应考虑地面上、下各500 mm；剪跨比不大于2的柱，取全高；因填充墙等形成的柱净高与柱截面高度之比不大于4的柱(即短柱)，取柱全高；一、二级框架的角柱，取柱全高。

(2)柱箍筋加密区箍筋的最大间距和最小直径，在一般情况下，应按表6-11采用。框架结构柱箍筋加密区长度如图6-22所示。

表6-11 柱箍筋加密区箍筋的最大间距和最小直径

抗震等级	箍筋最大间距/mm(取小者)	箍筋最小直径/mm
一	$6d$，100	10
二	$8d$，100	8
三	$8d$，150(柱根100)	8
四	$8d$，150(柱根100)	6(柱根8)

注：1. d为柱纵筋最小直径；
2. 柱根指底层柱下端箍筋加密区。

(3)一级框架柱的箍筋直径大于12 mm且箍筋肢距不大于150 mm以及二级框架柱的箍筋直径不小于10 mm且箍筋肢距不大于200 mm时，除底层柱下端外，最大间距应允许采用150 mm；三级框架柱的截面尺寸不大于400 mm时，箍筋最小直径应允许采用6 mm；四级框架柱剪跨比不大于2时，箍筋直径不应小于8 mm。

(4)剪跨比不大于2的框架柱，箍筋间距不应大于100 mm。

(5)柱内的每根纵筋宜在两个方向上有箍筋约束；箍筋的形式应根据截面情况合理选取，一般采用普通箍筋、复合箍筋或螺旋箍筋。

(6)柱箍筋加密区的箍筋肢距，一级不宜大于200 mm，二、三级不宜大于 250 mm，四级不宜大于300 mm，至少每隔一根纵向钢筋宜在两个方向有箍筋或拉筋约束；采用拉筋复合箍时，拉筋应紧靠纵向钢筋并钩住箍筋。

(7)柱箍筋加密区的体积配箍率，应符合下列要求：

$$\rho_v \geqslant \lambda_v f_c / f_{yv} \tag{6-59}$$

式中 ρ_v——柱箍筋加密区的体积配箍率(一级不应小于 0.8%，二级不应小于 0.6%，三、四级不应小于 0.4%；计算复合螺旋箍的体积配箍率时，其非螺旋箍的箍筋体积应乘以折减系数 0.80)；

f_c——混凝土轴心抗压强度设计值(强度等级低于 C35 时，应按 C35 计算)；

f_{yv}——箍筋或拉筋抗拉强度设计值；

λ_v——最小配箍特征值，宜按表 6-12 采用。

(8)框支柱宜采用复合螺旋箍或井字复合箍，其最小配箍特征值应比表 6-12 内数值增加 0.02，且体积配箍率不应小于 1.5%。

(9)剪跨比不大于 2 的柱宜采用复合螺旋箍或井字复合箍，其体积配箍率不应小于 1.2%，9 度时不应小于 1.5%。

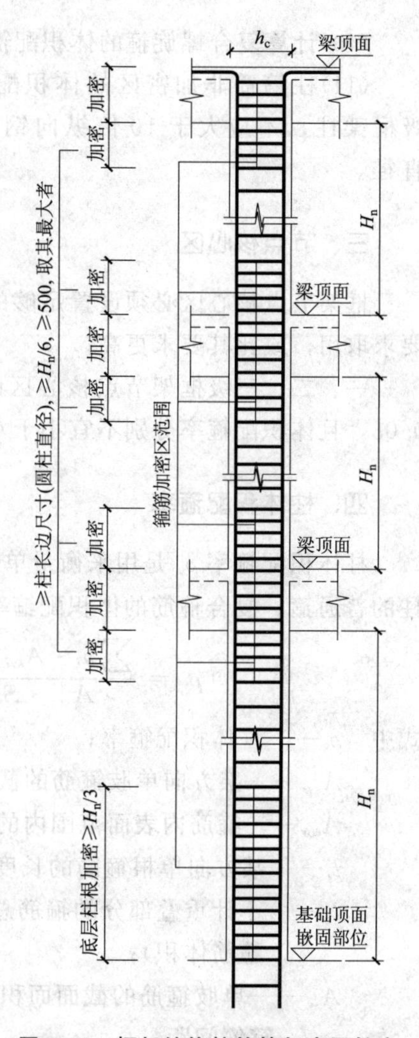

图 6-22 框架结构柱箍筋加密区长度

表 6-12 柱箍筋加密区的箍筋最小配箍特征值

抗震等级	箍筋形式	柱轴压比								
		≤0.3	0.4	0.5	0.6	0.7	0.8	0.9	1.0	1.05
一	普通箍、复合箍	0.10	0.11	0.13	0.15	0.17	0.20	0.23	—	—
一	螺旋箍、复合或连续复合矩形螺旋箍	0.08	0.09	0.11	0.13	0.15	0.18	0.21	—	—
二	普通箍、复合箍	0.08	0.09	0.11	0.13	0.15	0.17	0.19	0.22	0.24
二	螺旋箍、复合或连续复合矩形螺旋箍	0.06	0.07	0.09	0.11	0.13	0.15	0.17	0.20	0.22
三、四	普通箍、复合箍	0.06	0.07	0.09	0.11	0.13	0.15	0.17	0.20	0.22
三、四	螺旋箍、复合或连续复合矩形螺旋箍	0.05	0.06	0.07	0.09	0.11	0.13	0.15	0.18	0.20

注：普通箍指单个矩形箍和单个圆形箍；复合箍指由矩形、多边形、圆形箍或拉筋组成的箍筋；复合螺旋箍指由螺旋箍与矩形、多边形、圆形箍或拉筋组成的箍筋；连续复合矩形螺旋箍指全部螺旋箍为同一根钢筋加工而成的箍筋。

(10)计算复合螺旋箍的体积配箍率时，其非螺旋箍的箍筋体积应乘以换算系数0.8。

(11)柱箍筋非加密区的体积配箍率，不宜小于加密区的50%。箍筋间距：一、二级框架柱，不应大于10倍纵向钢筋直径；三、四级框架柱，不应大于15倍纵向钢筋直径。

三、节点核心区

框架节点核心区必须设置足够的横向钢筋，其最大间距、最小直径宜按柱端加密区的要求取用，或比其要求更高。

一、二、三级框架节点核心区的箍筋最小配箍率特征值分别不宜小于0.12、0.10和0.08，且体积配箍率分别不宜小于0.6%、0.5%和0.4%。

四、柱体积配箍率

柱体积配箍率 ρ_v 是用来衡量单位核心混凝土中所含箍筋的体积比率的指标。矩形截面柱的普通箍、复合箍筋的体积配箍率可按式(6-60)计算：

$$\rho_v = \frac{\sum n_i \cdot A_{svi} \cdot l_i}{A_{cor} \cdot S} = \frac{l_n}{(b_c - 2c)(h_c - 2c)} \times \frac{A_{sv}}{s} \times 100\% \tag{6-60}$$

式中 ρ_v——柱体积配箍率；

A_{svi}——某方向单肢箍筋的截面面积；

A_{cor}——箍筋内表面范围内的混凝土核心面积；

l_i——某方向单根箍筋的长度，应扣除重叠部分的箍筋体积；

l_n——不计重叠部分的箍筋总长度(计算复合箍的体积配箍率时，应扣除重叠部分的箍筋体积)；

A_{sv}——单肢箍筋的截面面积；

s——箍筋间距；

c——混凝土保护层厚度；

b_c——柱的截面宽度；

h_c——柱的截面高度。

第六节　抗震墙结构抗震设计

一、抗震墙结构特点

抗震墙结构也称剪力墙结构，其承重结构主要是由钢筋混凝土墙组成的结构，墙体主要承受水平剪力、墙平面内外的弯矩以及轴力的作用。当建筑物底层需要大空间时，抗震墙结构局部底层可以做成框架，称为框支结构。由框架支承的抗震墙称为框支墙。相应地，支承抗震墙的框架梁称为框支梁，支承抗震墙的框架柱称为框支柱，如图6-23(a)所示。

抗震墙结构具有较大的刚度和承载力。由于受水平荷载后层间相对位移较小，有利于避免设备、管道、建筑装修、内部隔墙等非结构构件的破坏。震害经验也表明：抗震墙结构能够承受强烈地震，具有裂而不倒的良好性能，震后修复工作较为容易。抗震墙结构已成为高层建筑结构的主要结构类型之一。在高层住宅、公寓和旅馆等建筑中得到广泛应用。按照现行《抗震规范》的要求，抗震墙结构的最大适用高度见表 6-1。

在地震区对抗震墙结构进行抗震设防时，应按表 6-2 确定抗震等级。

二、结构布置原则

(1)抗震墙应双向或多向布置。

(2)较长的抗震墙宜结合洞口(必要时可专门设结构洞口)用楼板(无连梁)或跨高比大于 6 的连梁分成较均匀的若干墙段，各墙段(包括整体小开口墙和联肢墙)的高宽比不宜小于 3，如图 6-23(b)所示。

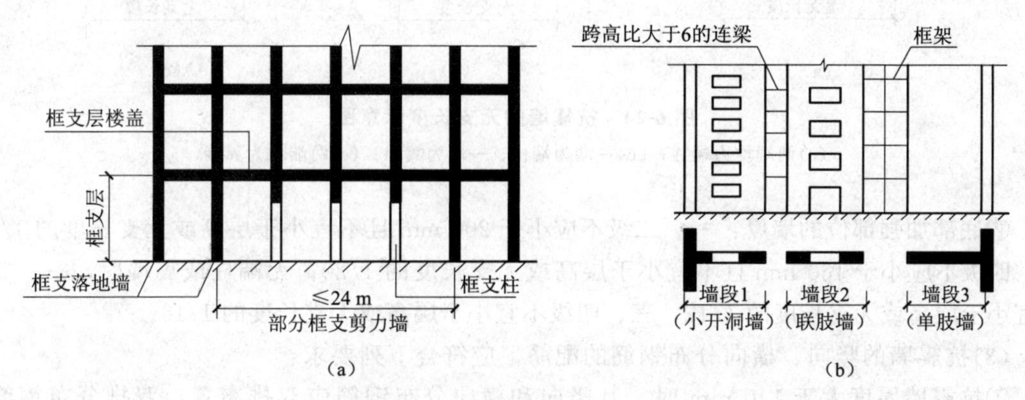

图 6-23　抗震墙结构立面示意图

(3)抗震墙的墙肢的长度沿结构全高不宜有突变；抗震墙有较大洞口时，以及一、二级抗震墙的底部加强部位，洞口上、下对齐。

(4)当抗震墙与墙平面外的楼面梁连接时，不宜支承在洞口连梁上；考虑梁端部弯矩对抗震墙的不利作用，沿梁轴线方向宜设置扶壁柱或暗柱，并按计算确定其截面尺寸和配筋。

(5)抗震墙的两端(不包括洞口两侧)宜设置端柱或与另一方向的抗震墙相连。

(6)抗震墙的墙肢底部是预期塑性铰部位，属于加强部位。因此，《抗震规范》规定抗震墙底部加强部位的范围，应符合以下各项要求：

抗震墙设置解读

①底部加强区的高度，应从地下室顶板算起。

②部分框支抗震墙结构的抗震墙，其底部加强部位的高度，可取框支层加框支层以上两层的高度及落地抗震墙总高度的 1/10 两者的较大值。其他结构的抗震墙，房屋高度大于 24 m 时，底部加强部位的高度可取底部两层和墙体总高度的 1/10 两者的较大值；房屋高度不大于 24 m 时，底部加强部位可取底部一层。

③当结构计算嵌固端位于地下一层的底板或以下时，底部加强部位还宜向下延伸到计算嵌固端。

三、截面设计要求和抗震构造措施

(1)抗震墙结构混凝土强度等级不应低于C20，并且不宜超过C60。

(2)抗震墙的截面尺寸应满足下列要求：

①抗震墙的厚度：一、二级不应小于160 mm且不宜小于层高或无支长度的1/20，三、四级不应小于140 mm且不宜小于层高或无支长度的1/25；无端柱或翼墙时，一、二级不宜小于层高或无支长度的1/16，三、四级不宜小于层高或无支长度的1/20。无支长度的取法如图6-24所示。

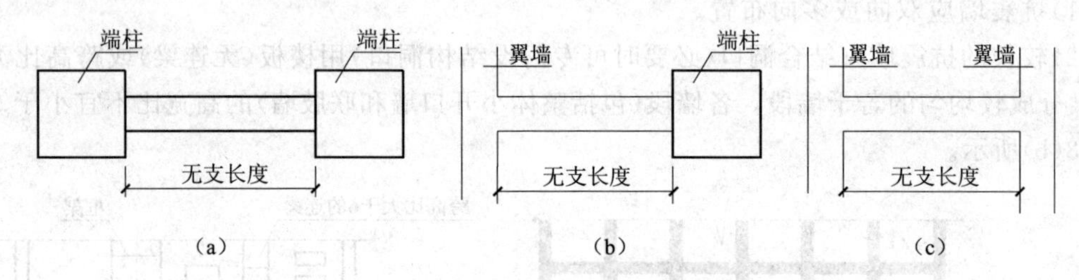

图6-24　抗震墙的无支长度示意图

(a)两端均为端柱；(b)一端为端柱、一端为翼墙；(c)两端均为翼墙

②底部加强部位的墙厚：一、二级不应小于200 mm且不宜小于层高或无支长度的1/16，三、四级不应小于160 mm且不宜小于层高或无支长度的1/20；无端柱或翼墙时，一、二级不宜小于层高或无支长度的1/12，三、四级不宜小于层高或无支长度的1/16。

(3)抗震墙的竖向、横向分布钢筋的配筋，应符合下列要求：

①抗震墙厚度大于140 mm时，其竖向和横向分布钢筋应双排布置，双排分布钢筋间拉筋的间距不宜大于600 mm，直径不应小于6 mm。

②一、二、三级抗震墙的竖向和横向分布钢筋的最小配筋率，均不应小于0.25%；四级抗震墙不应小于0.20%；部分框支抗震墙结构的落地抗震墙底部加强部位，竖向及横向分布钢筋配筋率均不应小于0.30%。

高度不超过24 m的四级抗震墙，其竖向分布钢筋最小配筋率应允许按0.15%采用。

③抗震墙的钢筋间距不宜大于300 mm，直径不宜大于墙厚的1/10且不应小于8 mm，竖向钢筋直径不宜小于10 mm。部分框支抗震墙结构的底部加强部位，抗震墙水平和竖向分布钢筋的间距不宜大于200 mm。

(4)一、二、三级抗震墙在重力荷载代表值作用下墙肢的轴压比，一级时，9度不宜大于0.4；7、8度不宜大于0.5；二、三级时不宜大于0.6。墙肢轴压比指墙的轴压力设计值与墙的全截面面积和混凝土轴心抗压强度设计值乘积之比值。

(5)抗震墙两端和洞口两侧应设置边缘构件，边缘构件分为构造边缘构件和约束边缘构件。

约束边缘构件是指用箍筋约束的暗柱、端柱和翼墙，其箍筋较多，对混凝土的约束作用较强。因此，混凝土有较大的变形能力。

构造边缘构件的箍筋较少，对混凝土的约束较差或没有约束。

两类边缘构件的设置应符合下列要求。

①构造边缘构件设置：一、二、三、四级抗震墙，底层墙肢底截面的轴压比不大于表 6-13 的规定时，墙肢两端可设置构造边缘构件，构造边缘构件的范围可按图 6-25 采用，构造边缘构件的配筋除应满足受弯承载力要求外，还应符合表 6-14 的要求。

表 6-13 抗震墙设置构造边缘构件的最大轴压比

抗震等级或烈度	一级(9 度)	一级(7、8 度)	二、三级
轴压比	0.1	0.2	0.3

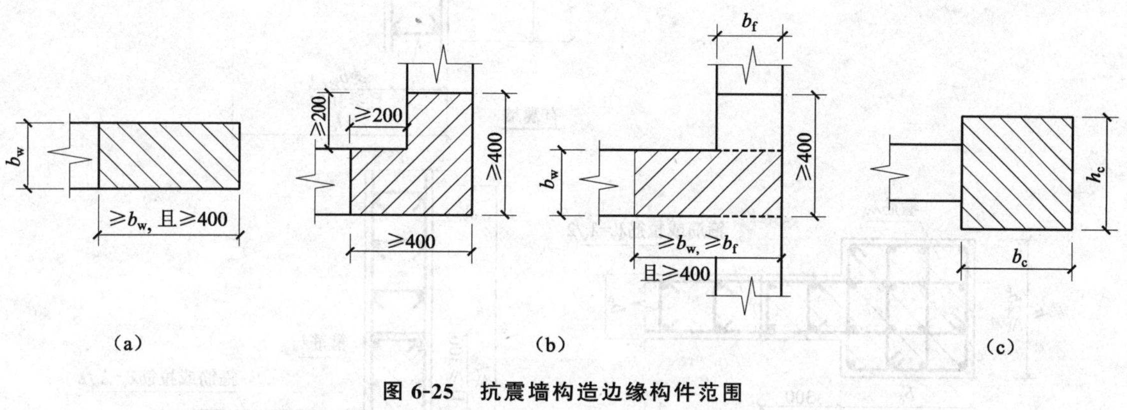

图 6-25 抗震墙构造边缘构件范围

(a)暗柱；(b)翼柱；(c)端柱

表 6-14 抗震墙构造边缘构件的配筋要求

抗震等级	底部加强部位			其他部位		
	纵向钢筋最小量(取大值)	箍筋		纵向钢筋最小量(取大值)	拉筋	
		最小直径/mm	沿竖向最大间距/mm		最小直径/mm	沿竖向最大间距/mm
一	$0.010A_c$，6Φ16	8	100	$0.008A_c$，6Φ14	8	100
二	$0.008A_c$，6Φ14	8	150	$0.006A_c$，6Φ12	8	200
三	$0.006A_c$，6Φ12	6	150	$0.005A_c$，4Φ12	6	200
四	$0.005A_c$，4Φ12	6	200	$0.004A_c$，4Φ12	6	250

注：1. A_c 为边缘构件的截面面积，即图 6-25 中抗震墙的阴影面积；

2. 对其他部位，拉筋的水平间距不应大于纵筋间距的 2 倍，转角处宜用箍筋；

3. 对端柱承受集中荷载时，其纵向钢筋、箍筋直径和间距应满足柱的要求。

②约束边缘构件设置：底层墙肢底截面的轴压比大于表 6-13 规定的一、二、三级抗震墙，以及部分框支抗震墙结构的抗震墙，应在底部加强部位及相邻的上一层设置约束边缘构件，如图 6-26 所示；在以上的其他部位可设置构造边缘构件。约束边缘构件沿墙肢的长度、配箍特征值，箍筋和纵向钢筋宜符合表 6-15 的要求。

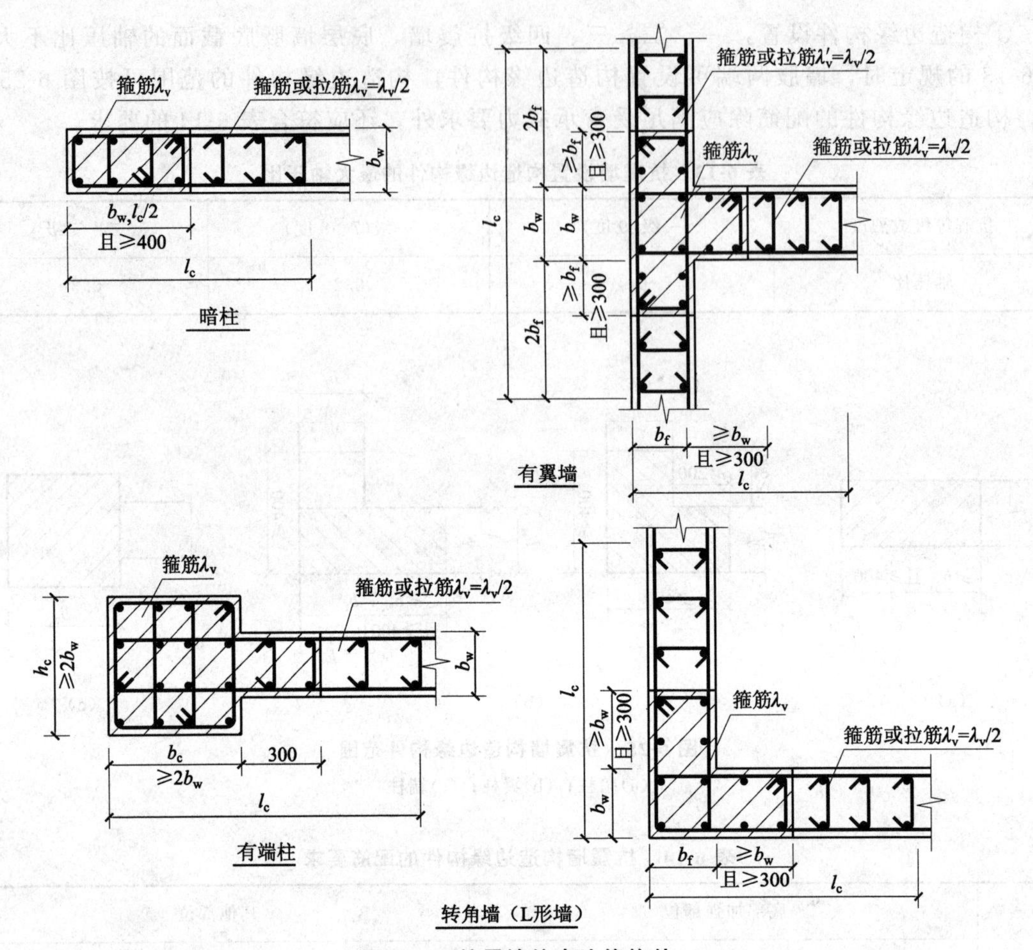

图 6-26　抗震墙约束边缘构件

表 6-15　抗震墙约束边缘构件范围及其配箍特征值 λ_v

项　　目	一级（9 度）		一级（7、8 度）		二、三级	
	$\lambda \leqslant 0.2$	$\lambda > 0.2$	$\lambda \leqslant 0.3$	$\lambda > 0.3$	$\lambda \leqslant 0.4$	$\lambda > 0.4$
l_c（暗柱）	$0.20h_w$	$0.25h_w$	$0.15h_w$	$0.20h_w$	$0.15h_w$	$0.20h_w$
l_c（翼墙或端柱）	$0.15h_w$	$0.20h_w$	$0.10h_w$	$0.15h_w$	$0.10h_w$	$0.15h_w$
λ_v	0.12	0.20	0.12	0.20	0.12	0.20
纵向钢筋（取较大值）	$0.012A_c$，8Φ16		$0.012A_c$，8Φ16		$0.010A_c$，6Φ16（三级取 6Φ14）	
箍筋或拉筋沿竖向间距/mm	100		100		150	

注：1. 抗震墙的翼墙长度小于其 3 倍厚度或端柱截面边长小于 2 倍墙厚时，视为无翼墙、无端柱；端柱有集中荷载时，配筋构造尚应满足与墙相同抗震等级框架柱的要求；

2. l_c 为约束边缘构件沿墙肢长度，且不小于墙厚和 400 mm；有翼墙或端柱时不应小于翼墙厚度或端柱沿墙肢方向截面高度加 300 mm；

3. λ_v 为约束边缘构件的配箍特征值，体积配箍率可按式(6-59)计算，并可适当计入满足构造要求且在墙端有可靠锚固的水平分布钢筋的截面面积；

4. h_w 为抗震墙墙肢长度；

5. λ 为墙肢轴压比；

6. A_c 为图 6-26 中约束边缘构件阴影部分的截面面积。

(6)抗震墙的墙肢长度不大于墙厚的3倍时，应按柱的有关要求进行设计；矩形墙肢的厚度不大于300 mm时，尚宜全高加密箍筋。

(7)抗震墙端柱在小偏心受拉时，柱内纵筋总截面面积应比计算值增加25%。

(8)跨高比较小的高连梁，可设水平缝形成双连梁、多连梁或采取其他加强受剪承载力的构造措施。顶层连梁的纵向钢筋伸入墙体的锚固范围内，应设置箍筋。

(9)抗震墙结构、框架-抗震墙结构作为常见的高层建筑的结构体系，基础埋深较大，通常设置1～2层地下室，甚至有多层地下室。当地下室顶板作为上部结构的嵌固部位时，应符合下列要求。

①地下室顶板应避免开设大洞口；地下室在地上结构相关范围的顶板应采用现浇梁板结构，相关范围以外的地下室顶板宜采用现浇梁板结构；其楼板厚度不宜小于180 mm，混凝土强度等级不宜小于C30，应采用双层双向配筋，且每层每个方向的配筋率不宜小于0.25%。

②结构地上一层的侧向刚度，不宜大于相关范围地下一层侧向刚度的0.5倍；地下室周边宜有与其顶板相连的抗震墙。

③地下室顶板对应于地上框架柱的梁柱节点除应满足抗震计算要求外，还应符合下列规定之一：

a. 地下一层柱截面每侧纵向钢筋不应小于地上一层柱对应纵向钢筋的1.1倍，且地下一层柱上端和节点左右梁端实配的抗震受弯承载力之和，应大于地上一层柱下端实配的抗震受弯承载力的1.3倍。

b. 地下一层梁刚度较大时，柱截面每侧的纵向钢筋面积应大于地上一层对应柱每侧纵向钢筋面积的1.1倍；同时，梁端顶面和底面的纵向钢筋面积均应比计算增加10%以上。

④地下一层抗震墙墙肢端部边缘构件纵向钢筋的截面面积，不应少于地上一层对应墙肢端部边缘构件纵向钢筋的截面面积。

(10)抗震墙配筋构造应符合下列要求：

①抗震设计时，抗震墙纵向钢筋最小锚固长度应取 l_{aE}，非抗震时为 $1.2l_a$。

②抗震墙中竖向及水平分布钢筋的连接要求如图6-27所示，其中一级、二级抗震等级抗震墙的加强部位，接头位置应错开，每次连接的钢筋数量不宜超过总数量的50%，错开净距不宜小于500 mm；其他情况的抗震墙竖向及水平分布钢筋可在同一部位连接。抗震设计时，分布钢筋的搭接长度不应小于 $1.2l_{aE}$，非抗震设计时为 $1.2l_a$。竖向分布钢筋直径大于28 mm时，宜采用机械接头或焊接接头。

③墙中水平分布钢筋应伸至墙端，锚固做法如图6-28所示。

④端部有翼缘或转角的墙，内墙两侧和外墙内侧的水平分布钢筋应伸至翼墙或转角外边，并分别向两侧水平弯折，弯折长度不宜小于 $15d$。在转角墙处，外墙外侧的水平分布钢筋应在墙端外角处弯入翼墙，并与翼墙外侧的水平分布钢筋搭接，如图6-29所示。

⑤带边框的墙，水平和竖向分布钢筋宜分别贯穿柱、梁或锚固在柱、梁内。

(11)抗震墙墙肢两端应配置竖向受力钢筋，并与墙内的竖向分布钢筋共同用于墙的正截面受弯承载力计算。每端的竖向受力钢筋不宜少于4根直径不小于12 mm的钢筋或2根直径不小于16 mm的钢筋；并宜沿该竖向钢筋方向配置直径不小于6 mm、间距为250 mm的箍筋或拉筋。

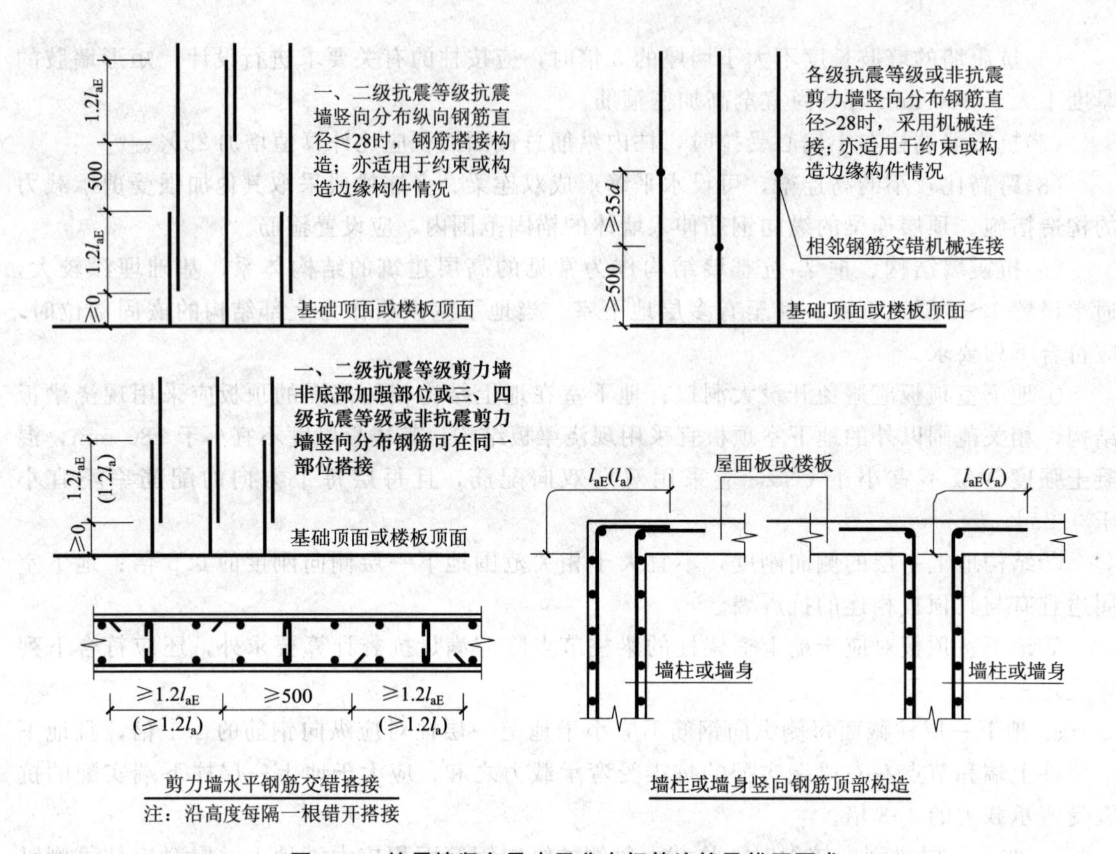

图 6-27　抗震墙竖向及水平分布钢筋连接及锚固要求

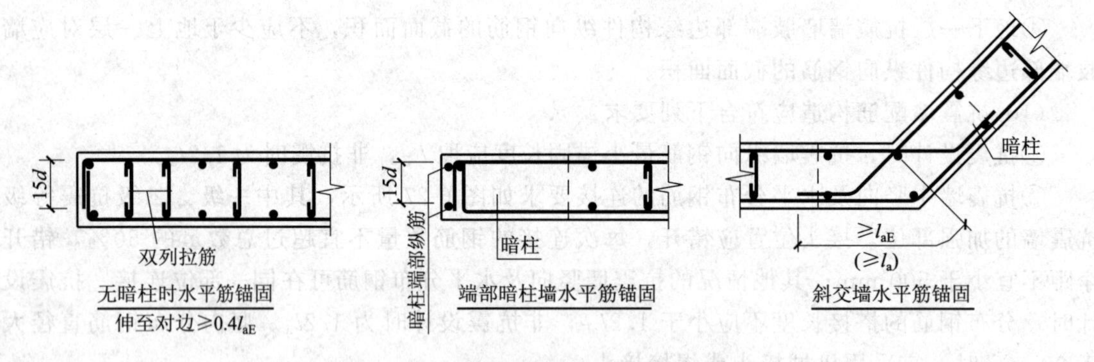

图 6-28　抗震墙端部水平分布钢筋锚固

(12)连梁的纵向钢筋、箍筋的构造应符合下列要求：

①连梁沿上、下边缘单侧纵向钢筋的最小配筋率不应小于 0.15%，且配筋不宜少于 2Φ12。

②沿连梁全长箍筋的构造应按框架梁梁端加密区箍筋的构造要求采用，对角暗柱连梁沿连梁全长箍筋的间距，可按表 6-8 中规定的 2 倍取用。

③连梁纵向受力钢筋伸入墙内的锚固长度不应小于 l_{aE}，且不应小于 600 mm；顶层连梁纵向钢筋伸入墙体的长度范围内，应配置间距不大于 150 mm 的构造箍筋，箍筋直径应与该连梁的箍筋直径相同。图 6-30 列出了端部洞口连梁和单洞口连梁的锚固做法。

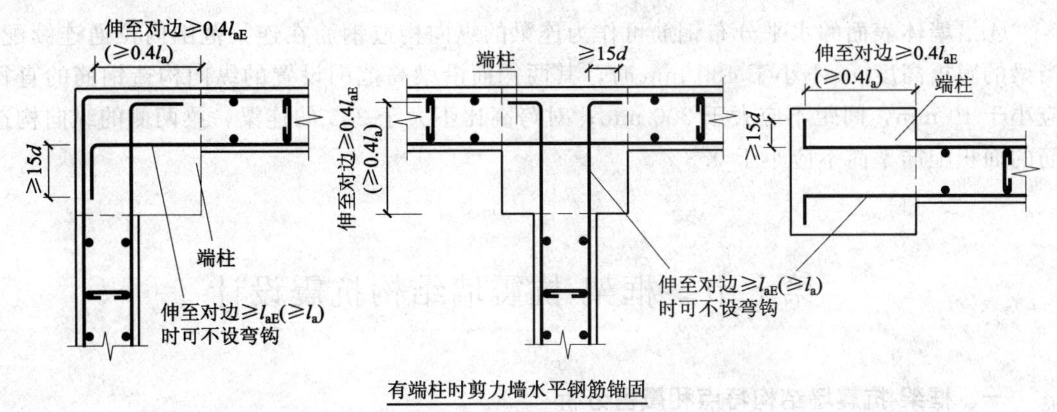

有端柱时剪力墙水平钢筋锚固

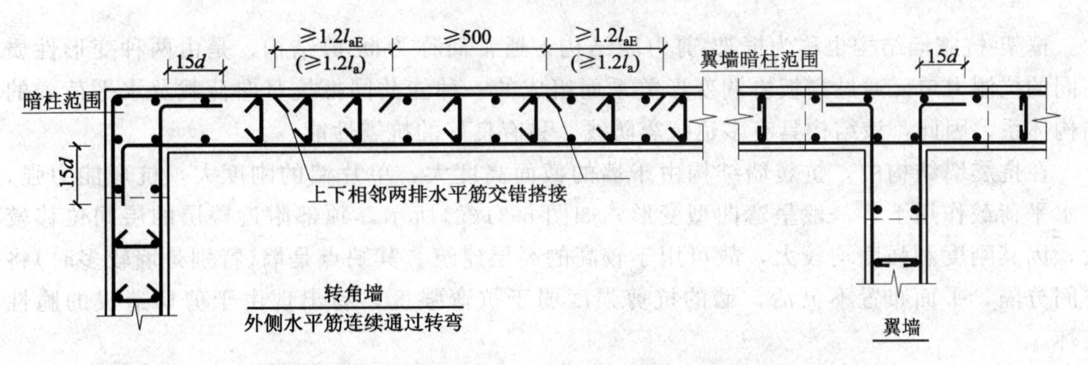

图 6-29 墙端部有翼墙或转角墙时水平分布钢筋锚固要求

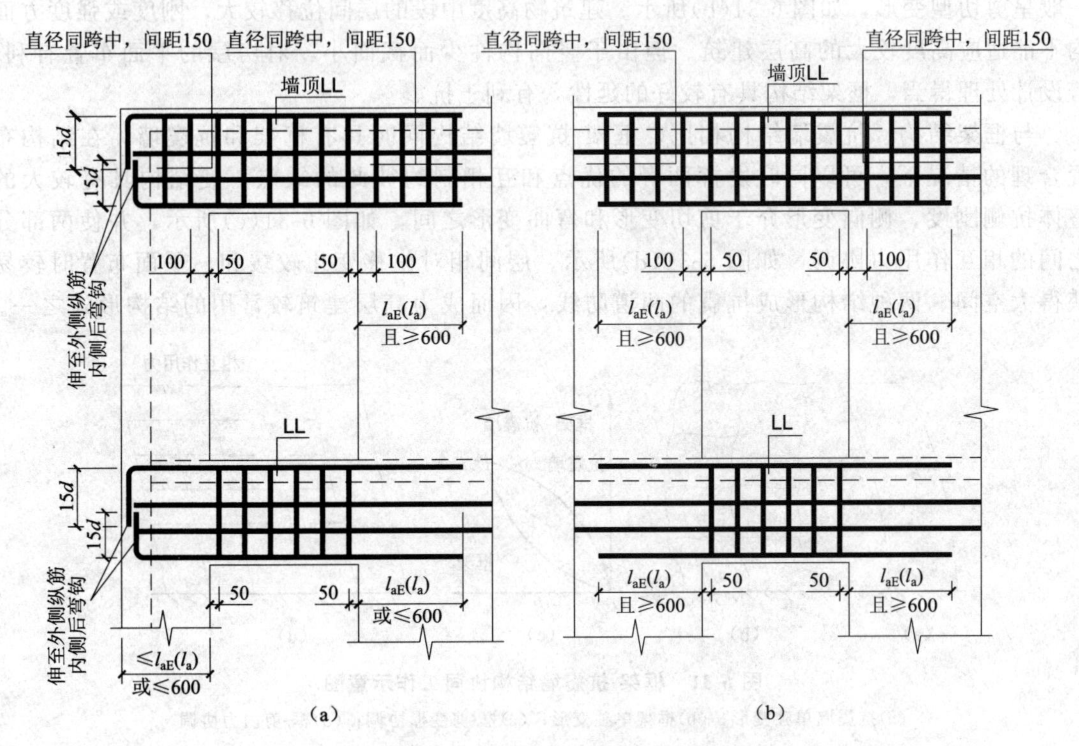

图 6-30 连梁纵向受力钢筋锚固要求

(a)墙端部洞口连梁；(b)单洞口连梁(单跨)

④沿墙体表面的水平分布钢筋可作为连梁的纵向构造钢筋在连梁范围内拉通连续配置。当梁的腹板高度 h_w 不小于 450 mm 时，其两侧面沿梁高范围设置的纵向构造钢筋的直径不应小于 10 mm，间距不应大于 200 mm；对跨高比不大于 2.5 的连梁，梁两侧的纵向构造钢筋的面积配筋率尚不应小于 0.3%。

第七节　框架-抗震墙结构抗震设计

一、框架-抗震墙结构特点和震害分析

框架-抗震墙结构也称为框架-剪力墙结构，通常简称为框-剪结构，是由两种变形性质不同的抗侧力单元通过楼板协调变形关系而组成的一种能共同抵抗竖向荷载及水平荷载的结构体系，因此，该结构具有多道抗震防线，具有良好的抗震性能。

在抗震墙结构中，抗震墙结构由于墙的截面高度大，单片墙的刚度大，抗弯能力强，在水平荷载作用下，一般呈弯曲型变形，如图 6-31(a)所示，顶部附近楼层的层间位移较大，因其刚度和强度均较大，故可用于较高的高层建筑。其缺点是墙(特别是墙较多时)将空间分隔，平面布置不灵活，墙的抗剪强度弱于抗弯强度，易出现由于剪切造成的脆性破坏。

在框架结构中，结构的构件稀疏且截面尺寸小，因而侧向刚度小，在水平荷载作用下，一般呈剪切型变形，如图 6-31(b)所示。建筑物高度中段的层间位移较大，刚度或强度方面均不能适应高度较大的高层建筑。但由于竖向构件少而截面小，对房屋的平面布置有利；若设计处理得当，框架结构具有较好的延性，有利于抗震。

与框架结构、抗震墙结构相比，框架-抗震墙结构同时具有框架和抗震墙，在结构布置合理的情况下，可以同时发挥两者的优点和互相制约彼此的缺点，使结构具有较大的整体抗侧刚度、侧向变形介于剪切变形和弯曲变形之间，如图 6-31(c)所示，并使两部分之间的相互作用力协调，如图 6-31(d)所示。层间相对位移变化较缓和、平面布置时较易获得大空间、两种结构形成抗震的两道防线，因而成为高层建筑较常用的结构形式之一。

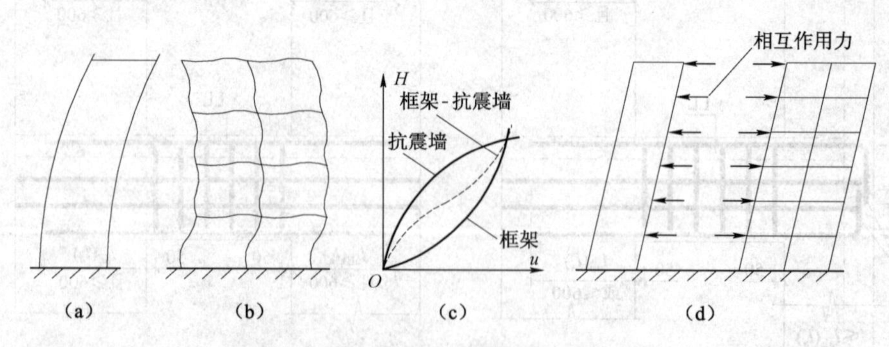

图 6-31　框架-抗震墙结构协同工作示意图

(a)抗震墙单独变形；(b)框架单独变形；(c)框-剪变形协调；(d)框-剪内力协调

按照我国现行《抗震规范》的要求，框架-抗震墙结构的最大适用高度见表 6-1。

在地震时，框架-抗震墙结构震害特征为连梁以剪切破坏为主，抗震墙墙身发生剪切破坏或边缘构件压弯破坏，以及墙身沿施工缝滑移错动的水平施工缝剪切滑移破坏；有些梁、柱或节点出现裂缝。图 6-32(a)所示为 L 形转角墙的边缘构件破坏，混凝土破坏，纵筋压曲；图 6-32(b)所示为暗柱破坏；图 6-33(a)所示为连梁破坏，混凝土被压碎；图 6-33(b)所示为小跨高比的连梁破坏，交叉裂缝处的混凝土被压碎。

(a)

(b)

图 6-32　框架-抗震墙结构中边缘构件的震害

(a)L 形边缘构件破坏；(b)暗柱破坏

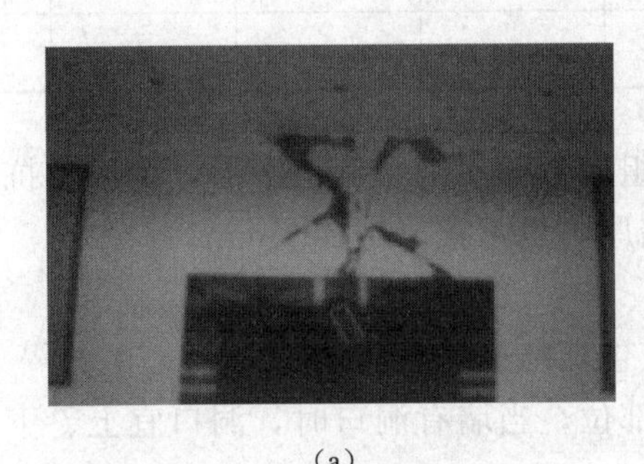

(a)

(b)

图 6-33　框架-抗震墙结构中连梁的震害

(a)连梁破坏；(b)小跨高比连梁破坏

在地震区，框架-抗震墙结构进行抗震设计时，按表 6-2 确定抗震等级。设置少量抗震墙的框架结构，在规定的水平力作用下，底层框架部分所承担的地震倾覆力矩大于结构总地震倾覆力矩的 50%时，其框架的抗震等级应按框架结构确定，抗震墙的抗震等级可与其框架的抗震等级相同。

二、结构布置原则

(1)框架-抗震墙结构中，框架和抗震墙均应双向设置，柱中线与抗震墙中线、梁中线与柱中线之间偏心距大于柱宽的 1/4 时，应计入偏心的影响。

(2)在实际工程中，框架-抗震墙结构中的抗震墙，作为该结构体系第一道防线的主要抗侧力构件，需要比一般的抗震墙有所加强。其抗震墙通常有两种布置方式：一种是抗震墙与框架分开，抗震墙围成筒，墙的两端没有柱；另一种是抗震墙嵌入框架内，有端柱、有边框梁，成为带边框抗震墙。框架-抗震墙结构中的抗震墙设置，宜符合下列要求：

①抗震墙宜贯通房屋全高，沿高度墙的厚度宜逐渐减薄，避免刚度突然变化。当抗震

墙不能全部贯通时，相邻楼层刚度减弱不宜大于30%，有突变的楼层楼板应按转换层楼板的要求采取加强措施。

②楼梯间宜设置抗震墙，但不宜造成较大的扭转效应。

③抗震墙两端(不包括洞口两侧)宜设置端柱或与另一方向的抗震墙相连。

④房屋较长时，刚度较大的纵向抗震墙不宜设置在房屋的端开间；否则，应采取措施，以减少温度、收缩应力的影响。

⑤抗震墙洞口宜上下对齐；洞边距端柱不宜小于300 mm。

(3)框架-抗震墙结构，应通过刚性楼、屋盖的连接，将地震作用传递到抗震墙，保证结构在地震作用下的整体工作。为了保证楼、屋盖的刚性，抗震墙之间无大洞口的楼、屋盖长宽比，不宜超过表6-16的限值。

表6-16　抗震墙之间楼、屋盖的长宽比

楼、屋盖类型		烈度			
		6	7	8	9
框架-抗震墙结构	现浇或叠合楼、屋盖	4	4	3	2
	装配式整体式楼、屋盖	3	3	2	不宜采用

(4)纵向、横向抗震墙宜连接在一起，组成L形、T形和口字形，以增大抗震墙的刚度和抗扭转能力。洞口边缘距柱边不宜小于墙厚，也不宜小于300 mm。

(5)抗震墙宜贯通房屋全高。

(6)非筒体抗震墙应设计成周边有梁柱(包括暗梁)的抗震墙。

(7)抗震墙不应设置在墙面开大洞口的部位，当墙有洞口时，洞口宜上、下对齐，避免错开；上、下洞口间的墙高(包括梁)不宜小于层高的1/5。

(8)一、二级抗震墙的洞口连梁，跨高比不宜大于5，并且梁的截面高度不宜小于400 mm。

(9)框架-抗震墙结构中的抗震墙基础，应有良好的整体性和抗转动能力。

三、截面设计要点和抗震构造措施

(1)框架-抗震墙结构中，抗震墙的厚度不应小于160 mm且不宜小于层高或无支长度的1/20，底部加强部位的抗震墙厚度不应小于200 mm且不宜小于层高或无支长度的1/16。

(2)框架-抗震墙结构中，抗震墙有端柱时，墙体在楼盖处宜设置暗梁，暗梁的截面高度不宜小于墙厚和400 mm的较大值；端柱截面宜与同层框架柱相同，并应满足本章第五节有关框架柱的要求；抗震墙底部加强部位的端柱和紧靠抗震墙洞口的端柱宜按柱箍筋加密区的要求沿全高加密箍筋。

(3)抗震墙的竖向和横向分布钢筋，配筋率均不应小于0.25%，钢筋直径不宜小于10 mm，间距不宜大于300 mm，并应双排布置。双排分布钢筋间应设置拉筋。

(4)楼面梁与抗震墙平面外连接时，不宜支承在洞口连梁上；沿梁轴线方向宜设置与梁连接的抗震墙，梁的纵筋应锚固在墙内；也可在支承梁的位置设置扶壁柱或暗柱，并应按计算确定其截面尺寸和配筋。

(5)对于一、二级抗震等级的框架—抗震墙结构中的连梁，当跨高比不大于 2.5 时，宜根据结构类型、抗震等级及作用剪力分别选择以下设计方案：

①当连梁截面宽度小于 250 mm 时，可采用简单对角斜筋配筋连梁，如图 6-34 所示。

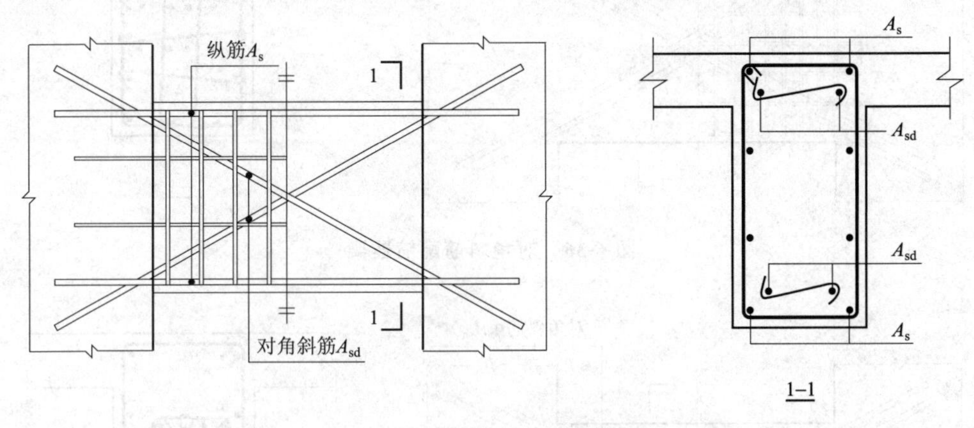

图 6-34　简单对角斜筋配筋连梁

②当洞口连梁截面宽度不小于 250 mm 时，可采用交叉斜筋配筋方案，如图 6-35 所示。

③当连梁截面宽度不小于 400 mm 时，可采用对角斜筋配筋方案，如图 6-36 所示；或采用对角暗柱配筋方案，如图 6-37 所示。

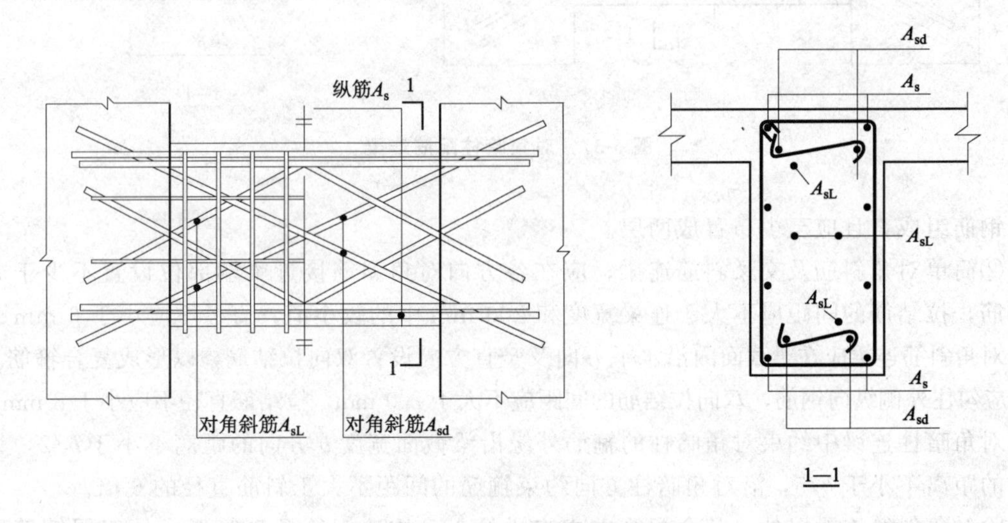

图 6-35　交叉斜筋配筋连梁

(6)连梁的纵向钢筋、斜筋及箍筋的构造要求如下：

①连梁沿上、下边缘单侧纵向钢筋的最小配筋率不应小于 0.15%，且配筋不宜少于 2Φ12；简单对角斜筋连梁单向对角斜筋的最小配筋率不应小于 0.15%，且配筋不宜少于 2Φ12；交叉斜筋连梁单向对角斜筋的最小配筋率不应小于 0.15%，且配筋不宜少于 2Φ12，单根两折线筋的截面面积可取为单向对角斜筋截面面积的 50%，且直径不宜小于 12 mm；对角斜筋连梁和对角暗柱连梁中，每组对角斜筋的最小配筋率不应小于 0.15%，应至少由

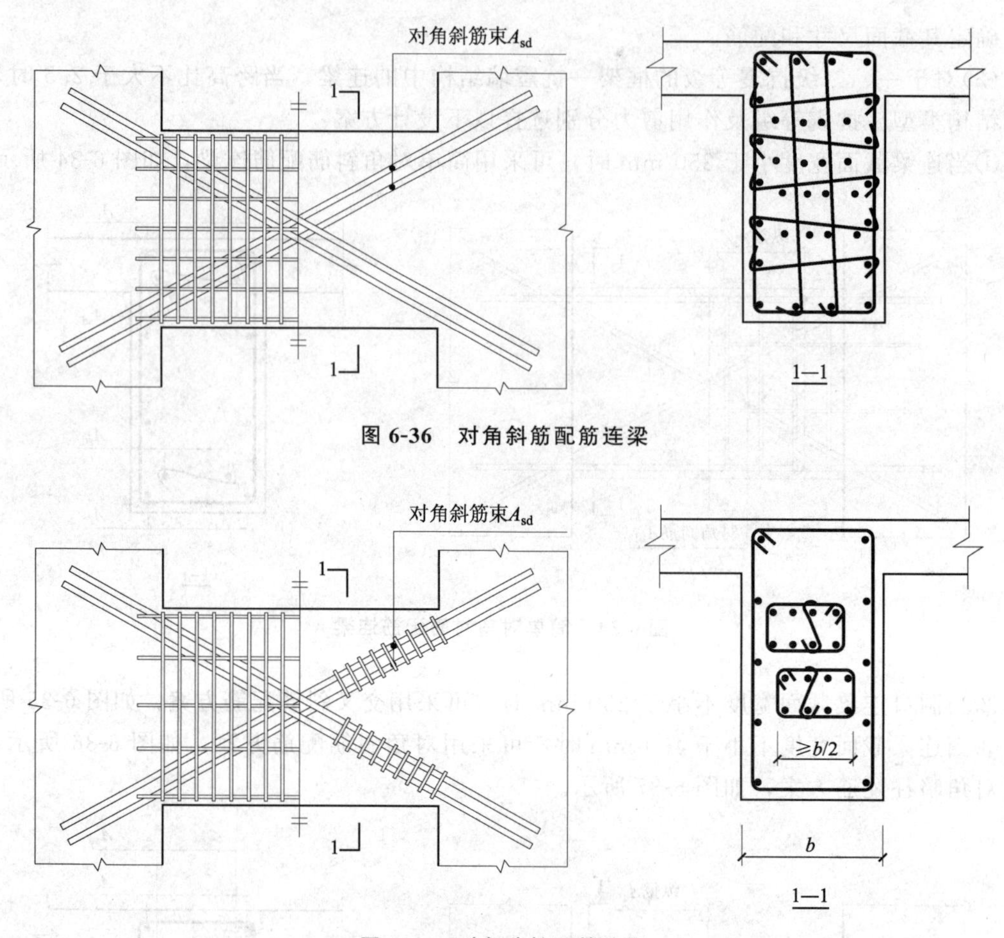

图 6-36　对角斜筋配筋连梁

图 6-37　对角暗柱配筋连梁

四根钢筋组成，且应至少布置成两层。

②简单对角斜筋及交叉斜筋连梁，应在各方向对角斜筋接近梁端部位设置不少于 3 根拉结筋，拉结筋的间距应不大于连梁宽度和 200 mm 中的较小值，直径不应小于 6 mm。

对角斜筋连梁应在梁截面内沿水平方向及竖直方向设置双向拉结筋，以形成复合箍筋。拉结筋应勾住外侧纵向钢筋，双向拉结筋的间距应不大于 200 mm，拉结筋直径不应小于 8 mm。

对角暗柱连梁中约束对角暗柱的箍筋外缘沿梁截面宽度 b 方向的距离不小于 $b/2$，另一方向的距离不小于 $b/5$，沿对角暗柱方向约束箍筋的间距不大于斜筋直径的 6 倍。

除对角斜筋连梁以外，其余配筋方式连梁的水平构造钢筋及箍筋形成的双层钢筋网应采用拉结筋连系，拉筋直径不宜小于 6 mm，间距不宜大于 400 mm。

③沿连梁全长箍筋的构造，应按框架梁梁端加密区箍筋的构造要求采用；对角暗柱连梁沿连梁全长箍筋的间距，可按表 6-8 中规定的 2 倍取用。

④连梁纵向受力钢筋、交叉斜筋伸入墙内的锚固长度做法，如图 6-30 所示。

(7)框架-抗震墙结构中框架部分的构造措施，应符合本章第四节、第五节框架结构的相关要求；抗震墙部分的构造措施除按本节的要求外，尚应符合本章第六节抗震墙的有关要求。

思考题

6-1 简述框架结构的震害特点。

6-2 多层、高层钢筋混凝土结构房屋抗震设计的一般规定是什么？为什么要限制此类房屋的最大高宽比？

6-3 框架结构在竖向荷载和水平荷载作用下的内力如何计算？

6-4 简述框架结构中梁、柱以及节点的抗震构造措施。

6-5 框架结构中梁纵筋、箍筋配置有哪些要求？

6-6 框架结构中梁柱纵筋在节点区有哪些锚固要求？

6-7 简述抗震墙结构受力特点。

6-8 简述框架-抗震墙结构受力和震害特点。

实训题

6-1 某钢筋混凝土框架-抗震墙结构，房屋高度为 31 m，乙类建筑，抗震烈度为 6 度，Ⅳ类建筑场地。在基本振型地震作用下，框架部分承受的地震倾覆力矩大于结构总地震倾覆力矩的 50%。在进行结构抗震设计时，下列说法正确的是(　　)。

A. 框架按四级抗震等级采取抗震措施

B. 框架按三级抗震等级采取抗震措施

C. 框架按二级抗震等级采取抗震措施

D. 框架按一级抗震等级采取抗震措施

6-2 某高层建筑采用 12 层钢筋混凝土框架-抗震墙结构，房屋高度为 48 m，抗震设防烈度为 8 度，框架等级为二级，抗震墙为一级，混凝土强度等级：梁、板均为 C30；框架柱、抗震墙均为 C40($f_t=1.71\ \text{N/mm}^2$)。箍筋保护层厚度为 10 mm，约束边缘构件内规范要求配置纵向钢筋的最小范围(画有阴影部分)及其箍筋的配置如图 6-38 所示，问图中阴影部分的长度 a_c 和箍筋，应按下列哪项选用(　　)。

提示：①钢筋 HPB300 级的 $f_y=270\ \text{N/mm}^2$，钢筋 HRB335 级的 $f_y=300\ \text{N/mm}^2$；

②$l_c=1\ 300\ \text{mm}$。

A. $a_c=650$ mm，箍筋 ϕ8@100

B. $a_c=650$ mm，箍筋 ϕ10@100

C. $a_c=500$ mm，箍筋 ϕ8@100

D. $a_c=500$ mm，箍筋 ϕ10@100

6-3 某多层钢筋混凝土框架结构的中柱，剪跨比 $\lambda>2$，截面尺寸及计算配筋如图 6-39 所示，抗震等级为四级，混凝土强度等级为 C30，纵向受力钢筋采用 HRB335 级钢筋，箍筋采用 HPB300 级钢筋，$a_s=a'_s=40$ mm，$\xi_b=0.55$。该柱经验算可按构造要求配置箍筋。则该柱加密区和非加密区箍筋的配置，选用(　　)符合规范要求。

A. ϕ6@100/200　　B. ϕ6@90/180　　C. ϕ8@100/200　　D. ϕ8@90/180

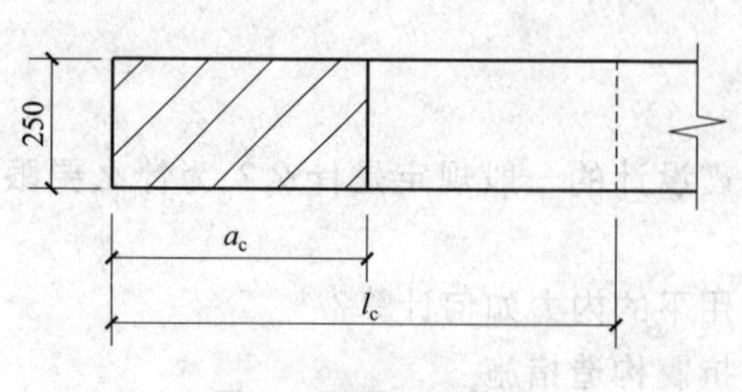

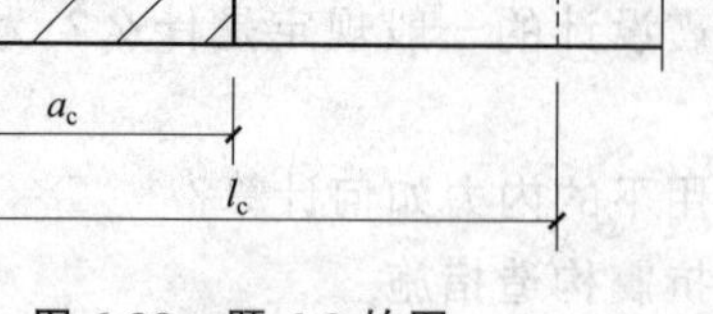

图 6-38　题 6-2 的图

KZ1
400×400
4Φ20+4Φ12
400
400

图 6-39　题 6-3 的图

6-4　关于抗震设计的概念，下列不正确的是(　　)。

A. 有抗震设防要求的多层、高层钢筋混凝土楼屋盖，不应采用预制装配式结构

B. 利用计算机进行结构抗震分析时，应考虑楼梯构件的影响

C. 有抗震设防要求的多层钢筋混凝土框架结构，不宜采用单跨框架结构

D. 钢筋混凝土结构构件设计时，应防止剪切破坏先于弯曲破坏

6-5　某高层建筑要求底部为大空间，(　　)体系为合适的选择。

A. 框架结构　　B. 框支剪力墙结构　C. 剪力墙结构　　D. 板柱结构

6-6　高层建筑结构防震缝的设置，下列表述正确的是(　　)。

A. 应沿房屋全高设置，包括基础亦断开

B. 应沿房屋全高设置，基础可不设防震缝，但在与上部防震缝对应处应加强构造和连接

C. 应沿房屋全高设置，有地下室时仅地面以上设置

D. 应沿房屋全高设置，基础为独立柱基时地上部分可设防震缝，也可根据不同情况不设防震缝

第七章　多层、高层钢结构房屋抗震设计

知识目标

1. 掌握多层、高层钢结构房屋的选型与结构布置；
2. 掌握多层、高层钢结构房屋的抗震构造措施；
3. 熟悉多层、高层钢结构主要震害特征；
4. 了解多层、高层钢结构房屋的抗震计算。

能力目标

1. 具有分析钢结构建筑物震害的能力；
2. 能够熟练运用相关规范、标准解决多层、高层钢结构房屋抗震构造措施的问题。

素质目标

1. 培养学生脚踏实地、勤勤恳恳的工作态度。
2. 加强职业责任底线意识。

钢结构在我国的发展已有几十年的历史，最初主要应用于厂房、屋盖、平台等工业结构中，直到20世纪80年代初期才开始大规模地应用于民用建筑中。最近20年，民用建筑钢结构在我国发展迅速，特别是在20世纪80年代中期至90年代中期，我国曾掀起了建设高层钢结构建筑的热潮。在这20年中，钢结构体系也呈多样化发展，纯框架结构、框架-中心支撑结构、框架-偏心支撑结构、框架-抗震墙结构、筒中筒结构、带加强层的框筒结构以及巨型框架结构等各种类型的钢结构建筑都相继在我国建成。与之相适应的，我国的钢铁工业在这些年也得到了迅猛的发展，钢材的产量有了很大提高，钢材的品种和规格也更加丰富。近些年来，钢框架-混凝土核心筒结构在我国应用较多，其主要由混凝土核心筒来承担地震作用，这种结构形式有待经受实际地震的考验。

第一节　多层、高层钢结构房屋主要震害特征

一、震害分析

钢结构自从其诞生之日起就被认为具有卓越的抗震性能，它在历次的地震中也经受了考验，较少发生破坏现象。但是在1994年美国北岭大地震和1995年日本阪神大地震中，

钢结构出现了大量的局部破坏(如梁柱节点破坏、柱脆性断裂、腹板裂缝和翼缘屈曲等),甚至在日本阪神地震中发生了钢结构建筑整个中间楼层被震塌的现象。根据钢结构在地震中的破坏特征,现将它的破坏形式分为以下几类进行分析。

多、高层钢结构房屋的抗震分析

1. 梁柱的节点破坏

梁柱节点破坏是多层、高层钢结构在地震中发生最多的破坏形式之一,尤其是1994年美国北岭大地震和1995年日本阪神大地震中,钢框架梁柱节点遭受了严重破坏。这些地震中的梁柱节点呈脆性破坏,主要出现在梁柱节点的下翼缘,上翼缘的破坏要相对少得多。图7-1列出了美国北岭地震和1995年日本阪神地震中的几种梁柱节点脆性破坏形式。其中,图7-1(a)为一栋高层钢结构建筑中的节点破坏,下翼缘焊缝与柱翼缘完全脱离开来,这是这次地震中梁柱节点最多的破坏形式;图7-1(b)为另一种发生较多的梁柱节点破坏,即裂缝从下翼缘垫板与柱的交界处开始,然后向柱翼缘中扩展,甚至出现撕下一部分柱翼缘母材的情况。图7-1(c)、(d)为地震中出现的另外两种节点破坏形式。

在图7-1(c)中,裂缝穿过柱翼缘扩展到柱腹板中;在图7-1(d)中,裂缝从焊缝开始扩展到梁腹板中;在图7-1(e)中,裂缝从柱焊缝开始扩展到整个柱翼缘;图7-1(f)为梁柱节点板上的高强度螺栓破坏。

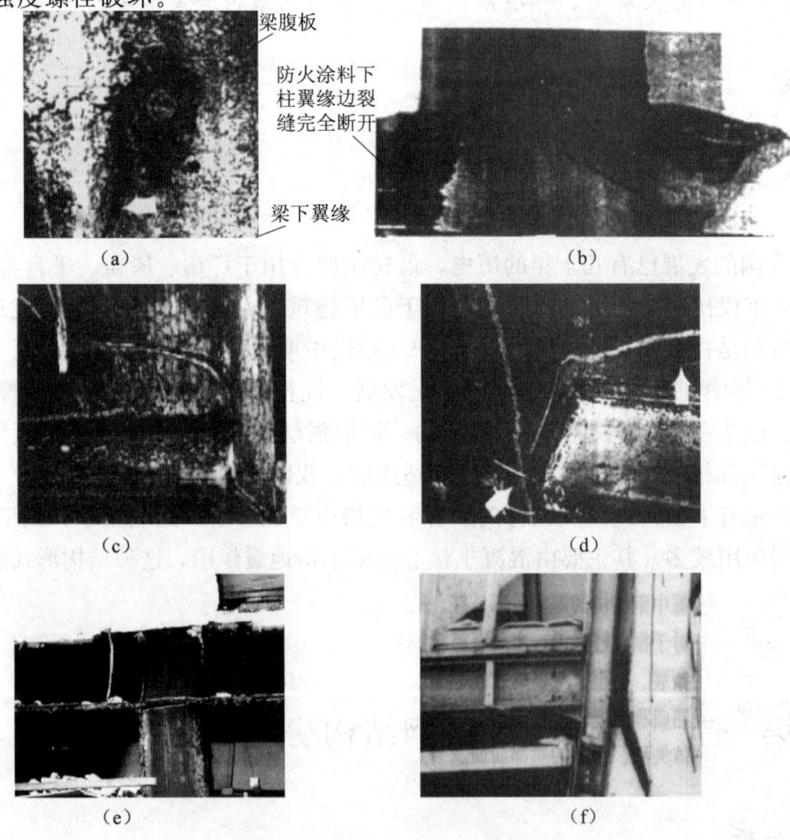

图7-1　梁柱节点破坏形式

(a)节点焊缝与柱翼缘完全脱离;(b)裂缝扩展到柱翼缘中;(c)裂缝扩展至柱腹板中
(d)裂缝扩展至梁腹板中;(e)梁柱节点柱焊缝裂缝;(f)高强度螺栓破坏

在地震中另一种节点破坏就是柱底板的破裂及其锚栓、钢筋混凝土墩的破坏，如图 7-2 所示。

图 7-2　柱脚锚栓的破坏形式

根据震害中的梁柱节点破坏，将节点的破坏模式分为 8 类，如图 7-3 所示，它基本包括了美国北岭地震中的大多数破坏形式。图 7-3(a)、(b)的节点破坏形式为这次地震中梁柱节点破坏最多的形式，即裂缝在梁下翼缘中扩展，甚至梁下翼缘焊缝与柱翼缘完全脱离开来；图 7-3(c)、(d)为另外两种发生较多的梁柱节点破坏模式，即裂缝从下翼缘垫板与柱交界处开始，然后向柱翼缘中扩展，甚至撕下一部分柱翼缘母材。

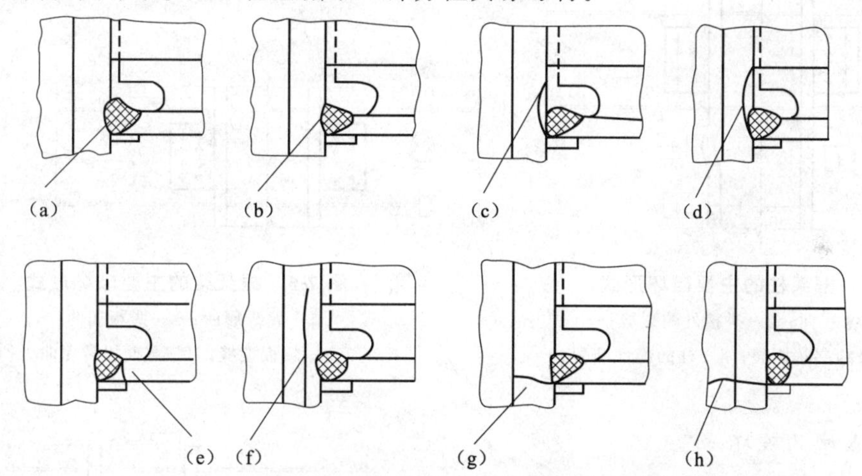

图 7-3　梁柱节点的主要破坏模式

(a)焊缝与柱翼缘完全撕裂；(b)焊缝与柱翼缘部分撕裂；(c)柱翼缘完全撕裂；(d)柱翼缘部分撕裂
(e)焊趾处翼缘断裂；(f)柱翼缘层状撕裂；(g)柱翼缘断裂；(h)柱翼缘和腹板部分断裂

2. 梁、柱、支撑等构件的破坏

在以往的地震中，梁、柱、支撑等主要受力构件的局部破坏也较多。图 7-4 列出了美国北岭地震和日本阪神地震中的几种主要受力构件的破坏形式。其中，图 7-4(a)所示为柱间支撑连接处框架柱的破坏，柱腹板已被完全剪断；图 7-4(b)所示为一柱间支撑的破坏形式，柱间支撑在受压作用下已完全整体失稳；图 7-4(c)所示为另一柱间支撑的破坏形式，其在节点处被完全拉断。

总结以往地震中钢结构的震害特点，柱、梁、支撑等主要受力构件的主要破坏形式有以下几种情况：对于框架柱来说，主要有翼缘的屈曲、拼接处的裂缝、节点焊缝处裂缝引起的柱翼缘层状撕裂，甚至框架柱的脆性断裂，如图 7-5 所示。对于框架梁而言，主要有翼缘屈曲、腹板屈曲和裂缝、截面扭转屈曲等破坏形式，如图 7-6 所示。支撑的破坏形式主要有杆件的整体失稳、板件的局部屈曲及节点处的断裂。

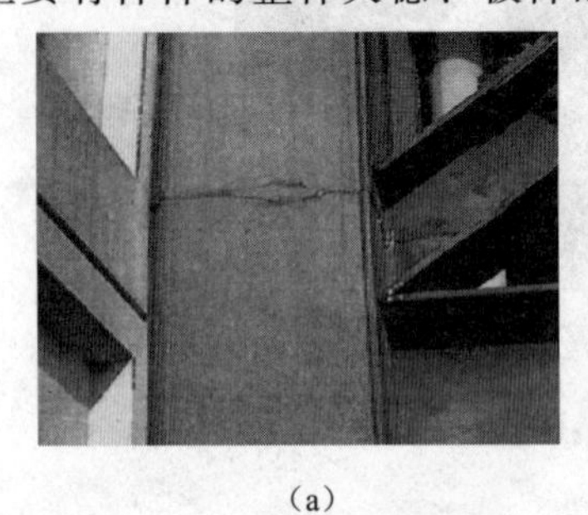

(a)

(b)

(c)

图 7-4　构件破坏形式

(a)支撑附近柱腹板断裂；(b)柱间支撑受压屈曲；(c)柱间支撑受拉断裂

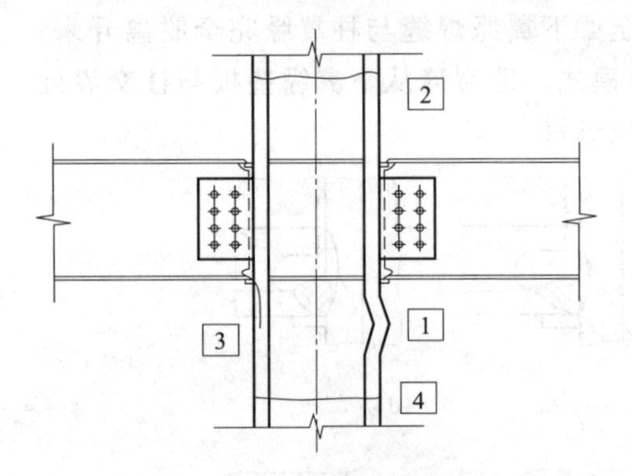

图 7-5　框架柱的主要破坏形式

1—翼缘屈曲；2—拼接处的裂缝；

3—柱翼缘的层状撕裂；4—柱的脆性断裂

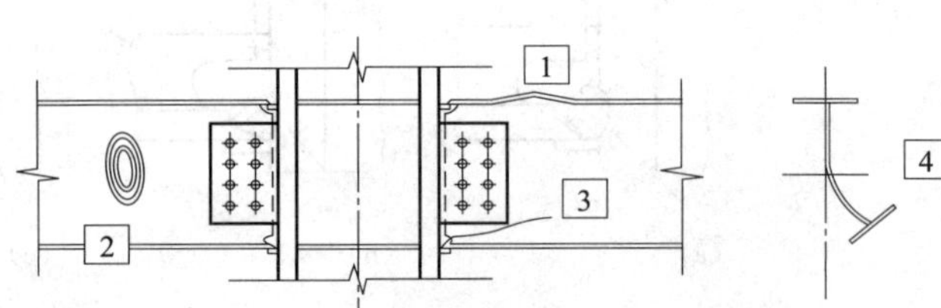

图 7-6　框架梁的主要破坏形式

1—翼缘屈曲；2—腹板屈曲；

3—腹板裂缝；4—截面扭转屈曲

3. 节点域的破坏

节点域的破坏形式比较复杂，主要有加劲板的屈曲和开裂、加劲板焊缝出现裂缝、腹板的屈曲和裂缝，如图 7-7 所示。

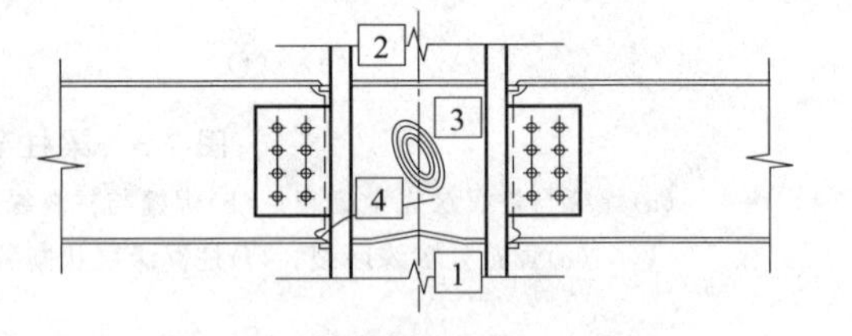

图 7-7　节点域的主要破坏形式

1—加劲板屈曲；2—加劲板开裂；

3—腹板屈曲；4—腹板开裂

4. 多层钢结构底层或中间层整层的坍塌

在以往的地震中，钢结构建筑很少发生整层坍塌的破坏现象。而在阪神特大地震中，不仅一些多层钢结构在首层发生了整体破坏，甚至出现了多层钢结构在中间层发生整体破坏的现象。究其原因，主要是楼层屈服强度系数沿高度分布不均匀，造成了结构薄弱层的形成。

二、震害原因探讨

根据对前述多层、高层钢结构房屋的震害特征的分析，总结其破坏原因，主要有以下几点：

(1)梁柱节点的设计、构造以及焊缝质量等方面的原因造成了大量的梁柱节点脆性破坏；

(2)焊缝尺寸设计不合理或施工质量不过关，造成了许多焊缝处都出现了裂缝；

(3)构件的截面尺寸和局部构造，如长细比、板件宽厚比设计不合理，造成了构件的脆性断裂、屈曲和局部的破裂；

(4)结构的楼层屈服强度系数和抗侧刚度沿高度分布不均匀，造成了底层或中间某层形成薄弱层，从而发生薄弱层的整体破坏现象。

为了预防以上震害的出现，多层、高层钢结构房屋抗震设计应符合《抗震规范》的相关规定。

第二节　多层、高层钢结构房屋的选型与结构布置

一、多层、高层钢结构房屋受力特点与适用范围

1. 钢框架结构的抗震性能

钢框架结构体系早在19世纪末就已出现，是高层建筑中最早出现的结构体系之一。这种结构体系刚度分布均匀，构造也简单，制作安装方便；同时，在大震作用下，结构具有较大的延性和一定的耗能能力——其耗能能力主要是通过梁端塑性弯曲铰的非弹性变形来实现的。但是这种结构形式在弹性状况下的抗侧刚度较小，主要取决于组成框架的柱和梁的抗弯刚度。在水平力作用下，当楼层较少时，结构的侧向变形主要是剪切变形，即由框架柱的弯曲变形和节点的转角所引起的；当层数较多时，结构的侧向变形则除了由框架柱的弯曲变形和节点转角造成外，框架柱的轴向变形所引起的侧移随着结构层数的增多也越来越大。由此可以看出，纯框架结构的抗侧移能力主要决定于框架柱和梁的抗弯能力。当层数较多时，要提高结构的抗侧移刚度，只有加大梁和柱的截面。但截面过大会使框架结构失去其经济合理性，故其主要适用于多层钢结构房屋。

2. 钢框架-支撑(抗震墙板)结构的抗震性能

由于框架结构是靠梁、柱的抗弯刚度来抵抗水平地震力，因而不能有效地利用构件的强度。当层数较多时，就很不经济。因此，当建筑物超过20层或纯框架结构在风荷载或水平地震作用下的侧移不符合要求时，往往在框架结构中再加上抗侧移构件，即构成了钢框架-抗剪结构体系。根据抗侧移构件的不同，这种体系又可分为钢框架-支撑结构体系(中心支撑和偏心支撑)和钢框架-抗震墙板结构体系。

(1)钢框架-支撑结构体系。钢框架-支撑结构是在框架的一跨或几跨沿竖向布置支撑而构成，其中支撑桁架部分起着类似于框架-剪力墙结构中剪力墙的作用。在水平力作用下，支撑桁架部分中的支撑构件只承受拉、压轴向力，这种结构形式无论是从强度还是变形的角度看，都是十分有效的。与钢框架结构相比，这种结构形式大大提高了结构的抗侧移刚度。

就钢支撑的布置而言，其可分为中心支撑(图7-8)和偏心支撑(图7-9)两大类。

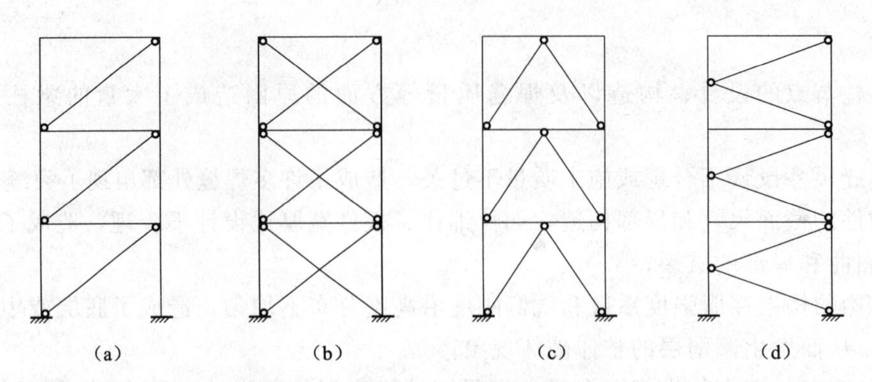

图 7-8　钢框架-中心支撑结构体系

(a)对角式；(b)十字交叉式；(c)人字形式；(d)K 形形式

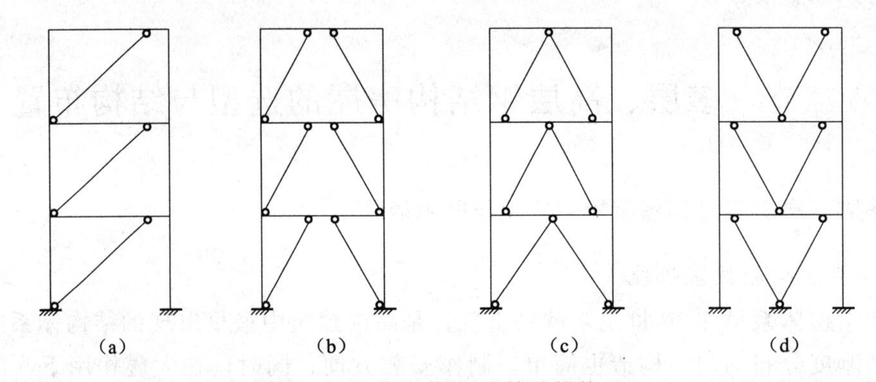

图 7-9　钢框架-偏心支撑结构体系

(a)单斜杠式；(b)门架式；(c)人字形式；(d)V 形形式

①中心支撑框架结构是指支撑的两端都直接连接在梁柱节点上。中心支撑框架体系在大震作用下支撑易失稳，造成刚度及耗能能力急剧下降，直接影响结构的整体性能。但其在小震作用下抗侧移刚度很大，构造相对简单，实际工程应用较多，我国很多的实际钢结构工程都采用了这种结构形式。为了提高中心支撑框架结构的耗能能力，解决支撑在大震作用下易失稳的问题，目前应用较多的方法有两个，分别为中心支撑采用屈曲约束支撑和在中心支撑上安装阻尼器。采用屈曲约束支撑的钢结构，应符合本书有关消能减震的设计要求。

②偏心支撑框架结构是一种新型的结构形式。偏心支撑就是支撑至少有一端偏离了梁柱节点，直接连在梁上，则支撑与柱之间的一段梁即为消能梁段。它较好地结合了纯框架结构和中心支撑框架结构两者的长处。与钢框架结构相比，它每层间有支撑，具有更大的抗侧移刚度和极限承载力。与中心支撑框架结构相比，它在支撑的一端有消能梁段。在大震作用下，消能梁段在巨大剪力作用下，先发生剪切屈服，从而保证支撑的稳定，使结构的延性好、滞回环稳定，具有良好的耗能能力。

近年来，在美国的高烈度地震区，有较多层、高层钢结构建筑选择偏心支撑框架结构作为主要的抗震结构体系，北京的中国工商银行总行大楼也采用了这种结构体系。

(2)钢框架-抗震结构体系。抗震墙板包括带竖缝墙板、内藏钢支撑混凝土墙板和钢抗震墙板等。带竖缝墙板最早由日本在 20 世纪 60 年代研制，并成功地应用到日本第一幢高层钢结构建筑——霞关大厦。这种带竖缝墙板就是通过在钢筋混凝土剪力墙板中按一定间距设置竖缝而形成的，同时在竖缝中设置了两块重叠的石棉纤维作隔板，这样既不妨碍竖缝剪切变形，又能起到隔声等作用。它只能承受水平荷载产生的剪力，不承受竖向荷载产生的压力；在小震作用下处于弹性状态，刚度较大，在大震作用下即进入弹塑性状态，能吸收大量的地震能量并保证其承载力。北京京广中心大厦结构体系采用的就是这种带竖缝墙板的钢框架-抗震墙板结构。

内藏钢板支撑剪力墙构件是一种以钢板为基本支撑、外包钢筋混凝土墙板的预制构件，它只在支撑节点处与钢框架相连，而且混凝土墙板与框架梁柱之间留有间隙，因此，实际上仍然是一种支撑。内藏钢板支撑的基本设计原则可参照普通钢支撑。

钢抗震墙板是一种用钢板或带有加劲肋的钢板制成的墙板，只承受水平剪力，不承受重力荷载，这种构件在我国应用较少。

3. 钢筒体结构的抗震性能

筒体结构体系是在超高层建筑中应用较多的一种，按筒体的位置、数量分为钢框架-核心筒、筒中筒、带加强层的筒体和束筒等几种结构体系。

(1)钢框架-核心筒结构体系。钢框架-核心筒结构体系将抗剪结构做成四周封闭的核心筒，用以承受全部或大部分水平荷载和扭转荷载，如图 7-10 所示。外围框架可以是铰接钢结构或钢骨混凝土结构，主要承受自身的重力荷载，也可设计成抗弯框架，承担一部分水平荷载。核心筒的布置随建筑的面积和用途不同而有很大的变化，它可以是设置于建筑物核心的单筒，也可以是几个独立的筒位于不同的位置上。

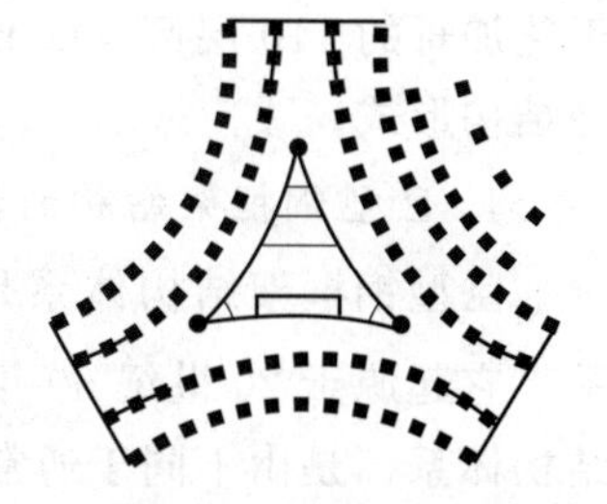
图 7-10 钢框架-核心筒结构体系

(2)筒中筒结构体系。筒中筒结构体系是集外围框筒和核心筒为一体的结构形式，其外围多为密柱深梁的钢框筒，核心为钢结构构成的筒体，如图 7-11 所示。内、外筒通过楼板而连接成一个整体，大大提高了结构的总体刚度，可以有效地抵抗水平外力。与钢框架-核心筒结构体系相比，由于外围框架筒的存在，筒中筒结构体系整体刚度远大于钢框架-核心筒结构体系；与外框筒结构体系相比，由于核心内筒参与抵抗水平外力，不仅提高了结构抗侧移刚度，还可使框筒结构的剪力滞后现象得到改善。这种结构体系在工程中应用较多，建于 1989 年的 39 层高 155 m 的北京国贸中心大厦就采用了全钢筒中筒结构体系。

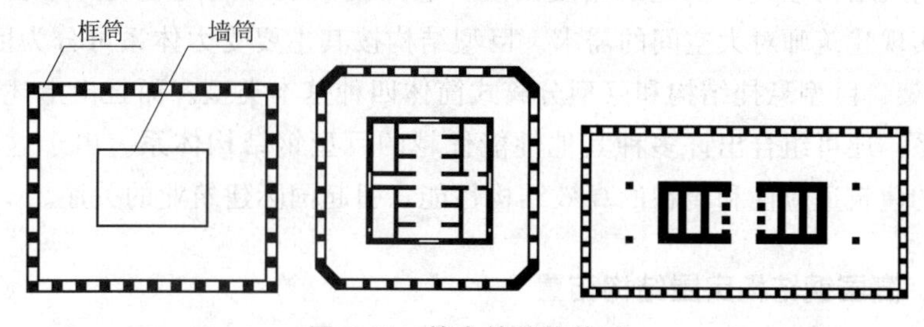

图 7-11 筒中筒结构体系

(3)带加强层的筒体结构体系。对于钢框架-核心筒结构，其外围柱与中间的核心筒仅通过跨度较大的连系梁连接。这时结构在水平地震作用下，外围框架柱不能与核心筒共同形成一个有效的抗侧力整体，从而使核心筒几乎独自抗弯，外围柱的轴向刚度不能很好地利用，致使结构的抗侧移刚度有限，建筑物高度也受到限制。带水平加强层的筒体结构体系就是通过在技术层(设备层、避难层)设置刚度较大的加强层，进一步加强核心筒与周边框架柱的连系，充分利用周边框架柱的轴向刚度而形成的反弯矩来减少内筒体的倾覆力矩，从而减少结构在水平荷载作用下的侧移。由于外围框架梁的竖向刚度有限，不足以让未与水平加强层直接相连的其他周边柱子参与结构的整体抗弯，一般在水平加强层的楼层沿结构周边设置由筒体外伸臂或外伸臂和周边桁架组成的加强层。设置水平加强层后抗侧移效果显著，顶点侧移可有效减少。

(4)束筒结构体系。束筒结构就是将多个单元框架筒体连在一起而组成的组合筒体，是一种抗侧刚度很大的结构形式，如图7-12所示。这些单元筒体本身具有很高的强度，它们可以在平面和立面上组合成各种形状，并且各个筒体可终止于不同高度，既可使建筑物形成丰富的立面效果，又不增加其结构的复杂性。曾经是世界最高的建筑——位于芝加哥的110层高442 m的西尔斯大厦，采用的就是这种结构形式。

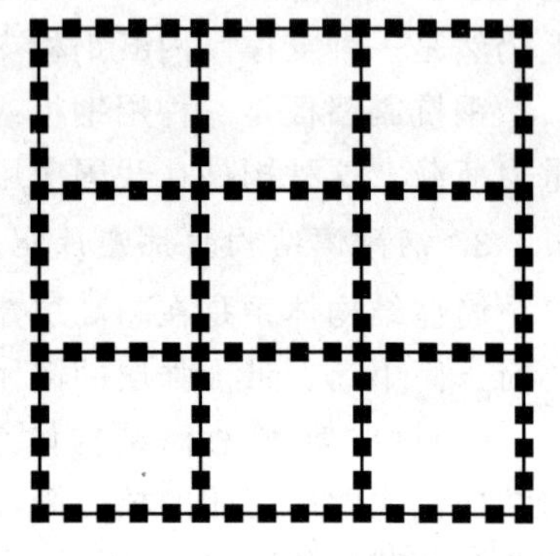

图7-12 束筒结构体系

4. 巨型钢框架结构的抗震性能

巨型钢框架结构体系是一种新型的超高层建筑结构体系，它起源于20世纪60年代末，由梁式转换楼层结构发展而成。巨型结构体系又称超级结构体系，是由不同于通常梁柱概念的大型构件——巨型梁和巨型柱组成的简单而巨型的主结构和由常规结构构件组成的次结构共同工作的一种结构体系。主结构中巨型构件的截面尺寸通常很大。其中，巨型柱的尺寸常超过一个普通框架的柱间距，形式上可以是巨大的实腹钢骨混凝土柱、空间格构式桁架或筒体；巨型梁大多数采用的是高度在一层以上的平面或空间格构式桁架，一般隔若干层设置一道。在主结构中，有时也设置跨越几层的支撑或斜向布置剪力墙。

巨型钢结构的主结构通常为主要的抗侧力体系，承受全部的水平荷载和次结构传来的各种荷载；次结构承担竖向荷载，并将力传给主结构。巨型结构体系从结构角度看是一种超常规的具有巨大抗侧移刚度及整体工作性能的大型结构，可以很好地发挥材料的性能，是一种合理的超高层结构形式；从建筑角度出发，它的提出既可满足建筑师丰富建筑平、立面的愿望，又可实现建筑师对大空间的需求。巨型结构按其主要受力体系可分为巨型桁架(包括筒体)、巨型框架、巨型悬挂结构和巨型分离式筒体四种基本类型。而且由上述四种基本类型和其他常规体系，还可组合出许多种其他性能优越的巨型钢结构体系。由于这种新型的结构形式具有良好的建筑适应性和潜在的高效结构性能，引起国际建筑业的关注。

二、多层、高层钢结构房屋结构布置

1. 结构平、立面布置以及防震缝的设置

和其他结构类型的房屋一样，多层、高层钢结构房屋的平面布置宜简单、规则和对称，并应具有良好的整体性；建筑的立面和竖向剖面宜规则，结构的抗侧刚度宜均匀变化，竖向抗侧力构件的截面尺寸和材料强度宜自下而上逐渐减小，避免抗侧力结构的侧向刚度和承载力突变。因此，钢结构房屋应尽量避免采用不规则的建筑结构方案。有关不规则的类型，详见本书第二章。

多层、高层钢结构房屋一般不宜设置防震缝，薄弱部位应采取措施提高抗震能力。当结构体形复杂，平面、立面特别不规则，必须设置防震缝时，可按实际需要在适当部位设置防震缝，形成多个规则的抗侧力结构单元。防震缝缝宽应不小于相应钢筋混凝土结构房屋的 1.5 倍。

2. 不同结构体系的多层、高层钢结构房屋适用的最大高度和最大高宽比

表 7-1 为《抗震规范》规定的各种不同结构体系多层、高层钢结构房屋的最大适用高度，如某工程设计高度超过表中所列的限值时，必须按规定进行超限审查。平面和竖向均不规则或建造于Ⅳ类场地的钢结构，适用的最大高度应适当降低。表 7-1 中所列的各项取值是在研究各种结构体系的结构性能和造价的基础之上，按照安全性和经济性的原则确定的。

表 7-1　钢结构房屋适用的最大高度　　m

结构类型	6、7 度 (0.10g)	7 度 (0.15g)	8 度		9 度 (0.40g)
			(0.20g)	(0.30g)	
框架	110	90	90	70	50
框架-中心支撑	220	200	180	150	120
框架-偏心支撑(延性墙板)	240	220	200	180	160
筒体(框筒、筒中筒、桁架筒、束筒)和巨型框架	300	280	260	240	180

注：1. 房屋高度指室外地面到主要屋面板板顶的高度(不包括局部突出屋顶部分)。
2. 超过表内高度的房屋，应进行专门研究和论证，采取有效的加强措施。
3. 表内的筒体不包括混凝土筒。

钢框架结构有较好的抗震能力，即在大震作用下具有很好的延性和耗能能力，但在弹性状态下抗侧刚度相对较小。研究表明：对 6、7 度(0.10g)设防和非设防的结构，即水平地震作用相对较小，最大经济层数是 30 层，约 110 m 高，《抗震规范》规定：框架体系最高高度不应超过 110 m。对于 8、9 度设防的结构，地震作用相对较大，层数应适当减小。参考已建的北京长富宫中心饭店[钢框架结构、8 度(0.20g)设防、26 层、94 m 高]等建筑，8 度(0.20g)设防的纯钢框架结构最大适用高度设为 90 m，9 度(0.40g)设防的纯钢框架结构最大适用高度设为 50 m。

钢框架-支撑(抗震墙板)结构是在钢框架结构中增加了支撑或带竖缝墙板等抗侧构件，从而提高了钢结构的整体刚度和抗侧能力，即这种结构体系可以建得更高。同时，参考已建的北京京城大厦[钢框架-抗震墙板结构、8 度(0.20g)设防、52 层 183.5 m 高]、北京京广中心[钢框架-抗震墙板结构、8 度(0.20g)设防、53 层 208 m 高]等建筑，《抗震规范》规定 8 度(0.20g)设防的结构，最大适用高度为 200 m；对 6、7 度(0.10g)地区和非设防地区适当放宽，定为 240 m；9 度地区适当减小，定为 160 m。

筒体结构在超高层建筑中应用较多，也是建筑物高度最高的一种结构形式，世界上最

高的建筑物大多采用筒体结构。由于我国在超高层建筑方面的研究和经验不多，故参考国内外已建工程，《抗震规范》将筒体结构在 6、7 度(0.10g)地区的最大适用高度定为 300 m。8、9 度可适当减少。其中，8 度(0.20g)定为 260 m，9 度(0.40g)定为 180 m。

表 7-2 所列为钢结构民用房屋适用的最大高宽比。

表 7-2　钢结构民用房屋适用的最大高宽比

烈　度	6、7	8	9
最大高宽比	6.5	6.0	5.5
注：塔形建筑的底部有大底盘时，高宽比可按大底盘以上计算。			

由于对各种结构体系的合理最大高宽比缺乏系统的研究，故《抗震规范》主要从高宽比对舒适度的影响，以及参考国内外已建实际工程的高宽比确定。《抗震规范》将 6、7 度地区的钢结构建筑物的高宽比最大值定为 6.5，8、9 度适当缩小，分别为 6.0 和 5.5。

3. 框架-支撑结构的支撑布置原则

在框架结构中增加中心支撑或偏心支撑等抗侧力构件时，应遵循抗侧力刚度中心与水平地震作用合力接近重合的原则，即在两个方向上均宜对称布置。同时，支撑框架之间楼盖的长宽比不宜大于 3，以保证抗侧刚度沿长度方向分布均匀。中心支撑框架在小震作用下具有较大的抗侧刚度，同时构造简单；但是在大震作用下支撑易失稳，造成刚度和耗能能力的急剧下降。偏心支撑在小震作用下，具有与中心支撑相当的抗侧刚度；在大震作用下，还具有与纯框架相当的延性和耗能能力，但构造相对复杂。不超过 50 m 或不超过 12 层的钢结构，即地震作用相对较小的结构宜采用中心支撑，有条件时也可采用偏心支撑、屈曲约束支撑等消能支撑。超过 12 层的钢结构，宜采用偏心支撑框架。

多层、高层钢结构的中心支撑可以采用交叉支撑、人字支撑或单斜杆支撑，但不宜采用 K 形支撑，如图 7-13 所示。因为 K 形支撑在地震力作用下可能因受压斜杆屈曲或受拉斜杆屈服，引起较大的侧移，使柱发生屈曲甚至倒塌，故抗震设计中不宜采用。

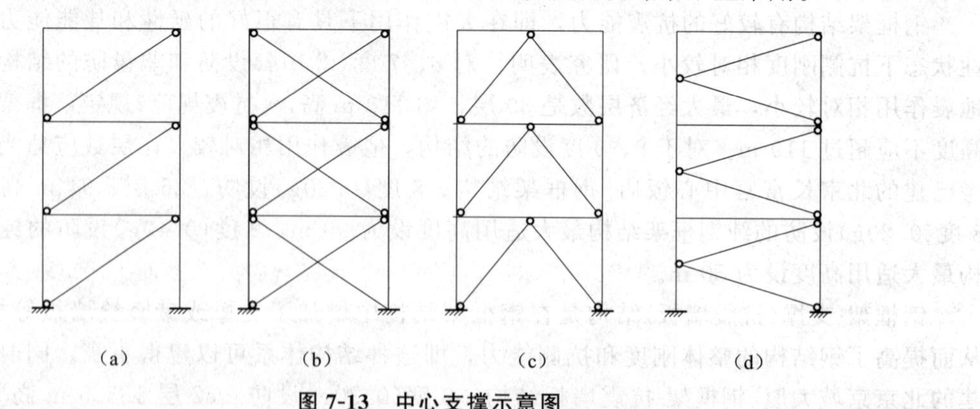

图 7-13　中心支撑示意图

(a)对角式；(b)十字交叉式；(c)人字形式；(d)K 形形式

采用只能受拉的单斜杆支撑时，必须设置两组不同倾斜方向的支撑，且每组中不同方向单斜杆的截面面积在水平方向的投影面积之差不得大于 10%，以保证结构在两个方向具有同样的抗侧能力。

对于不超过12层的钢结构，可优先采用交叉支撑，按拉杆设计相对经济。中心支撑具体布置时，其轴线应交汇于梁柱构件的轴线交点；确有困难时，偏离中心不应超过支撑杆件宽度，并应计入由此产生的附加弯矩。

偏心支撑框架根据其支撑的设置情况，分为D形、K形和V形，如图7-14所示。无论采用何种形式的偏心支撑框架，每根支撑至少有一端偏离梁柱节点，而直接与框架梁连接，则梁支撑节点与梁柱节点之间的梁段，或梁支撑节点与另一梁支撑节点之间的梁段，即为消能梁段。偏心支撑框架体系的耗能能力很大程度上取决于消能梁段，消能连梁不同于普通的梁，其跨度小、高跨比大；同时，承受较大的剪力和弯矩，其屈服形式、剪力和弯矩的相互关系以及屈服后的性能均较复杂。

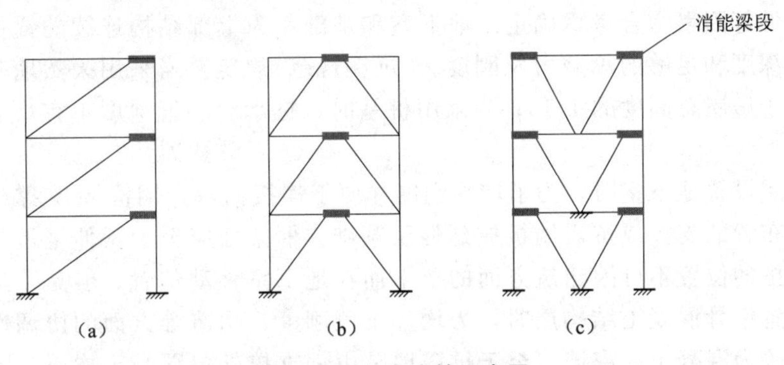

图7-14　偏心支撑示意图

(a)D形偏心支撑；(b)K形偏心支撑；(c)V形偏心支撑

4. 多层、高层钢结构房屋中楼盖形式

在多层、高层钢结构房屋中，楼盖的工程量占很大的比重，其对结构的整体工作、使用性能、造价及施工速度等方面都有着重要的影响。设计中确定楼盖形式时，主要考虑以下几点：

(1)保证楼盖具有足够的平面整体刚度，使结构各抗侧力构件在水平地震作用下共同工作；

(2)较轻的楼盖结构自重和较低的楼盖结构高度；

(3)有利于现场快速施工和安装；

(4)较好的防火、隔声性能，便于敷设动力、设备及通信等管线设施。

目前，楼板的做法主要有压型钢板现浇钢筋混凝土组合楼板、装配整体式预制钢筋混凝土楼板、装配式预制钢筋混凝土楼板、普通现浇混凝土楼板或其他楼板。从性能上进行比较，压型钢板现浇钢筋混凝土组合楼板和普通现浇混凝土楼板的平面整体刚度更好；从施工速度上进行比较，压型钢板现浇钢筋混凝土组合楼板、装配整体式预制钢筋混凝土楼板和装配式预制钢筋混凝土楼板都较快；从造价上比较，压型钢板现浇钢筋混凝土组合楼板也相对较高。

综合比较以上各种因素，《抗震规范》建议：多层、高层钢结构宜采用压型钢板现浇钢筋混凝土组合楼板。因为当压型钢板现浇钢筋混凝土组合楼板与钢梁有可靠连接时，具有很好的平面整体刚度，同时不需要现浇模板，提高了施工速度。《抗震规范》同时规定：对于不超过12层的钢结构，尚可采用装配整体式钢筋混凝土楼板，也可采用装配式楼板或其他轻型楼板；对于超过12层的钢结构，当楼盖不能形成一个刚性的水平隔板以传递水平力时，需加设水平支撑。

实际设计和施工中，当采用压型钢板钢筋混凝土组合楼板或现浇钢筋混凝土楼板时，应与钢梁有可靠连接；当采用装配式、装配整体式或轻型楼板时，应将楼板预埋件与钢梁焊接，或采取其他保证楼盖整体性的措施。必要时，在楼盖的安装过程中要设置一些临时支撑，待楼盖全部安装完成后再拆除。

5. *多层、高层钢结构房屋的地下室*

《抗震规范》规定：高度超过50 m的钢结构房屋应设置地下室，对50 m以下的钢结构房屋不作规定。当设置地下室时，其基础形式亦应根据上部结构及地下室情况、工程地质条件、施工条件等因素综合考虑确定。地下室和基础作为上部结构连续的锚伸部分，应具有可靠的埋置深度和足够的承载力及刚度。《抗震规范》规定：当采用天然地基时，基础埋置深度不宜小于房屋总高度的1/15；当采用桩基时，桩承台埋置深度不宜小于房屋总高度的1/20。

钢结构房屋设置地下室时，为了增强刚度并便于连接构造，钢框架-支撑(抗震墙板)结构中竖向连续布置的支撑或抗震墙板应延伸至基础；框架柱应至少延伸至地下一层。在地下室部分，支撑的位置不可因建筑方面的要求而在地下室移动位置。但是，当钢结构的底部或地下室设置钢骨混凝土结构层时，为增加抗侧刚度、构造等方面的协调性，可将地下室部分的支撑改为混凝土抗震墙。至于抗震墙是由钢支撑外包混凝土构成，还是采用钢筋混凝土墙，视具体情况而定。

是否在高层钢结构的下部或地下室设置钢骨混凝土结构层，各国的观点不一样。日本认为在下部或地下室设置钢骨混凝土结构层，可以使内力传递平稳，保持柱脚的嵌固性，增加建筑底部刚性、整体性和抗倾覆稳定性。而美国无此要求，故我国规范对此不作规定。

第三节　多层、高层钢结构房屋抗震计算

钢结构房屋应根据设防分类、烈度和房屋高度采用不同的抗震等级，并应符合相应的计算和构造措施要求。丙类建筑的抗震等级应按表7-3确定。

表7-3　钢结构房屋的抗震等级

	烈度			
	6	7	8	9
≤50 m	—	四	三	二
＞50 m	四	三	二	一

注：1. 高度接近或等于高度分界时，应允许结合房屋不规则程度和场地、地基条件确定抗震等级；
2. 一般情况下，构件的抗震等级应与结构相同；当某个部位各构件的承载力均满足2倍地震作用组合下的内力要求时，7～9度的构件抗震等级应允许按降低一度确定；
3. “一、二、三、四级”即“抗震等级为一、二、三、四级”的简称。

一、抗震设计的验算内容以及作用效应的组合方法

1. 验算内容

多层、高层钢结构房屋的抗震设计，也是采用两阶段设计法。第一阶段为多遇地震作用下的弹性分析，验算构件和连接的强度、构件的稳定以及结构的层间位移等；第二阶段为罕遇地震下的弹塑性分析，验算结构的层间侧移。对大多数的一般结构，可只进行第一阶段的设计，通过概念设计和采取抗震构造措施来保证第二阶段的设计要求。

第一阶段抗震设计的地震作用效应可采用多遇地震作用下的底部剪力法或振型分解反应谱法进行计算。第二阶段抗震设计的弹塑性变形计算可采用静力弹塑性分析方法(如push-over方法)或弹塑性时程分析；其计算模型，对规则结构可采用弯剪型层模型或平面杆系模型等，不规则结构应采用空间结构模型。

2. 作用效应的组合方法

无论是结构构件的内力还是结构的变形，两阶段设计时都要考虑地震作用效应和其他荷载效应(如重力荷载效应、风荷载效应等)的组合，区别在于两者的组合系数不一样。结构两阶段设计时的地震作用效应和其他荷载效应的组合方法，详见本书第四章所述。

二、计算模型及有关参数的选取

1. 计算模型

多层、高层钢结构房屋的计算模型，当结构布置规则、质量及刚度沿高度分布均匀、不计扭转效应时，可采用平面结构计算模型；当结构平面或立面不规则、体形复杂，无法简化为平面抗侧力单元的结构，或为筒体结构等时，应采用空间结构计算模型。

地震作用计算中，有关重力荷载代表值的计算方法、地震作用的计算内容以及地震作用的计算方法等，应符合《抗震规范》的有关要求。

2. 抗侧力构件的模拟

在框架-支撑(抗震墙板)结构的计算分析中，其计算模型中部分构件单元模型可进行适当的简化。支撑斜杆构件的两端连接节点虽然按刚接设计，但在大量的分析中发现，支撑构件两端承担的弯矩很小，则计算模型中支撑构件可按两端铰接模拟。内藏钢支撑钢筋混凝土墙板构件是以钢板为基本支撑、外包钢筋混凝土墙板的预制构件，它只在支撑节点处与钢框架相连，而且混凝土墙板与框架梁柱间留有间隙，因此，实际上仍是一种支撑，计算模型中可按支撑构件模拟。对于带竖缝混凝土抗震墙板，可按只承受水平荷载产生的剪力、不承受竖向荷载产生压力的构件来模拟。

3. 阻尼比的取值

阻尼比是计算地震作用一个必不可少的参数。实测表明：多层、高层钢结构房屋的阻尼比小于钢筋混凝土结构的阻尼比。在此基础上，《抗震规范》规定：在多遇地震作用下的阻尼比，高度大于等于200 m的钢结构房屋可取0.02，大于50 m且小于200 m的钢结构房屋取0.03，高度不大于50 m时可取0.04；在罕遇地震作用下，不同层数的钢结构房屋阻尼比都取0.05。当偏心支撑框架部分承担的地震倾覆力矩大于结构总地震倾覆力矩的50%时，其阻尼比可比上述数值相应增加0.05。采用这些阻尼比后，地震影响系数曲线的阻尼

调整系数和形状参数详见《抗震规范》所述。采用屈曲约束支撑的钢结构，阻尼比按《抗震规范》消能减震结构的规定采用。

4. 非结构构件对结构自振周期的影响

由于非结构构件及计算简图与实际情况存在差别，结构实际周期往往小于弹性计算周期。因此，钢结构的计算周期，应采用按主体结构弹性刚度计算所得的周期乘以考虑非结构构件影响的修正系数。该修正系数应根据隔墙、围护墙的材料和数量确定。

5. 现浇混凝土楼板对钢梁刚度的影响

当现浇混凝土楼板与钢梁之间有可靠连接时，在弹性计算时宜考虑楼板与钢梁的共同工作。具体进行框架弹性分析时，压型钢板组合楼盖中梁的惯性矩，对两侧有楼板的梁宜取 $1.5I_b$；对仅一侧有楼板的梁宜取 $1.2I_b$，I_b 为钢梁惯性矩。

6. 重力二阶效应的考虑方法

由于钢结构的抗侧刚度相对较弱，随着建筑物高度的增加，重力二阶效应的影响也越来越大。《抗震规范》规定：当结构在地震作用下的重力附加弯矩与初始弯矩之比符合式(7-1)时，应计入重力二阶效应的影响。

$$\theta_i = \frac{M_a}{M_0} = \frac{\sum G_i \cdot \Delta u_i}{V_i h_i} > 0.1 \tag{7-1}$$

钢结构考虑二阶效应的计算，应计入构件初始缺陷(初倾斜、初弯曲、残余应力等)对内力的影响，按《钢结构设计标准》(GB 50017)的有关规定，其影响程度可通过在框架每层柱顶作用有附加的假想水平力来体现。

7. 节点域对结构侧移的影响

在多层、高层钢结构中，是否考虑梁柱节点域剪切变形对层间位移的影响，要根据结构形式、框架柱的截面形式以及结构的层数高度而定。研究表明：节点域剪切变形对框架—支撑体系影响较小；对纯钢框架结构体系影响相对较大。而在纯钢框架结构体系中，当采用I形截面柱且层数较多时，节点域的剪切变形对框架位移影响较大，可达 10%～20%；当采用箱形柱或层数较小时，节点域的剪切变形对框架位移影响很小，不到 1%，可忽略不计。因此，《抗震规范》规定：对框架梁，可不按柱轴线处的内力而按梁端内力设计。对I形截面柱，宜计入梁柱节点域剪切变形对结构侧移的影响；对箱形柱框架、中心支撑框架和不超过 50 m 的钢结构，其层间位移计算可不计入梁柱节点域剪切变形的影响，近似按框架轴线进行分析。

三、钢结构在地震作用下的内力调整

为了体现钢结构抗震设计中多道设防、强柱弱梁原则以及保证结构在大震作用下按照理想的屈服形式屈服，《抗震规范》通过调整结构中不同部分的地震效应或不同构件的内力设计值，即乘以一个地震作用调整系数或内力增大系数来实现。

1. 结构不同部分的剪力分配

抗震设计的其中一条原则就是多道设防，对于框架-支撑结构这种双重抗侧力体系结构，不但要求支撑、内藏钢支撑钢筋混凝土墙板等这些抗侧力构件具有一定的刚度和强度，还要求框架部分有一定的独立承担抗侧力能力，以发挥框架部分的两道设防作用。美国

UBC 规定，框架应设计成能独立承担至少 25％的底部设计剪力。但是，在设计中与抗侧力构件组合的情况下，符合该规定较困难。我国《抗震规范》在美国 UBC 规定的基础之上又参考了混凝土结构的标准进行规定：框架部分按刚度分配计算得到的地震层剪力应乘以增大系数，其值不小于 1.15，并且不小于结构总地震剪力的 25％和框架部分计算最大层剪力 1.8 倍的较小值。

依据多道抗震防线的概念设计，框架-支撑体系中，支撑是第一道防线，在强烈地震中支撑先屈服，内力重分布使框架部分承担的地震剪力必须增大，两者之和应大于弹性计算的总剪力；如果调整的结果框架部分承担的地震剪力不适当增大，则不是“双重体系”而是按刚度分配的结构体系。因此，建议：即使框架部分按计算分配的剪力大于结构总剪力的 25％，也至少按框架最大计算层剪力的 1.15 倍调整，以实现一定的二道防线。

2. 框架-中心支撑结构构件内力设计值调整

在钢框架-中心支撑结构中，斜杆轴线偏离梁柱轴线交点不超过支撑杆件的宽度时，仍可按中心支撑框架分析，但应考虑支撑偏离对框架梁造成的附加弯矩。当结构的抗侧力构件采用人字形支撑或 V 形支撑时，支撑的内力设计值应乘以增大系数 1.5。

3. 框架-偏心支撑结构构件内力设计值调整

为了使按塑性设计的偏心支撑框架具有其特有的优良抗震性能，在屈服时按照所期望的变形机制变形，即其非弹性变形主要集中在各耗能梁段上，其设计思想是：在小震作用下，各构件处于弹性状态；在大震作用下，消能梁段纯剪切屈服或同时梁端发生弯曲屈服，其他所有构件除柱底部形成塑性铰以外，其他部位均保持弹性。为了实现上述设计目的，关键要选择合适的消能梁段长度和梁柱支撑截面，即强柱、强支撑和弱消能梁段。为此，《抗震规范》规定：偏心支撑框架构件的内力设计值应通过乘以下列增大系数进行调整。

(1)支撑斜杆的轴力设计值，应取与支撑斜杆相连接的消能梁段达到受剪承载力时支撑斜杆轴力与增大系数的乘积；增大系数的取值，一级不应小于 1.4，二级不应小于 1.3，三级不应小于 1.2。

(2)位于消能梁段同一跨的框架梁内力设计值，应取消能梁段达到受剪承载力时的框架梁内力与增大系数的乘积；其增大系数，一级不应小于 1.3，二级不应小于 1.2，三级不应小于 1.1。

(3)框架柱的内力设计值，应取消能梁段达到受剪承载力时柱的内力与增大系数的乘积；其增大系数，一级不应小于 1.3，二级不应小于 1.2，三级不应小于 1.1。

4. 其他构件的内力调整问题

对框架梁，可不按柱轴线处的内力而按梁端内力设计。钢结构转换构件下的钢框架柱，其内力设计值应乘以增大系数 1.5。

四、结构在地震作用下的变形验算

1. 多遇地震作用下弹性变形验算

多层、高层钢结构的抗震变形验算，分多遇地震和罕遇地震两个阶段分别进行。首先，所有的钢结构都要进行多遇地震作用下的弹性变形验算，并且弹性层间位移角限值取 1/250，即楼层内最大的弹性层间位移应符合式(7-2)的要求。

$$\Delta u_e \leqslant h/250 \tag{7-2}$$

式中 Δu_e——多遇地震作用标准值产生的楼层内最大弹性层间位移；

h——计算楼层层高。

2. 罕遇地震作用下弹塑性变形验算

对于结构在罕遇地震作用下薄弱层的弹塑性变形验算，《抗震规范》规定：高度超过150 m的钢结构必须进行验算；高度小于150 m的钢结构，宜进行弹塑性变形验算。《抗震规范》同时规定：多层、高层钢结构的弹塑性层间位移角限值取1/50，即楼层内最大的弹塑性层间位移应符合式(7-3)的要求。

$$\Delta u_p \leqslant h/50 \tag{7-3}$$

式中 Δu_p——弹塑性层间位移；

h——计算楼层层高。

第四节　多层、高层钢结构房屋抗震构造措施

一、钢框架结构抗震构造措施

1. 框架柱的抗震构造措施

针对以往地震中框架柱出现的翼缘屈曲、板件间裂缝、拼接破坏和整体失稳等破坏形式，设计中必须满足以下抗震构造措施。

(1)框架柱的长细比关系到结构的整体稳定性。《抗震规范》规定：钢框架柱的长细比，一级时不应大于$60\sqrt{235/f_{ay}}$，二级时不应大于$80\sqrt{235/f_{ay}}$，三级时不应大于$100\sqrt{235/f_{ay}}$，四级时不应大于$120\sqrt{235/f_{ay}}$(f_{ay}表示钢材的屈服强度)。

(2)框架柱板件的宽厚比限值。板件的宽厚比限值是构件局部稳定性的保证，考虑到"强柱弱梁"的设计原则，即要求塑性铰出现在梁上，框架柱一般不出现塑性铰。因此，梁的板件宽厚比限值要求满足塑性设计要求，框架柱的板件宽厚比相对松一点。《抗震规范》规定柱的板件宽厚比应符合表7-4的规定。

表7-4　框架柱板件宽厚比限值

板件名称		抗震等级			
		一级	二级	三级	四级
柱	工字形截面翼缘外伸部分	10	11	12	13
	工字形截面腹板	43	45	48	52
	箱形截面壁板	33	36	38	40
注：表列数值适用于Q235钢，当材料为其他牌号钢材时，应乘以$\sqrt{235/f_{ay}}$。					

(3)框架柱板件之间的焊缝构造。框架节点附近和框架柱接头附近的受力比较复杂。为了保证结构的整体性，《抗震规范》对这些区域的框架柱板件之间的焊缝构造都进行了规定。

梁与柱刚性连接时，柱在梁翼缘上、下各 500 mm 的节点范围内，柱翼缘与柱腹板间连接焊缝，都应采用坡口全熔透焊缝。

(4)其他规定。框架柱的接头距框架梁上方的距离，可取 1.3 m 和柱净高一半两者的较小值。

2. 框架梁的抗震构造措施

《抗震规范》规定：当框架梁的上翼缘采用抗剪连接件与组合楼板连接时，可不验算地震作用下的稳定性。故对梁的长细比限值无特殊要求。

(1)框架梁板件的宽厚比限值。“强柱弱梁”就是要求大震作用下塑性铰出现在梁上，框架柱一般不出现塑性铰。因此，梁的板件宽厚比限值要求满足塑性设计要求，梁的板件宽厚比限值相对严一些。因此，规定框架梁的板件宽厚比应符合表 7-5 的规定。

表 7-5　框架梁板件宽厚比限值

板件名称		一级	二级	三级	四级
梁	I 形截面和箱形截面翼缘外伸部分	9	9	10	11
	箱形截面翼缘在两腹板间的部分	30	30	32	36
	I 形截面和箱形截面腹板	$72-120\dfrac{N_b}{Af}$ $\leqslant 60$	$72-100\dfrac{N_b}{Af}$ $\leqslant 65$	$80-110\dfrac{N_b}{Af}$ $\leqslant 70$	$85-120\dfrac{N_b}{Af}$ $\leqslant 75$

注：1. 表列数值适用于 Q235 钢，当材料为其他牌号钢材时，应乘以 $\sqrt{235/f_{ay}}$；

2. $\dfrac{N_b}{Af}$为梁轴压比。

(2)其他规定。《抗震规范》规定：在梁构件出现塑性铰的截面处，其上、下翼缘均应设置侧向支撑。相邻两支承点间的构件长细比，按国家标准《钢结构设计标准》(GB 50017)关于塑性设计的有关规定计算。

3. 梁柱连接的构造

以往的震害表明：梁柱节点的破坏除了设计计算上的原因外，很多是由于构造上的原因。近几年，国内外很多研究机构在梁柱节点方面做了很多研究工作，《抗震规范》在这些研究的基础上，对节点的构造也做了详细的规定。

(1)基本原则。

①梁与柱的连接宜采用柱贯通型。

②柱在两个互相垂直的方向都与梁刚接时，建议采用箱形截面。当仅在一个方向与梁刚接时，可采用 I 形截面，并将柱的腹板置于刚接框架平面内。

③框架梁采用悬臂梁段与柱刚性连接时，悬臂梁段与柱应采用全焊接连接，梁的现场拼接可采用翼缘焊接腹板螺栓连接，如图 7-15 所示。

④在 8 度Ⅲ、Ⅳ场地和 9 度时的各类场地，梁柱刚性连接可采用能将塑性铰自梁端外移的狗骨式节点，如图 7-16 所示。

(2)细部构造。I 形截面和箱形截面柱与梁刚接时，应符合下列要求。有充分依据时，也可采用其他构造形式，如图 7-17 所示。

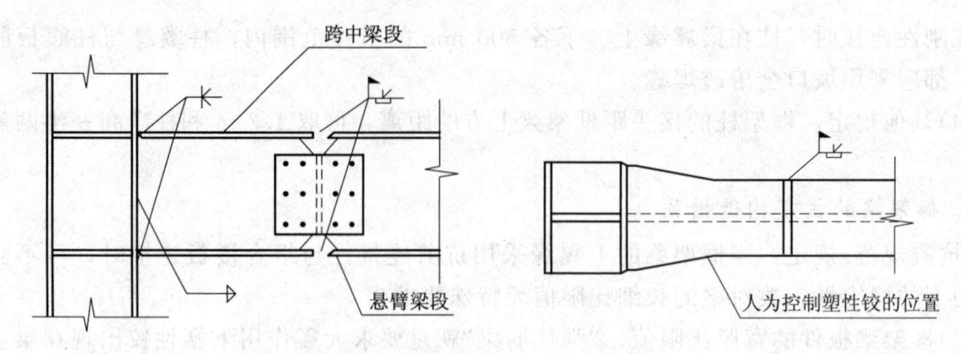

图 7-15　带悬臂梁段的梁柱刚性连接

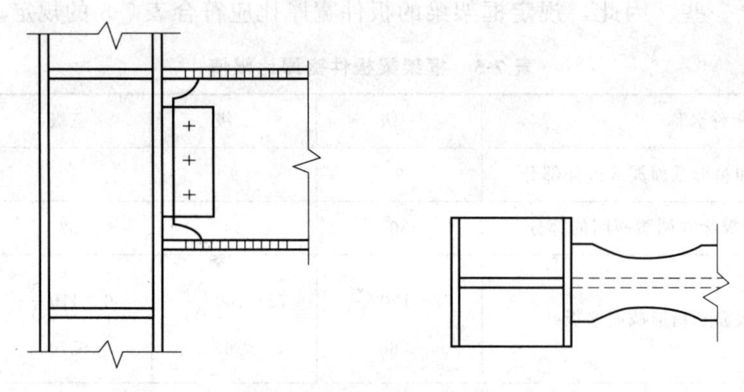

图 7-16　狗骨式节点

①梁腹板宜采用摩擦型高强度螺栓通过连接板与柱连接；腹板角部宜设置扇形切角，其端部与梁翼缘的全熔透焊缝应隔开。

②下翼缘焊接衬板的反面与柱翼缘或壁板相连处，应采用角焊缝连接；角焊缝应沿衬板全长焊接，焊角尺寸宜取 6 mm。

③梁翼缘与柱翼缘间应采用全熔透坡口焊缝；8 度乙类建筑和 9 度时，应检验 V 形切口的冲击韧性，其冲击韧性在－20 ℃时不低于 27 J。

④柱在梁翼缘对应位置设置横向加劲肋，且加劲肋厚度不应小于梁翼缘厚度。

⑤当梁翼缘的塑性截面模量小于梁全截面塑性截面模量的 70％时，梁腹板与柱的连接螺栓不得小于两列；当计算仅需一列时，仍应布置两列，并且此时螺栓总数不应小于计算值的 1.5 倍。

4. 节点域的抗震构造措施

当节点域的抗剪强度、屈服强度以及稳定性不能满足规定时，应采取加厚节点域或贴焊补强板的措施。补强板的厚度及其焊缝，应按传递补强板所分担剪力的要求设计。具体设计时，采用以下加强措施：

(1)对焊接组合柱宜加厚节点板，将柱腹板在节点域范围更换为加厚板件。加厚板件应伸出柱横向加劲肋之外各 150 mm，并采用对接焊缝与柱腹板相连。

(2)对轧制 H 形柱，可贴焊补强板加强。补强板上、下边缘可不伸过横向加劲肋或伸过柱横向加劲肋之处各 150 mm。当补强板不伸过横向加劲肋时，加劲肋应与柱腹板焊接，

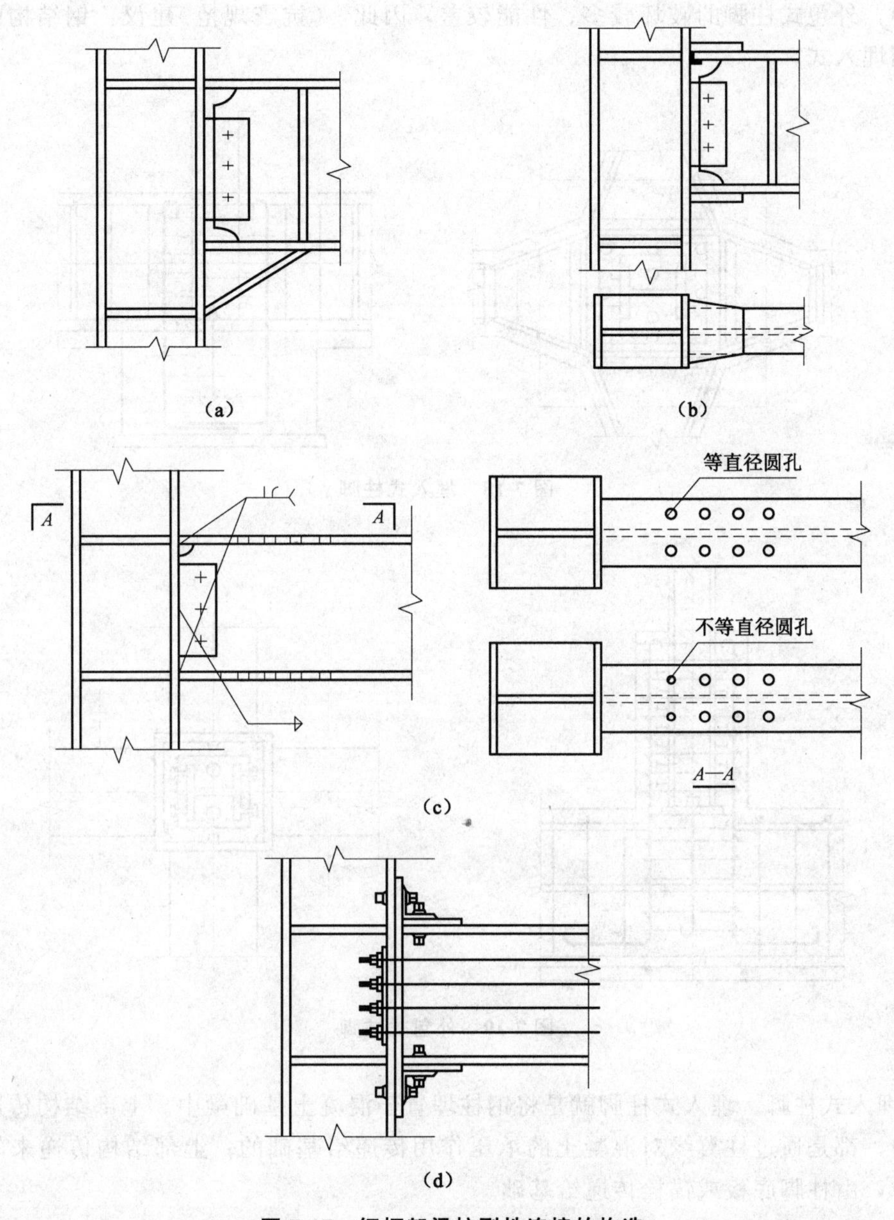

图 7-17　钢框架梁柱刚性连接的构造

(a)加腋型节点；(b)加盖板节点；(c)梁翼缘钻孔型节点；(d)预应力型节点

补强板与加劲肋之间的角焊缝应能传递补强板所分担的剪力，并且厚度不小于 5 mm；当补强板伸过加劲肋时，加劲肋仅与补强板焊接，此焊缝应能将加劲肋的内力传递给补强板，补强板的厚度及其焊缝应按传递该力的要求设计。补强板侧边可采用角焊缝与柱翼缘相连，其板面尚应采用塞焊与柱腹板连成整体。塞焊点之间的距离不应大于相连板件中较薄板件厚度的 $21\sqrt{235/f_y}$ 倍。

5. 刚接柱脚的抗震构造措施

高层钢结构刚性柱脚主要有埋入式和外包式两种，如图 7-18 和图 7-19 所示。在日本阪神地震中，外包式柱脚的破坏较多、性能较差，因此，《抗震规范》建议：钢结构的刚性柱脚宜采用埋入式。

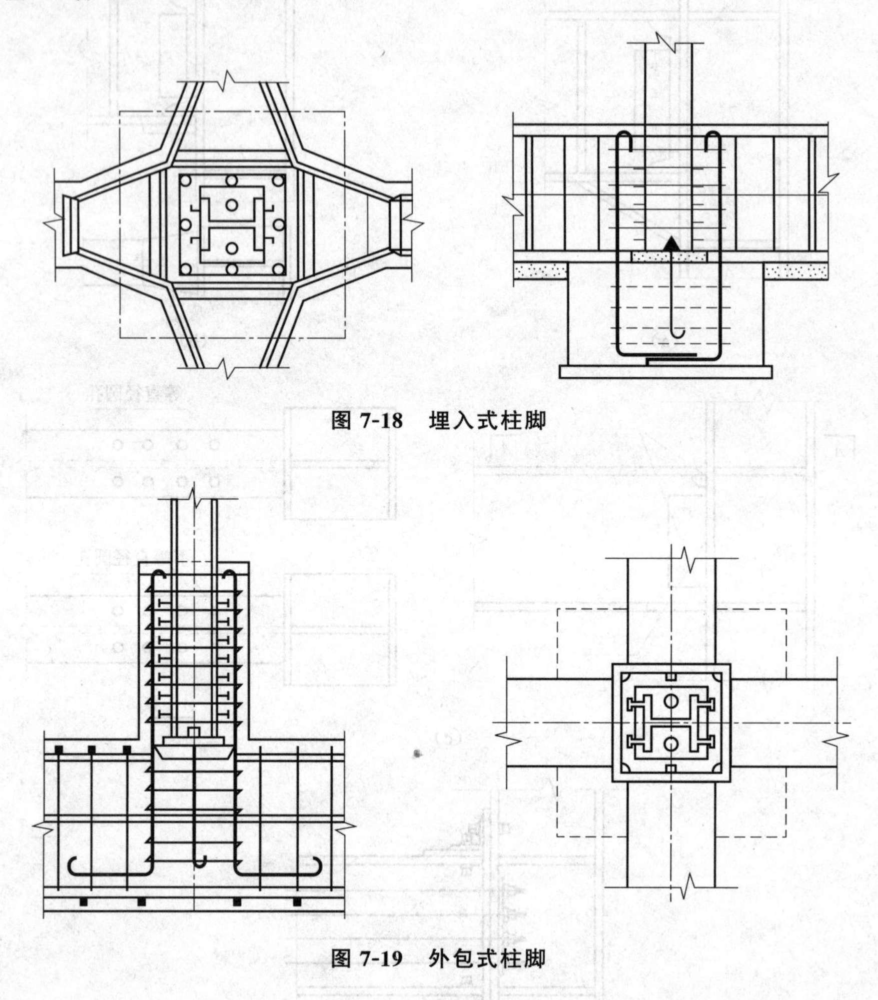

图 7-18　埋入式柱脚

图 7-19　外包式柱脚

(1)埋入式柱脚。埋入式柱脚就是将钢柱埋置于混凝土基础梁中。上部结构传递来的弯矩和剪力，都是通过柱翼缘对混凝土的承压作用传递给基础的；上部结构传递来的轴向压力或拉力，由柱脚底板或锚栓传递给基础。

其设计尚应满足以下构造要求：

①柱脚的埋入深度对轻型工字形柱，不得小于钢柱截面高度的 2 倍；对大截面 H 型钢柱和箱形柱，不得小于钢柱截面高度的 3 倍。

②埋入式柱脚在钢柱埋入部分的顶部，应设置水平加劲肋或隔板，加劲肋或隔板的宽厚比应符合现行国家标准《钢结构设计标准》(GB 50017)关于塑性设计的规定。柱脚在钢柱的埋入部分应设置栓钉，栓钉的数量和布置可按外包式柱脚的有关规定确定。

③柱脚钢柱翼缘的保护层厚度，对中间柱不得小于 180 mm，对边柱和角柱的外侧不宜小于 250 mm，如图 7-20 所示。

④柱脚钢柱四周，应按下列要求设置主筋和箍筋。

a. 其中主筋的截面面积应按式(7-4)计算：

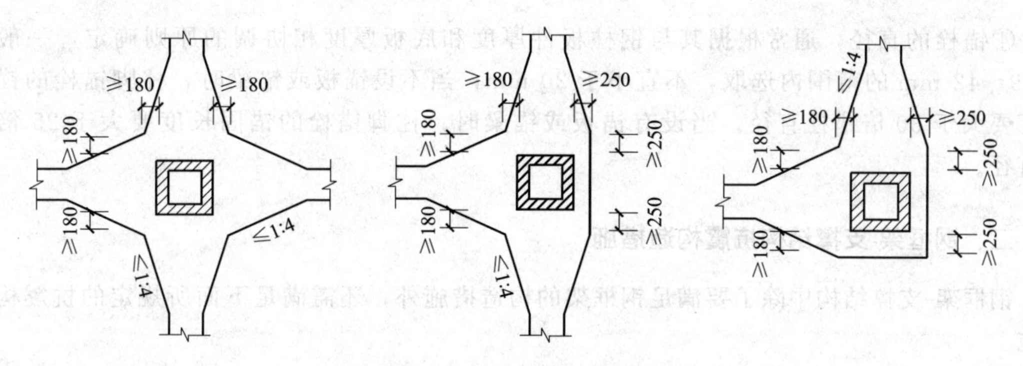

图 7-20　埋入式柱脚的保护层厚度

$$A_s = \frac{M_0}{d_0 f_{sy}} \tag{7-4}$$

式中　M_0——作用于钢柱脚底部的弯矩；

d_0——受拉侧与受压侧纵向主筋合力点间的距离；

f_{sy}——钢筋抗拉强度设计值。

b. 主筋的最小配筋率为 0.2%，且不宜少于四根级别为 HRB335、直径为 22 mm 的钢筋，并上端弯钩。主筋的锚固长度不应小于 35d(d 为钢筋直径)。当主筋的中心距大于 200 mm 时，应设置直径为 16 mm 的架立筋。

c. 箍筋宜为 φ10，间距为 100 mm；在埋入部分的顶部，应配置不少于 3φ12、间距为 50 mm 的加强箍筋。

(2)外包式柱脚。外包式柱脚是在钢柱外面包以钢筋混凝土的柱脚。上部结构传递下来的弯矩和剪力，全部通过外包混凝土承受；上部结构传递下来的轴向压力或拉力，由柱脚底板或锚栓传递给基础，如图 7-21 所示。

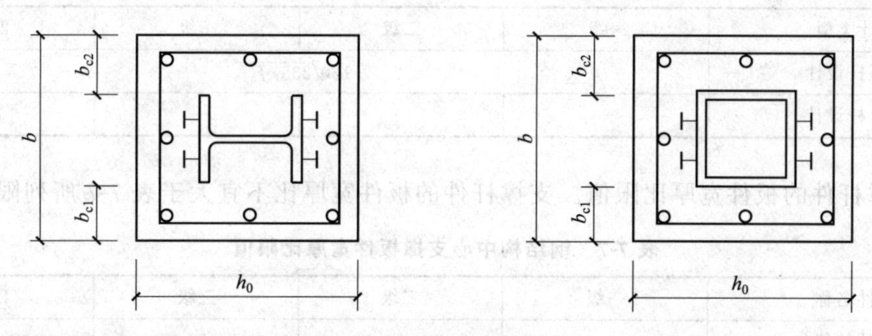

图 7-21　外包式柱脚截面

其设计尚应满足以下主要构造要求：

①柱脚钢柱的外包高度，对工字形截面柱，可取钢柱截面高度的 2.2～2.7 倍；对箱形截面柱，可取钢柱截面高度的 2.7～3.2 倍。

②柱脚钢柱翼缘外侧的钢筋混凝土保护层厚度，一般不应小于 180 mm，同时应满足配筋的构造要求。

③柱脚底板的长度、宽度和厚度，可根据柱脚轴力计算确定，但柱脚底板的厚度不宜小于 20 mm。

④锚栓的直径，通常根据其与钢柱板件厚度和底板厚度相协调的原则确定，一般可在 29～42 mm 的范围内选取，不宜小于 20 mm；当不设锚板或锚梁时，柱脚锚栓的锚固长度要大于 30 倍锚栓直径。当设有锚板或锚梁时，柱脚锚栓的锚固长度要大于 25 倍锚栓直径。

二、钢框架-支撑结构抗震构造措施

钢框架-支撑结构中除了要满足钢框架的构造措施外，还需满足下面所规定的抗震构造措施。

1. 钢框架-中心支撑结构抗震构造措施

(1)框架部分的抗震构造措施。当房屋高度不高于 100 m 且框架部分承担的地震剪力不大于结构底部总地震剪力的 25％时，一、二、三级的抗震构造措施可按框架结构降低一级的相应要求采用；其他情况下，框架部分的构造措施仍按《抗震规范》介绍的纯框架结构抗震构造措施的规定。

(2)中心支撑杆件的构造措施。

①支撑杆件的布置原则。当中心支撑采用只能受拉的单斜杆体系时，应同时设置不同倾斜方向的两组斜杆，且每组中不同方向单斜杆的截面面积在水平方向的投影面积之差不得大于 10％。

②支撑杆件的截面选择。一、二、三级抗震等级，支撑宜采用轧制 H 型钢制作，两端与框架可采用刚接构造，梁柱与支撑连接处应设置加劲肋；一级和二级采用焊接工字形截面的支撑时，其翼缘与腹板的连接宜采用全熔透连续焊缝。

③支撑杆件的长细比限值。支撑杆件的长细比不应大于表 7-6 所列限值。

表 7-6　钢结构中心支撑杆件长细比限值

设计类型	一级	二级	三级	四级
按压杆设计	$120\sqrt{235/f_{ay}}$			
按拉杆设计	—	—	—	180

④支撑杆件的板件宽厚比限值。支撑杆件的板件宽厚比不宜大于表 7-7 所列限值。

表 7-7　钢结构中心支撑板件宽厚比限值

板件名称	一级	二级	三级	四级
翼缘外伸部分	8	9	10	13
工字形截面腹板	25	26	27	33
箱形截面壁板	18	20	25	30
圆管外径与壁厚比	38	40	40	42

注：表列数值适用于 Q235 钢，当材料为其他牌号钢材时，应乘以 $\sqrt{235/f_{ay}}$，圆管应乘以 $235/f_{ay}$。

(3)中心支撑节点的抗震构造措施。

①支撑与框架连接处，支撑杆端宜做成圆弧。

②梁在其与 V 形支撑或人字形支撑相交处，应设置侧向支承；该支承点与梁端支承点

间的侧向长细比 λ_y 以及支承力，应符合现行国家标准《钢结构设计标准》(GB 50017)关于塑性设计的规定。

③不超过 12 层时，若支撑与框架采用节点板连接，应符合现行国家标准《钢结构设计标准》(GB 50017)关于节点板在连接杆件每侧有不小于 30°夹角的规定；同时，为了减轻大震作用对支撑的破坏，支撑端部至节点板嵌固点在沿支撑杆件方向保留一小段距离(由节点板与框架构件焊缝的起点垂直于支撑杆轴线的直线至支撑端部的距离)，且其不应小于节点板厚度的 2 倍。

2. 钢框架-偏心支撑框架结构抗震构造措施

(1)框架部分的抗震构造措施。当房屋高度不高于 100 m 且框架部分承担的地震剪力不大于结构底部总地震剪力的 25%时，一、二、三级框架结构的抗震构造措施，可按框架结构降低一级的相应要求采用；其他情况下，框架部分的构造措施仍按现行《抗震规范》介绍的纯框架结构抗震构造措施的规定。

(2)偏心支撑杆件的构造措施。偏心支撑框架支撑杆件的长细比不应大于 $120\sqrt{235/f_{ay}}$，支撑杆件的板件宽厚比不应超过现行国家标准《钢结构设计标准》(GB 50017)规定的轴心受压构件在弹性设计时的宽厚比限值。

(3)消能梁段的抗震构造措施。

①基本规定。偏心支撑框架消能梁段的钢材屈服强度不应大于 345 MPa。消能梁段的腹板不得贴焊补强板，也不得开洞。

②消能梁段及与消能梁段同一跨内的非消能梁段的板件宽厚比限值。消能梁段及与消能梁段同一跨内的非消能梁段，其板件的宽厚比不应大于表 7-8 规定的限值。

表 7-8　偏心支撑框架梁板件宽厚比限值

板件名称		宽厚比限值
翼缘外伸部分		8
腹板	当 $N/(Af)\leqslant 0.14$ 时	$90[1-1.65N/(Af)]$
	当 $N/(Af)>0.14$ 时	$33[2.3-N/(Af)]$

注：表列数值适用于 Q235 钢，当材料为其他牌号钢材时，应乘以 $\sqrt{235/f_{ay}}$，$N/(Af)$为梁轴压比。

③消能梁段腹板的加劲肋设置要求：

a. 消能梁段与支撑连接处，应在其腹板两侧配置加劲肋，加劲肋的高度应为梁腹板高度，一侧的加劲肋宽度不应小于 $b_f/2-t_w$，厚度不应小于 $0.75t_w$ 和 10 mm 的较大值(其中，b_f 为翼缘宽度，t_w 为腹板厚度)；

b. 腹板中间加劲肋应与消能梁段的腹板等高，当消能梁段截面高度不大于 640 mm 时，可配置单侧加劲肋；消能梁段截面高度大于 640 mm 时，应在两侧配置加劲肋；一侧加劲肋的宽度不应小于 $b_f/2-t_w$，厚度不应小于 t_w 和 10 mm。

(4)消能梁段与柱连接的抗震构造措施。消能梁段与柱的连接应符合下列要求：

①消能梁段翼缘与柱翼缘之间应采用坡口全熔透对接焊缝连接，消能梁段腹板与柱之间应采用角焊缝连接；角焊缝的承载力不得小于消能梁段腹板同时作用有轴力、剪力和弯矩时的承载力。

②消能梁段与柱腹板连接时，消能梁段翼缘与连接板间应采用坡口全熔焊缝，消能梁段与柱间应用角焊缝；角焊缝的承载力不得小于消能梁段腹板同时作用有轴力、剪力和弯矩时的承载力。

(5)侧向稳定性构造。消能梁段两端上、下翼缘应设置侧向支撑，支撑的轴力设计值不得小于消能梁段翼缘轴向承载力设计值(翼缘宽度 b_f、翼缘厚度 t_f 和钢材受压承载力设计值 f 三者的乘积)的 6%，即 $0.06b_ft_ff$。

偏心支撑框架梁的非消能梁段上、下翼缘，应设置侧向支撑，支撑的轴力设计值不得小于梁翼缘轴向承载力设计值的 2%，即 $0.02b_ft_ff$。

思考题

7-1 钢结构在地震中的破坏有哪些特点?

7-2 偏心支撑钢框架结构体系有哪些优缺点?

7-3 高层钢结构抗震设计，为什么要对板件的宽厚比提出要求?

7-4 偏心支撑的耗能梁段的腹板加劲肋应如何设置?

7-5 《抗震规范》对纯钢框架结构体系与偏心支撑钢框架结构体系抗震构造措施分别是如何规定的? 两者有何不同?

7-6 钢结构抗震设计是如何考虑多道抗震设防的?

实训题

7-1 多层、高层钢结构在地震中的破坏形式有(　　)。

A. 节点连接破坏　B. 构件破坏　C. 结构倒塌　D. 支撑压屈

7-2 节点破坏主要有(　　)两种。

A. 支撑连接破坏　B. 板柱连接破坏　C. 柱脚节点破坏　D. 钢筋滑移

7-3 梁柱刚性连接裂缝或断裂破坏的原因有(　　)。

A. 焊缝缺陷　B. 三轴应力影响

C. 焊缝金属冲击韧性低　D. 构造缺陷

7-4 《抗震规范》将超过(　　)层的钢结构房屋归为高层钢结构建筑。

A. 10　B. 11　C. 12　D. 13

7-5 完整的建筑结构抗震设计包括(　　)三个方向的内容与要求。

A. 概念设计　B. 计算模型选取　C. 抗震计算　D. 抗震构造措施

7-6 多层、高层钢结构房屋抗震设计在总体上需把握的主要原则有(　　)。

A. 保证结构的稳定性　B. 提高结构延性

C. 保证结构的完整性　D. 设置多道结构防线

7-7 消能梁的屈服形式有(　　)。

A. 剪切屈服　B. 弯曲—剪切屈服　C. 轴力屈服　D. 弯曲屈服

第八章　单层厂房抗震设计

知识目标

1. 了解单层厂房的一般震害特征；
2. 熟悉单层钢筋混凝土柱厂房、单层钢结构厂房和单层砖柱厂房的抗震措施。

能力目标

能够采用一定的构造措施对单层厂房进行抗震设计。

素质目标

1. 提高学生职业道德意识。
2. 建立爱岗敬业的价值观。

第一节　震害特征

单层厂房结构是目前工业建筑中应用比较广泛的一种结构形式，多用于机械设备和产品较重且轮廓尺寸较大的生产车间。单层厂房结构根据生产规模，可分为大、中、小型；根据主要承重构件的材料，又可分为单层钢筋混凝土柱厂房、单层钢结构厂房和单层砖柱厂房等。

在历次地震震害中，震害主要表现为：6 度、7 度地区主体结构完好，少数砖墙开裂外闪，凸出屋面的Ⅱ形天窗架局部损坏；在 8 度区主体结构有不同程度的破坏，例如：有相当多的上柱裂缝，与柱和屋盖拉结不好的围护墙局部倒塌，Ⅱ形天窗架倾倒，个别重屋盖厂房屋盖塌落等；在 9 度区主体结构破坏严重，砖围护墙大量倒塌，Ⅱ形天窗架大量倾倒，不少厂房屋盖塌落；在 10 度、11 度地区，许多厂房倾倒毁坏，如图 8-1 所示。

图 8-1　震后厂区

一、单层钢筋混凝土柱厂房

1. 屋盖体系

(1)屋面板及屋架。屋盖体系在 7 度区基本完好，仅在个别柱间支撑处屋面板支座酥裂；8 度区发生屋面板错动、移位、震落，造成屋盖局部倒塌；9 度区发生屋架倾斜移位，屋盖部分塌落，屋面板大量开裂、错位；9 度以上地区，则发生屋盖大面积倒塌。

屋面板的端部预埋件小，并且对于预应力屋面板的预埋件又未与板肋内主筋焊接，加上施工中有的屋面板搁置长度不足，焊接质量差，板间没有灌缝或灌缝的质量较差等原因，造成大型屋面板与屋架上弦间的连接质量差。

图 8-2　柱间支撑杆件压曲

屋盖支撑布置稀少或不符合抗震传力要求，这样将使很多厂房因屋盖整体刚度差，从而导致地震时屋盖体系发生上述的破坏。

柱间支撑所在开间，是屋盖地震作用最后集中的地方。若在这一开间没有设置屋盖上弦水平支撑，地震作用就会由屋面板集中传递，结果会造成在柱间支撑的开间内屋面板与屋架的连接破坏。连接较强时，则可能引起强度不足的屋架端角破坏，甚至使屋架上弦剪切破坏，并可能导致屋盖倒塌，如图 8-2 所示。

(2)天窗架。Ⅱ形天窗架的震害普遍。7 度区出现天窗架立柱与侧板连接处及立柱与天窗架垂直支撑连接处混凝土开裂的现象；在 8 度区，上述裂缝贯穿全截面，混凝土酥碎，严重者天窗架在立柱底部折断倒塌，并引起厂房屋盖倒塌；9、10 度区，Ⅱ形天窗架大面积倾倒。这充分反映了突出屋面天窗架纵向抗震能力的薄弱。其主要原因是：天窗架垂直支撑布置不足或不合理；另外，天窗架本身在设计和构造上存在一些问题，天窗架竖杆截面强度不足，天窗侧板与竖杆刚性连接形成的刚度突变等，易于造成应力集中。突出屋面天窗架的纵向侧移刚度要比厂房柱列刚度小得多。这样，高振型的影响使天窗纵向水平地震作用显著增大。在纵向地震作用下，一旦支撑破坏而退出工作，地震作用将全部由天窗架承受，而天窗架本身又存在上述缺陷，当天窗架承受不了此地震作用时，必然沿纵向破坏。

2. 柱

钢筋混凝土柱在 7 度区基本完好；在 8 度、9 度区，破坏一般较轻，个别比较严重者，发现有上柱根部折断的震害；在 10 度、11 度区，有部分厂房发生倾倒。一般情况下，钢筋混凝土柱具有一定的抗震能力，但它的局部震害是普遍的，有时甚至是严重的。

上柱根部或吊车梁处出现水平裂缝、酥裂和折断。这是由于上柱在地震中承受着直接从屋盖传来的地震作用，而上柱的截面与侧向刚度都比下柱要小，其变形与内力比下柱大；上柱根部或吊车梁顶部是刚度突变和应力集中的部位；对于高低跨厂房的中柱，还有高振型的影响，弯矩较大，上柱本身也存在抗震强度不足的缺陷。

高低跨厂房中，柱支承低跨屋盖的牛腿出现竖向劈裂。这一震害的发生，主要是因为高低跨厂房在地震时存在着高振型的影响，高低两个屋盖产生相反方向的运动，增大了柱牛腿的地震水平拉力，致使其竖向开裂。

设有柱间支撑的厂房，在柱间支撑与柱的连接部位，由于支撑的拉力作用和应力集中的影响，柱多有水平裂缝出现，严重者也有柱间支撑把柱脚剪断的震害。

实腹柱下柱由于弯矩和剪力过大，强度不足，在柱根附近往往产生水平裂缝或环裂，严重时可发生酥碎或错位，乃至折断。

3. 连接

厂房装配式构件的连接破坏，是相当普遍的震害现象。在8度、9度区，屋架与柱顶连接发生一般损坏或破坏；10度区则往往遭到严重破坏。由于连接的破坏而使屋盖坠落，带来了严重的震害。这是由于这些连接部位未考虑抗震必需的强度和一定的延性要求，屋架与柱顶采用刚性焊接，受力后不起铰接的作用；柱顶范围箍筋配置稀少。

在水平地震作用下，连接节点受到弯矩、水平剪力和竖向轴力等的共同作用。由于柱顶混凝土承受不了上述外力的作用，轻则柱顶开裂压酥；重则混凝土剥落、埋件拔出、锚筋拉断、屋架端头破裂，甚至将上柱折断。位于厂房单元中部的柱，由于变形大，上述震害更明显。

此外，在纵向地震作用下，个别厂房吊车梁与柱连接破坏，使吊车梁纵向位移，甚至掉落。山墙柱上端与屋架的连接处，震后也常见有不同程度的破损现象。

4. 支撑系统

柱间支撑杆件压曲在厂房支撑系统的震害中，以天窗架垂直支撑最为严重，其次是屋盖垂直支撑和柱间支撑。在未进行抗震设防的厂房中，支撑只按构造设置，间距过大、支撑数量不足、形式不尽合理、杆件刚度偏弱、强度偏低、节点构造单薄等，地震后即发生杆件压曲、部分节点扭折、焊缝撕开、锚件拉脱等现象，也有个别杆件拉断。

5. 山墙和围护墙

7度区厂房围护墙基本完好或遭受轻微破坏，少数开裂、外闪；8度区破坏十分普遍；9度区破坏严重，部分倒塌或大量倒塌。纵墙、山墙的破坏，一般从檐口、山尖处脱离主体结构开始，进一步使整个墙体或上、下两层圈梁间的墙外闪或产生水平裂缝。严重时，局部脱落，甚至大面积地倒塌。高低跨厂房中，高跨的封墙更易外闪、倒塌，常常会把低跨屋盖结构和厂房内的设备砸毁，加重震害。造成上述震害的主要原因是：砖墙与屋盖和柱拉结不牢，圈梁与柱无牢固的连接、布置不合理，以及高低跨厂房有高振型影响等。

二、单层钢结构厂房

单层钢结构厂房具有较好的抗震性能，多数厂房地震时损害不严重，一般发生的震害集中在柱间支撑焊缝断开、支撑杆件弯曲或断裂、螺栓剪断、结构倒塌等，如图8-3、图8-4所示。

图8-3　支撑杆件弯曲

图8-4　螺栓剪断

三、单层砖柱厂房

对于单层砖柱厂房，在历次大地震中，变截面砖柱的上柱震害严重又不易修复，单层砖柱厂房的纵向也要有足够的强度和刚度，单靠独立砖柱是不够的，像钢筋混凝土柱厂房那样设置交叉支撑也不妥，因为支撑吸引来的地震剪力很大，将会剪断砖柱。山墙是砖柱厂房抗震的薄弱部位之一，外倾、局部倒塌较多；甚至有全部倒塌的情况。

第二节 抗震构造措施

一、钢筋混凝土柱厂房

1. 厂房的结构布置

厂房的平面、立面布置，应力求简单、规整、平直，使整个厂房结构的质量与刚度分布均匀、对称，尽可能使质量中心与刚度中心重合，具体应注意以下几点。

(1)多跨厂房宜等高和等长，厂房的贴建房屋和构筑物，不宜布置在厂房角部和紧邻防震缝处。厂房体形复杂或有贴建的房屋和构筑物时，宜设置防震缝；在厂房纵横跨交接处、大柱网厂房或不设柱间支撑的厂房，防震缝宽度可采用100～150 mm，其他情况可采用50～90 mm。

(2)两个主厂房之间的过渡跨，至少应有一侧采用防震缝与主厂房脱开。厂房内上吊车的铁梯不应靠近防震缝设置；多跨厂房各跨上吊车的铁梯不宜设置在同一横向轴线附近；工作平台宜与厂房主体结构脱开。

(3)厂房的同一结构单元内，不应采用不同的结构形式；厂房端部应设屋架，不应采用山墙承重；厂房单元内不应采用横墙和排架混合承重。

(4)厂房各柱列的侧移刚度宜均匀。

2. 屋盖系统

(1)有檩屋盖构件的连接及支撑布置，应符合下列要求：檩条应与混凝土屋架(屋面梁)焊牢，并应有足够的支承长度。双脊檩应在跨度1/3处相互拉结。压型钢板应与檩条可靠连接，瓦楞铁、石棉瓦等应与檩条拉结。有檩屋盖的支撑布置要求见表8-1。

表8-1　有檩屋盖的支撑布置

<table>
<tr><th colspan="2" rowspan="2">支撑名称</th><th colspan="3">烈　度</th></tr>
<tr><th>6、7</th><th>8</th><th>9</th></tr>
<tr><td rowspan="3">屋架支撑</td><td>上弦横向支撑</td><td>厂房单元端开间各设一道</td><td>厂房单元端开间及厂房单元长度大于66 m的柱间支撑开间各设一道；
天窗开洞范围的两端各增设局部的支撑一道</td><td rowspan="3">厂房单元端开间及厂房单元长度大于42 m的柱间支撑开间各设一道；
天窗开洞范围的两端各增设局部的上弦横向支撑一道</td></tr>
<tr><td>下弦横向支撑</td><td colspan="2" rowspan="2">同非抗震设计</td></tr>
<tr><td>跨中竖向支撑</td></tr>
<tr><td colspan="2">端部竖向支撑</td><td colspan="3">屋架端部高度大于900 mm时，厂房单元端开间及柱间支撑开间各设一道</td></tr>
</table>

续表

支撑名称		烈度		
		6、7	8	9
天窗架支撑	上弦横向支撑	厂房单元天窗端开间各设一道	厂房单元天窗端开间及每隔 30 m 各设一道	厂房单元天窗端开间及每隔 18 m 各设一道
	两侧竖向支撑	厂房单元天窗端开间及每隔 36 m 各设一道		

(2)无檩屋盖构件的连接及支撑布置，应符合下列要求：大型屋面板应与屋架(屋面梁)焊牢，靠柱列的屋面板与屋架(屋面梁)的连接焊缝长度不宜小于 80 mm。6 度和 7 度时有天窗厂房单元的端开间，或 8 度和 9 度时各开间，宜将垂直屋架方向两侧相邻的大型屋面板的顶面彼此焊牢。8 度和 9 度时，大型屋面板端头底面的预埋件宜采用角钢并与主筋焊牢。非标准屋面板宜采用装配整体式接头，或将板四角切掉后与屋架(屋面梁)焊牢。屋架(屋面梁)端部顶面预埋件的锚筋，8 度时不宜少于 4Φ10，9 度时不宜少于 4Φ12。无檩屋盖的支撑布置要求见表 8-2。

表 8-2 无檩屋盖的支撑布置

支撑名称			烈度		
			6、7	8	9
屋架支撑	上弦横向支撑		同非抗震设计	屋架跨度小于 18 m 时同非抗震设计，跨度不小于 18 m 时在厂房单元端开间各设一道	厂房单元端开间及柱间支撑开间各设一道，天窗开洞范围的两端各增设局部的支撑一道
	上弦通长水平系杆			沿屋架跨度不大于 15 m 设一道，但装配整体式屋面可仅在天窗开洞范围内设置； 围护墙在屋架上弦高度有现浇圈梁时，其端部处可不另设	沿屋架跨度不大于 12 m 设一道，但装配整体式屋面可仅在天窗开洞范围内设置； 围护墙在屋架上弦高度有现浇圈梁时，其端部处可不另设
	下弦横向支撑			同非抗震设计	同上弦横向支撑
	跨中竖向支撑				
	两端竖向支撑	屋架端部高度≤900 mm		厂房单元端开间各设一道	厂房单元端开间及每隔 48 m 各设一道
		屋架端部高度>900 mm	厂房单元端开间各设一道	厂房单元端开间及柱间支撑开间各设一道	厂房单元端开间、柱间支撑开间及每隔 30 m 各设一道
天窗架支撑	天窗两侧竖向支撑		厂房单元天窗端开间及每隔 30 m 各设一道	厂房单元天窗端开间及每隔 24 m 各设一道	厂房单元天窗端开间及每隔 18 m 各设一道
	上弦横向支撑		同非抗震设计	天窗跨度≥9 m 时，厂房单元天窗端开间及柱间支撑开间各设一道	厂房单元端开间及柱间支撑开间各设一道

(3)天窗宜采用突出屋面较小的避风型天窗，有条件或 9 度时宜采用下沉式天窗；突出屋面的天窗宜采用钢天窗；6～8 度时，可采用矩形截面杆件的钢筋混凝土天窗架。天窗架宜从厂房单元端部第三柱间开始设置；天窗屋盖、端壁板和侧板，宜采用轻型板材。有突出屋面天窗架的屋盖，不宜采用预应力混凝土或钢筋混凝土空腹屋架。

(4)厂房屋架宜采用钢屋架或重心较低的预应力混凝土、钢筋混凝土屋架；跨度不大于 15 m 时，可采用钢筋混凝土屋面梁；跨度大于 24 m，或 8 度Ⅲ、Ⅳ类场地和 9 度时，应优先采用钢屋架；柱距为 12 m 时，可采用预应力混凝土托架(梁)；当采用钢屋架时，也可采用刚托架(梁)。

(5)钢筋混凝土屋架的截面和配筋：屋架上弦第一节间和梯形屋架端竖杆的配筋，6 度和 7 度时不宜少于 4ϕ12，8 度和 9 度时不宜少于 4ϕ14。梯形屋架的端竖杆截面宽度，宜与上弦宽度相同。拱形和折线形屋架上弦端部支撑屋面板的小立柱，截面不宜小于 200 mm×200 mm，高度不宜大于 500 mm，主筋宜采用Ⅱ形，6 度和 7 度时不宜少于 4ϕ12，8 度和 9 度时不宜少于 4ϕ14，箍筋可采用 ϕ6，间距宜为 100 mm。

3. 厂房柱

下列范围内柱的箍筋应加密：柱头，取柱顶以下 500 mm 并不小于柱截面长边尺寸；上柱，取阶形柱自牛腿面至吊车梁顶面以上 300 mm 高度范围内；牛腿(柱肩)，取全高；柱根，取下柱柱底至室内地坪以上 500 mm；柱间支撑与柱连接节点和柱变位受平台等约束的部位，取节点上、下各 300 mm。8 度和 9 度时，宜采用矩形、I 形截面柱或斜腹杆双肢柱，不宜采用薄壁 I 形柱、腹板开孔 I 形柱、预制腹板的 I 形柱和管柱。柱底至室内地坪以上 500 mm 范围内和阶形柱的上柱宜采用矩形截面。加密区箍筋间距不应大于 100 mm，箍筋肢距和最小直径应符合表 8-3 的规定。

表 8-3　柱加密区箍筋最大肢距和最小箍筋直径

烈度和场地类别		6 度和 7 度 Ⅰ、Ⅱ类场地	7 度Ⅲ、Ⅳ类场地和 8 度Ⅰ、Ⅱ类场地	8 度Ⅲ、Ⅳ类场地 和 9 度
箍筋最大肢距/mm		300	250	200
箍筋最小直径	一般柱头和柱根	ϕ6	ϕ8	ϕ8(ϕ10)
	角柱柱头	ϕ8	ϕ10	ϕ10
	上柱牛腿和有支撑的柱根	ϕ8	ϕ8	ϕ10
	有支撑的柱头和柱变位受约束部位	ϕ8	ϕ10	ϕ12

注：括号内数值用于柱根。

4. 柱间支撑

一般情况下，应在厂房单元中部设置上、下柱间支撑，且下柱支撑应与上柱支撑配套设置；有起重机或 8 度和 9 度时，宜在厂房单元两端增设上柱支撑；厂房单元较长或 8 度Ⅲ、Ⅳ类场地和 9 度时，可在厂房单元中部 1/3 区段内设置两道柱间支撑。支撑应采用型钢，支撑形式宜采用交叉式，其斜杆与水平面的交角不宜大于 55°。下柱支撑的下节点位

柱间支撑形式

置和构造措施，应保证将地震作用直接传给基础；当6度和7度不能直接传给基础时，应计及支撑对柱和基础的不利影响，采取加强措施。交叉支撑在交叉点应设置节点板，其厚度不应小于10 mm，斜杆与交叉节点板应焊接，与端节点板宜焊接。

5. 围护墙与隔墙

(1)厂房的围护墙宜采用轻质墙板或钢筋混凝土大型墙板，外侧柱距为12 m时，应采用轻质墙板或钢筋混凝土大型墙板；不等高厂房的高跨封墙和纵、横向厂房交接处的悬墙宜采用轻质墙板，8、9度时应采用轻质墙板。

(2)厂房的刚性围护墙沿纵向宜均匀、对称布置；宜采用外贴式并与柱可靠拉结；不等高厂房的高跨封墙和纵、横向厂房交接处的悬墙采用砌体时，不应直接砌在低跨屋盖上。

(3)砌体隔墙与柱宜脱开或柔性连接，并应采取措施保证墙体的稳定，隔墙顶部应设现浇钢筋混凝土压顶梁。

二、钢结构厂房

(1)厂房平面布置和钢筋混凝土屋面板及天窗架的设置构造要求，可参照钢筋混凝土柱厂房的有关规定。

(2)厂房的横向抗侧力体系，可采用屋盖横梁与柱顶刚接或铰接的框架、门式刚架、悬臂柱或其他结构体系。厂房纵向抗侧力体系宜采用柱间支撑，条件限制时也可采用刚架结构。构件在可能产生塑性铰的最大应力区内，应避免焊接接头；对于厚度较大无法采用螺栓连接的构件，可采用对接焊缝等强度连接。屋盖横梁与柱顶铰接时，宜采用螺栓连接。刚接框架的屋架上弦与柱相连的连接板，不应出现塑性变形。当横梁为实腹梁时，梁与柱的连接以及梁与梁拼接的受弯、受剪极限承载力，应能分别承受梁全截面屈服时受弯、受剪承载力的1.2倍。柱间支撑杆件应采用整根材料。超过材料最大长度规格时，可采用对接焊缝等强拼接；柱间支撑与构件的连接，不应小于支撑杆件塑性承载力的1.2倍。

(3)屋盖的支撑布置同钢筋混凝土柱单层厂房的要求。有条件时，可采用消能支撑。

三、砖柱厂房

(1)檩条与山墙连接不牢固，地震时将使支承处的砌体错动，甚至造成山尖墙倒塌。檩条伸出山墙的出山屋面有利于加强檩条与山墙的连接对抗震有利，可以采用。山墙是砖柱厂房抗震的薄弱部位之一，外倾、局部倒塌较多；甚至有全部倒塌的情况。因此，要求采用卧梁并加强锚拉的措施。

(2)震害调查发现：预制圈梁的抗震性能较差，故规定在屋架底部标高处设置现浇钢筋混凝土圈梁。为加强圈梁的功能，规定圈梁的截面高度不应小于180 mm；宽度习惯上与砖墙同宽。

(3)钢筋混凝土屋盖单层砖柱厂房，在横向水平地震作用下，由于空间工作的因素，山墙、横墙将负担较大的水平地震剪力。为了减轻山墙、横墙的剪切破坏，保证房屋的空间工作，对山墙、横墙的开洞面积加以限制，8度时宜在山墙、横墙的两端，9度时尚应在高大门洞两侧设置构造柱。

(4)采用钢筋混凝土无檩屋盖等刚性屋盖的单层砖柱厂房，地震时，砖墙往往在屋盖处圈梁底面下一至四皮砖范围内出现周围水平裂缝。因此，对于高烈度地区刚性屋盖的单层砖柱厂房，在砖墙顶部沿墙长每隔 1 m 左右埋设一根 Φ8 竖向钢筋，并插入顶部圈梁内，以防止柱周围水平裂缝，甚至墙体错动破坏的产生。

思考题

8-1 对钢筋混凝土柱单层厂房有檩屋盖构件的连接及支撑布置情况有哪些要求?

8-2 单层厂房特有的震害表现在哪个方面?

实训题

8-1 单层厂房的震害主要表现在(　　)方面。

A. 厂房上柱裂缝　　B. 柱间支撑焊缝断开

C. 厂房屋盖塌落　　D. 厂房下柱裂缝

8-2 钢筋混凝土柱单层厂房结构在平面布置上有(　　)要求。

A. 多跨厂房宜等高　　B. 结构形式相同

C. 厂房各柱列的侧移刚度宜均匀　　D. 厂房平面、立面规整

第九章　隔震与消能减震设计

知识目标

1. 掌握隔震、消能减震的基本工作原理；
2. 了解隔震、消能减震的基本设计原理。

能力目标

能够进行建筑结构的隔震与消能减震设计。

素质目标

建立科学探索的精神和追求卓越的内在动力。

第一节　基本概述

由震源产生的地震波，通过一定的途径传播到建筑物所在场地，从而引起结构的地震反应。一般而言，建筑物的地震反应沿高度从下而上逐级加大，而地震对建筑物产生的内力则自上而下逐级增加。当建筑物结构受到的地震作用超过该构件所能承担的抵抗力时，结构将产生破坏。

在结构设计的早期，人们曾企图将结构物设计为"刚性结构体系"，这种体系的结构在地震发生时地震运动接近地面，一般不会发生结构强烈破坏。但这样做的结果，必然导致材料的浪费。与之相对立的一面，人们还设想过"柔性结构体系"，即通过大幅度减小结构的刚性来避免结构与地面运动发生共振，从而减轻地震作用。但是，这种结构体系在地震动作用下结构位移过大，在较小的地震时即可能影响结构的正常使用。同时，将各类工程结构设计成柔性结构也存在实践上的困难。长期的抗震工程实践表明：将一般结构物设计成"延性结构"是适宜的。通过适当控制结构的刚度与强度，使结构构件在强烈地震时进入非弹性状态后仍具有较大的延性，从而可以通过塑性变形消耗地震能量，使结构至少达到"坏而不倒"的目的。因此，在当今世界各国的抗震设计中，实现延性结构体系是抗震工作的基本目

然而，设计成延性结构的体系，仍然是被动地抵御地震作用。对于一般性建筑物，当遭遇基本烈度的地震时，结构即可能进入非弹性破坏的状态，从而导致建筑物装修、内部设备以及其他非结构构件的破坏。对于某些重要建筑物(如电力、通信等部门)，这种破坏是不允许的，所造成的损失更是难以估量。因此，随着现代化社会的发展，各类建筑的

视频：隔震技术知多少

使用要求在不断提高，延性结构体系的应用也有了一定的局限性。因此，以主动防御为特点的隔震、消能减震技术正在不断地发展，在实践中其可靠性不断地被验证。

隔震技术是在房屋基础、底部或下部结构与上部结构之间设置由橡胶隔震支座或阻尼装置等部件组成的具有整体复位功能的隔震层，以延长整个结构体系的自振周期、增大阻尼、减小输入上部结构的地震能量，达到预期的防震要求，如图 9-1 所示。

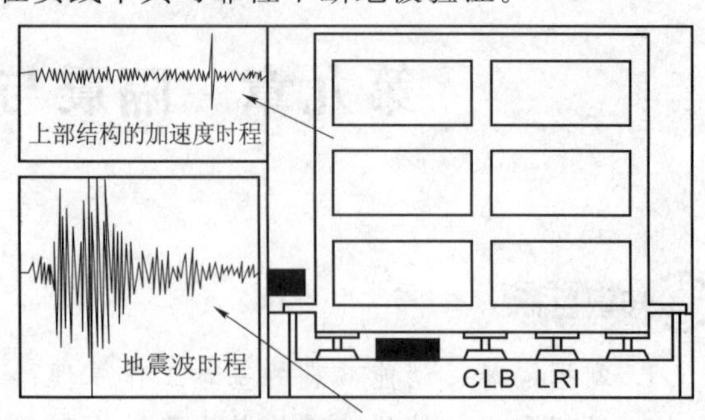

图 9-1　隔震技术工作示意图

隔震技术是通过设置隔震支座或阻尼装置来达到减小水平地震作用的目的，从目前隔震技术的现状来看，竖向地震作用的隔震技术正在研究的过程中。图 9-2 所示为某工程中应用的隔震支座；图 9-3 所示为基础中安装的隔震支座；图 9-4 所示为试验中经受水平作用的隔震支座变形图。

图 9-2　某工程中应用的隔震支座

消能减震是通过在结构物某些部位(如支撑、剪力墙、节点、连接缝或连接件、主附结构件等)设置消能部件(由消能器、连接支撑等组成)，通过消能装置产生摩擦弯曲(或剪切、扭转)等变形，来消散或吸收地震输入结构中的能量，以消耗输入到上部结构的地震能量、减小主体结构的地震反应，从而避免结构产生破坏或倒塌，达到预期的防震要求，工作原理如图 9-5 所示。图 9-6 所示为某些工程中应用的消能减震装置。

图 9-3　安装在基础中的隔震支座

图 9-4　试验中经受水平作用考验的隔震支座

走进科学隔振

众所周知，日本是一个多地震国家，又是发展抗震技术最快的国家之一，全国已超过百余项实际工程均采用了不同的消能装置或控制技术。早在 20 世纪 90 年代中期，建筑隔震橡胶支座就表现出了出色的隔震性能。1995 年 1 月 17 日，日本阪神地区发生里氏 7.2 级地震，造成了令人震惊的惨重损失。在这次地震中，距离震中 35 km 的西部邮政大楼中采用的基础隔震技术发挥了很好的隔震、减震效果，其所处场地的地震危害程度达到了震度 7 度(相当于我国地震烈度的 9～10 度)，地震中及地震后整幢大楼一切照常运转。

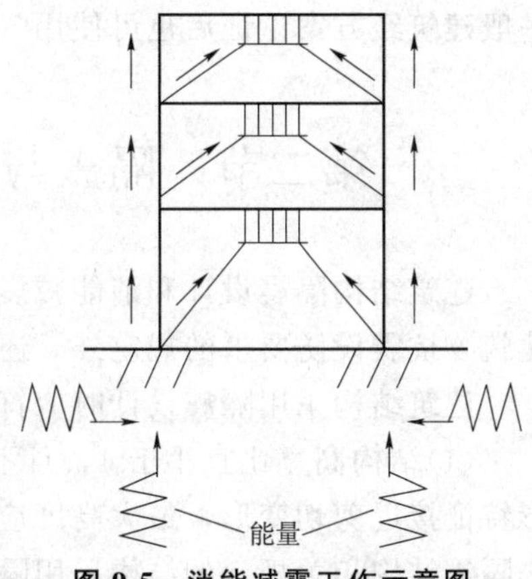

图 9-5　消能减震工作示意图

1994 年 1 月 17 日，美国洛杉矶北岭的地震中，采用基础隔震技术的南加利福尼亚大学校立医院表现同样出色，震后不仅没有影响营业，还在震后救灾中发挥了出色的救援作用，而位于街对面的洛杉矶乡村医院则遭到了严重破坏。基础隔震技术至今被国内许多生命线工程所采用，基础隔震技术被称为面向 21 世纪的抗震新技术；同时，隔震橡胶支座等其他隔震支座也成为新世纪的抗震新产品。

图 9-6　某些工程中应用的消能减震装置

我国现行抗震规范指出：隔震、消能减震技术可用于对抗震安全性和使用功能有较高要求或专门要求的建筑。实际设计或施工中，可依据专门的规范、规程以及构造图集，如《建筑结构隔震构造详图》(03SG610-1)等进行。随着我国经济建设的不断深入及对隔震、消能减震技术认识的不断提高，相信在不久的将来，两类技术就会大量地应用到我们周围的建筑物中。

最后，需要说明的是：在我国目前的建设中，隔震、消能减震技术的主要使用范围是可增加投资来提高抗震安全的建筑，除了重要机关、医院等地震时不能中断使用的建筑外，一般建筑经方案论证后也可使用，即可用于投资方愿意通过投资来提高安全要求的建筑。

第二节　隔震与消能减震建筑结构设计一般规定

建筑结构隔震设计和消能减震设计确定设计方案时，除应符合现行《抗震规范》对一般建筑物抗震设防要求的规定外，还应与采用抗震设计的方案进行对比分析。

建筑结构采用隔震设计时应符合下列各项要求：

(1)结构高宽比宜小于 4，且不应大于相关规范、规程对非隔震结构的具体规定，其变形特征接近剪切变形，最大高度应满足《抗震规范》对非隔震结构的要求；高宽比大于 4 或非隔震结构相关规定的结构采用隔震设计时，应进行专门研究。

(2)建筑场地宜为Ⅰ、Ⅱ、Ⅲ类，并应选用稳定性较好的基础类型。

(3)风荷载和其他非地震作用的水平荷载标准值产生的总水平力不宜超过结构总重力的 10％。

(4)隔震层应提供必要的竖向承载力、侧向刚度和阻尼；穿过隔震层的设备配管、配线，应采用柔性连接或其他有效措施，以适应隔震层的罕遇地震水平位移。

(5)消能减震设计可用于钢、钢筋混凝土、钢-混凝土混合等结构类型的房屋。消能部件应对结构提供足够的附加阻尼，还应根据其结构类型，分别符合本书第四章的设计要求。

(6)隔震和消能减震设计时，隔震装置和消能部件应符合下列要求：

①隔震装置和消能部件的性能参数，应经试验确定；

②隔震装置和消能部件的设置部位，应采取便于检查和替换的措施；

③设计文件上应注明对隔震装置和消能部件的性能要求，安装前应按规定进行检测，确保性能符合要求。

建筑结构的隔震设计和消能减震设计，还应符合相关专门标准的规定；也可按抗震性能目标的要求，进行性能化设计。

第三节　隔震房屋设计要点

世界各国的隔震技术应用中，隔震支座的种类较多。目前，应用最多的是橡胶隔震支座，包括天然橡胶隔震支座、铅芯橡胶隔震支座、高阻尼橡胶隔震支座等。

隔震效果展示

天然橡胶支座具有较大的竖向刚度，承受建筑物的重量时竖向变形小、水平刚度较小，并且线性性能较好。由于天然夹层橡胶支座的阻尼小，不具备足够的耗能能力，所以一般与其他隔震支座配合使用。

铅芯橡胶隔震支座不仅具有较好的竖向刚度，且本身具有消耗地震能量的能力，故在实践中得到广泛应用，如图 9-7 所示。

高阻尼橡胶隔震支座是在天然橡胶中加入各种配合剂，借以提高橡胶的阻尼性能。不仅可保持天然橡胶支座的良好力学性能，而且具有较高的阻尼比，在地震中可以有效吸收地震能量，减轻地震影响，如图 9-8 所示。

图 9-9 所示为我国某地实际工程中隔震支座的安装施工图(局部)。

图 9-7 铅芯橡胶隔震支座

图 9-8 高阻尼橡胶隔震支座

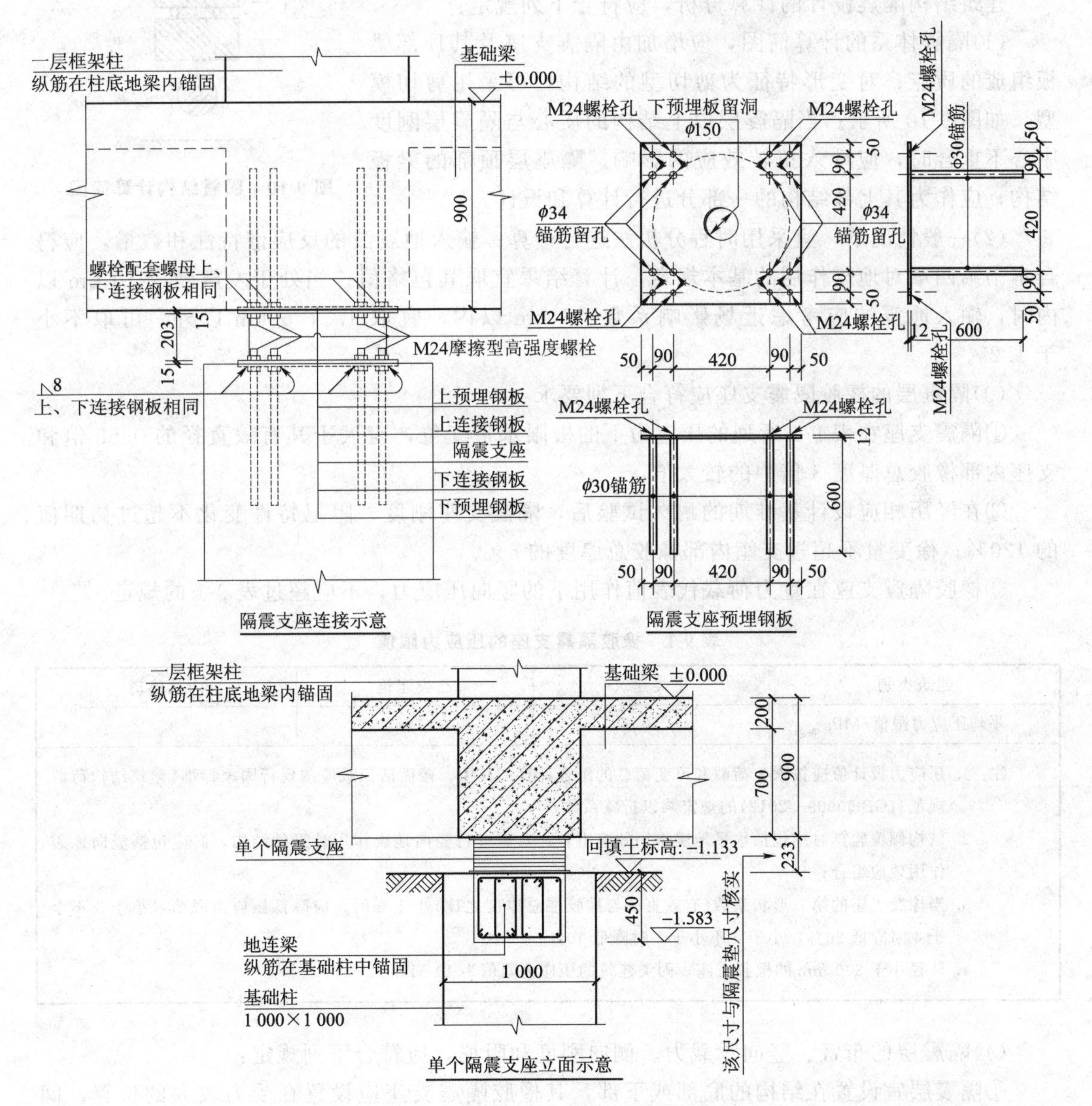

图 9-9 隔震支座安装施工图(局部)

一、隔震技术设计要求

隔震设计应根据预期的竖向承载力、水平向减震系数和位移控制要求，选择适当的隔震装置及抗风装置组成结构的隔震层。隔震支座应进行竖向承载力验算和罕遇地震下水平位移验算。

隔震层以上结构的水平地震作用应根据水平向减震系数确定；其竖向地震作用标准值，8度(0.20g)、8度(0.30g)和9度时分别不应小于隔震层以上结构总重力荷载代表值的20%、30%和40%。

建筑结构隔震设计的计算分析，应符合下列规定：

(1)隔震体系的计算简图，应增加由隔震支座及其顶部梁板组成的质点；对变形特征为剪切型的结构，可采用剪切模型，如图9-10所示；当隔震层以上结构的质心与隔震层刚度中心不重合时，应计入扭转效应的影响。隔震层顶部的梁板结构，应作为其上部结构的一部分进行计算和设计。

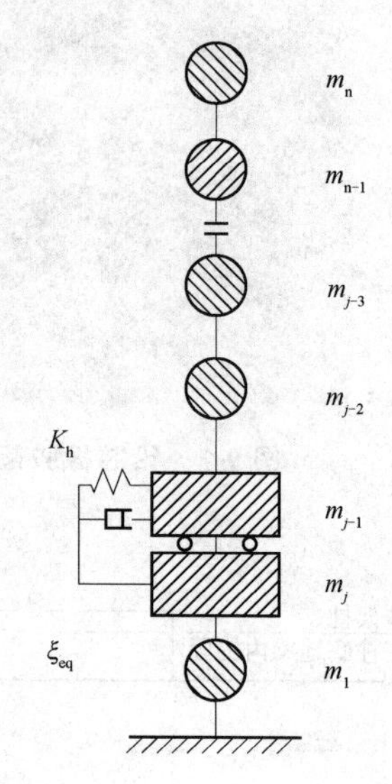

图 9-10 隔震结构计算简图

(2)一般情况下，宜采用时程分析法进行计算；输入地震波的反应谱特性和数量，应符合本书第四章对地震作用的基本规定，计算结果宜取其包络值；当处于发震断层10 km以内时，输入地震波应考虑近场影响系数；5 km以内，宜取1.5；5 km以外，可取不小于1.25。

(3)隔震层的橡胶隔震支座应符合下列要求：

①隔震支座在表9-1所列的压应力下的极限水平变位，应大于其有效直径的0.55倍和支座内部橡胶总厚度3倍中的较大值。

②在经历相应设计基准期的耐久试验后，隔震支座刚度、阻尼特性变化不超过初期值的120%；徐变量不超过支座内部橡胶总厚度的5%。

③橡胶隔震支座在重力荷载代表值作用下的竖向压应力，不应超过表9-1的规定。

表 9-1 橡胶隔震支座的压应力限值

建筑类别	甲类建筑	乙类建筑	丙类建筑
平均压应力限值/MPa	10	12	15

注：1. 压应力设计值应按永久荷载和可变荷载的组合计算；其中，楼面活荷载应按现行国家标准《建筑结构荷载规范》(GB 50009—2012)的规定乘以折减系数；

2. 结构倾覆验算时应包括水平地震作用效应组合；对需进行竖向地震作用计算的结构，尚应包括竖向地震作用效应组合；

3. 当橡胶支座的第二形状系数(有效直径与橡胶层总厚度之比)小于5时，应降低压应力限值：小于5不小于4时降低20%，小于4不小于3时降低40%；

4. 外径小于300 mm的橡胶支座，丙类建筑的压应力限值为10 MPa。

(4)隔震层的布置、竖向承载力、侧向刚度和阻尼，应符合下列规定：

①隔震层宜设置在结构的底部或下部，其橡胶隔震支座应设置在受力较大的位置，间

距不宜过大，其规格、数量和分布应根据竖向承载力、侧向刚度和阻尼的要求，通过计算确定。隔震层在罕遇地震下应保持稳定，不宜出现不可恢复的变形；其橡胶支座在罕遇地震的水平和竖向地震同时作用下，拉应力不应大于1 MPa。

②隔震层的水平动刚度和等效黏滞阻尼比，可按下列公式确定：

$$K_h = \sum K_j \tag{9-1}$$

$$\zeta_{eq} = \sum K_j \zeta_j / K_h \tag{9-2}$$

式中 ζ_{eq}——隔震层等效黏滞阻尼比；

K_h——隔震层水平动刚度；

ζ_j——隔震支座由试验确定的等效黏滞阻尼比；设置阻尼器时，应包括该阻尼器的相应阻尼比；

K_j——隔震支座(含阻尼器)由试验确定的水平动刚度，当试验发现动刚度与加载频率有关时，宜取相应于隔震体系基本自振周期的动刚度值。

(5)隔震层以上结构的地震作用计算，应符合下列规定：

①对多层结构，水平地震作用沿高度可按重力荷载代表值分配。

②隔震后水平地震作用计算的水平地震影响系数可按本书第四章的有关内容确定。其中，水平地震影响系数最大值可按式(9-3)计算：

$$\alpha_{max1} = \beta \alpha_{max} / \psi \tag{9-3}$$

式中 α_{max1}——隔震后的水平地震影响系数最大值；

α_{max}——非隔震的水平地震影响系数最大值，按第四章中的相应内容采用；

β——水平向减震系数；对于多层建筑，为按弹性计算所得的隔震与非隔震各层层间剪力的最大比值。对高层建筑结构，尚应计算隔震与非隔震各层倾覆力矩的最大比值，并与层间剪力的最大比值相比较，取两者的较大值；

ψ——调整系数；一般橡胶支座，取0.80；支座剪切性能偏差为S－A类，取0.85；隔震装置带有阻尼器时，相应减少0.05。

隔震支座的水平剪力，应根据隔震层在罕遇地震下的水平剪力，按各隔震支座的水平等效刚度分配；当按扭转耦联计算时，还应计及隔震层的扭转刚度。

隔震支座对应于罕遇地震水平剪力的水平位移，应符合下列要求：

$$u_i \leqslant [u_i] \tag{9-4}$$

$$u_i = \eta_i u_c \tag{9-5}$$

式中 u_i——罕遇地震作用下，第 i 个隔震支座考虑扭转的水平位移；

$[u_i]$——第 i 个隔震支座的水平位移限值；对橡胶隔震支座，不应超过该支座有效直径的0.55倍和支座内部橡胶总厚度3.0倍两者的较小值；

u_c——罕遇地震下隔震层质心处或不考虑扭转的水平位移；

η_i——第 i 个隔震支座的扭转影响系数，应取考虑扭转和不考虑扭转时主支座计算位移的比值；当隔震层以上结构的质心与隔震层刚度中心在两个主轴方向均无偏心时，边支座的扭转影响系数不应小于1.15。

(6)隔震层以下的结构和基础，应符合下列要求：

①隔震层支墩、支柱及相连构件，应采用隔震结构罕遇地震下隔震支座底部的竖向力、

水平力和力矩进行承载力验算。

②隔震层以下的结构(包括地下室和隔震塔楼下的底盘)中直接支承隔震层以上结构的相关构件，应满足嵌固的刚度比和隔震后设防地震的抗震承载力要求，并按罕遇地震进行抗剪承载力验算。隔震层以下、地面以上的结构，在罕遇地震下的层间位移角限值应满足表 9-2 的要求。

表 9-2　隔震层以下地面以上结构罕遇地震作用下层间弹塑性位移角限值

下部结构类型	$[\theta_p]$
钢筋混凝土框架结构和钢结构	1/100
钢筋混凝土框架-抗震墙	1/200
钢筋混凝土抗震墙	1/250

③隔震建筑地基基础的抗震验算和地基处理，仍应按本地区抗震设防烈度进行。甲、乙类建筑的抗液化措施应按提高一个液化等级确定，直至全部消除液化沉陷。

二、隔震结构的构造要求

隔震结构的隔震措施，应符合下列规定：

(1)隔震结构应采取不阻碍隔震层在罕遇地震下发生大变形的下列措施：

①如图 9-11 所示，上部结构的周边应设置竖向隔离缝，缝宽不宜小于各隔震支座在罕遇地震下最大水平位移值的 1.2 倍且不小于 200 mm。对两相邻隔震结构，其缝宽取最大水平位移值之和，且不小于 400 mm。

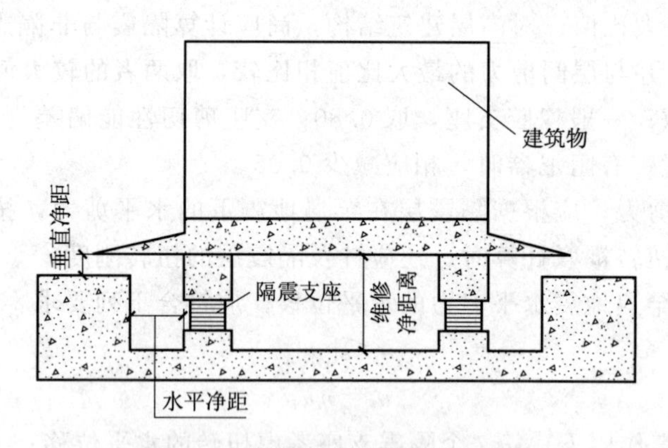

图 9-11　隔震结构中隔离缝示意图

②上部结构与下部结构之间，应设置完全贯通的水平隔离缝，缝高可取 20 mm，并用柔性材料填充；当设置水平隔离缝确有困难时，应设置可靠的水平滑移垫层。

③穿越隔震层的门廊、楼梯、电梯、车道等部位，应防止可能发生的碰撞。

(2)隔震层以上结构的抗震措施，当水平向减震系数大于 0.40 时(设置阻尼器时为 0.38)，不应降低非隔震时的有关要求；水平向减震系数不大于 0.40 时(设置阻尼器时为 0.38)，可适当降低对非隔震建筑的要求，但烈度降低不得超过 1 度，与抵抗竖向地震作用有关的抗震构造措施不应降低。抵抗竖向地震作用有关的抗震措施，对钢筋混凝土结构，指墙、柱的轴压比规定；对砌体结构，指外墙尽端墙体的最小尺寸和圈梁的有关规定。

(3)隔震层与上部结构的连接，应符合下列规定：

①隔震层顶部应设置梁板式楼盖，且应符合下列要求：

a. 隔震支座的相关部位应采用现浇混凝土梁板结构，现浇板厚度不应小于 160 mm；

b. 隔震层顶部梁、板的刚度和承载力，宜大于一般楼盖梁板的刚度和承载力；

c. 隔震支座附近的梁、柱应计算冲切和局部承压，加密箍筋并根据需要配置网状钢筋。

②隔震支座和阻尼装置的连接构造，应符合下列要求：

a. 隔震支座和阻尼装置应安装在便于维护人员接近的部位；

b. 隔震支座与上部结构、下部结构之间的连接件，应能传递罕遇地震下支座的最大水平剪力和弯矩；

c. 外露的预埋件应有可靠的防锈措施。预埋件的锚固钢筋应与钢板牢固连接，锚固钢筋的锚固长度宜大于 20 倍锚固钢筋直径，并且不应小于 250 mm。

第四节　消能减震房屋设计要点

消能减震设计时，应根据罕遇地震下的预期结构位移控制要求，设置适当的消能部件。消能部件可由消能器及斜撑(或支撑)、墙体、梁柱或梁节点等支承构件组成，图 9-12～图 9-14 分别为消能支撑、消能剪力墙和消能节点的工作原理示意图。

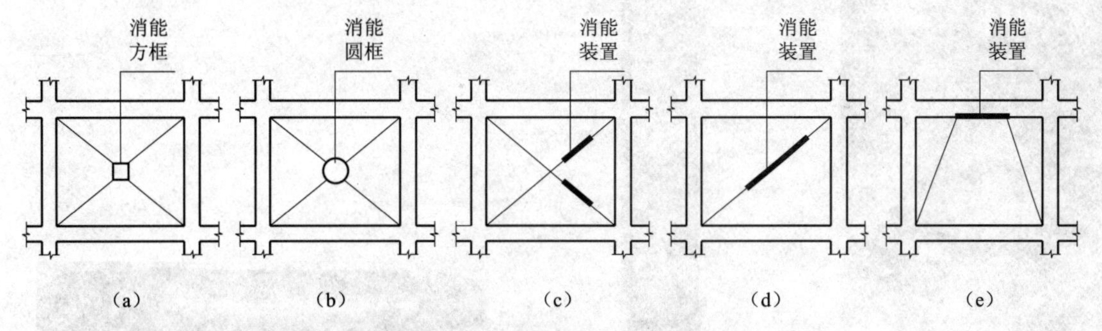

图 9-12　消能支撑的常见形式

(a)方框支撑；(b)圆框支撑；(c)交叉支撑；(d)斜杆支撑；(e)K 形支撑

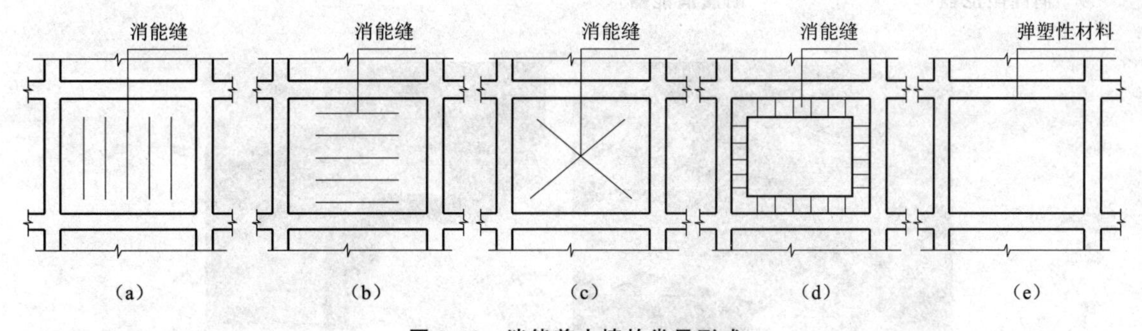

图 9-13　消能剪力墙的常见形式

(a)竖缝剪力墙；(b)横缝剪力墙；(c)斜缝剪力墙；(d)周边缝剪力墙；(e)整体剪力墙

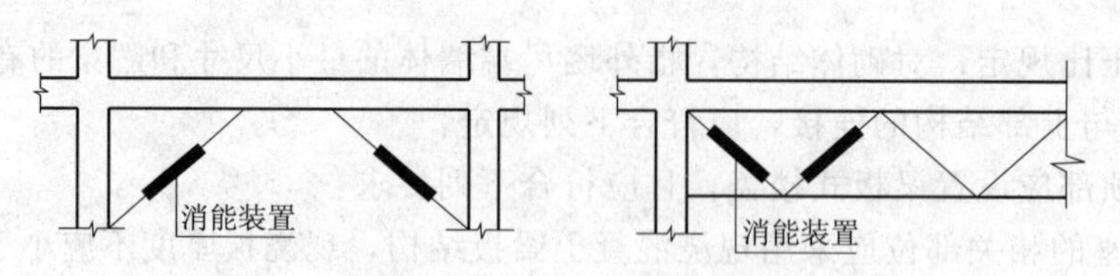

图 9-14　消能节点的常见形式

消能器可采用速度相关型、位移相关型或其他类型；速度相关型消能器指黏滞消能器和黏弹性消能器等；位移相关型消能器指金属屈服消能器和摩擦消能器等。

图 9-15～图 9-21 为各类消能器的实物图或原理图。

消能部件可根据需要，沿结构的两个主轴方向分别设置。消能部件宜设置在层间变形较大的位置，其数量和分布应通过综合分析后合理确定，并有利于提高整个结构的消能减震能力，形成均匀、合理的受力体系。

消能减震技术可以应用于多种结构类型，一般不受结构类型、结构动力特性、结构高度等的限制，可以在抗震加固建筑中应用。由于一般消能减震部件发挥耗能作用需要一定的变形，因此，实际消能减震技术应尽量应用于延性结构(如钢结构、钢筋混凝土结构、钢—混凝土组合结构等)。若应用于脆性、变形较小的结构，耗能减震作用将不能得到充分发挥。

图 9-15　新型黏弹性消能阻尼器

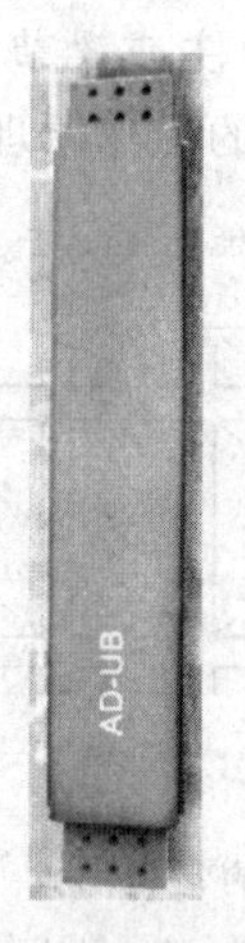

图 9-16　AD-UB 高性能耐震消能器

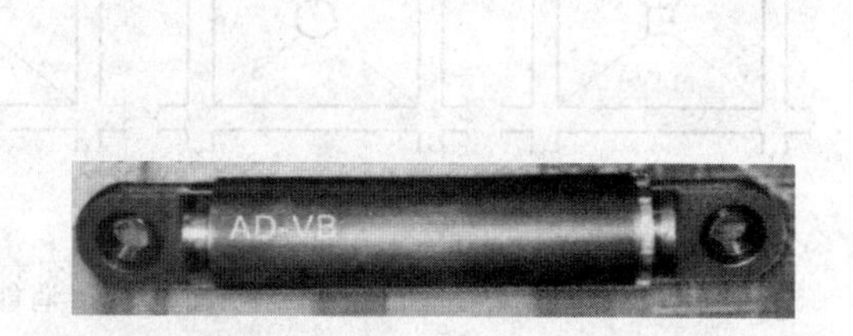

图 9-17　AD-VB 速度型阻尼器

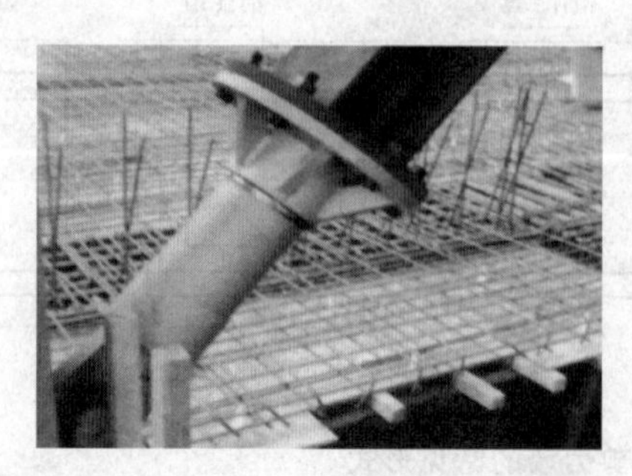

图 9-18　黏滞性流体阻尼器

(a)

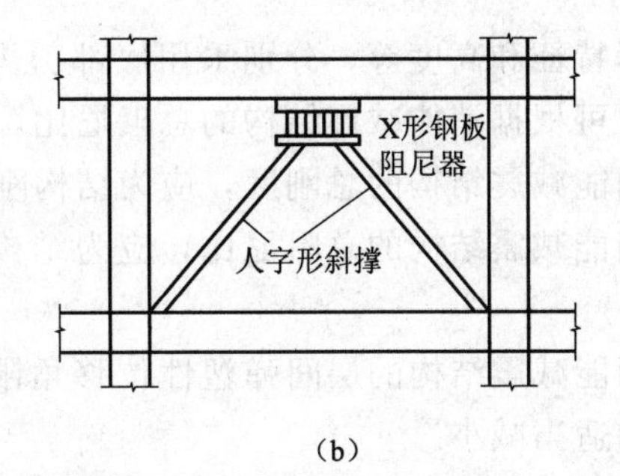

(b)

图 9-19　钢板阻尼器

(a)实物图；(b)与结构的连接示意图

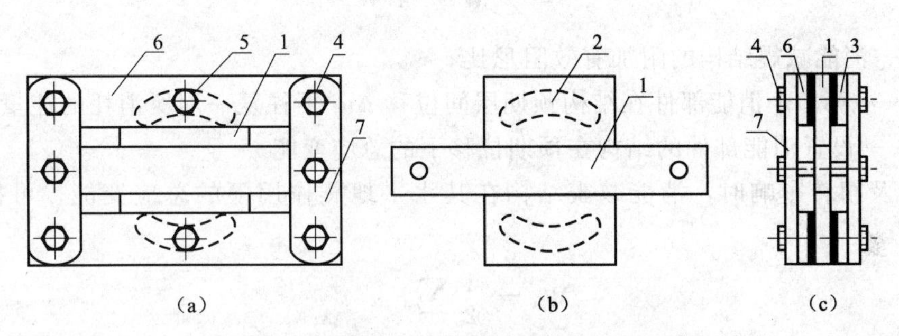

图 9-20　改进的 Pall 十字芯板摩擦阻尼器构造

1—十字芯板；2—滑槽；3—摩擦片；4—角螺栓；

5—滑动螺栓；6—横连板；7—竖连板

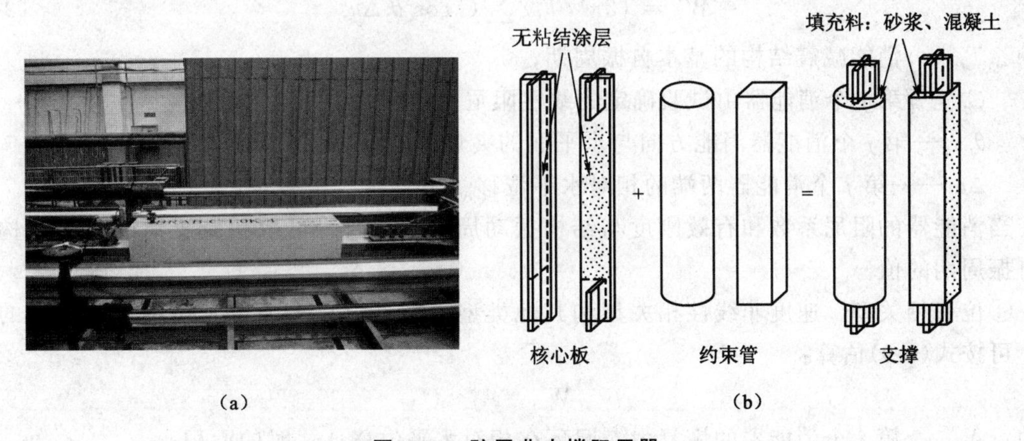

图 9-21　防屈曲支撑阻尼器

(a)实物图；(b)原理图

一、消能减震技术设计要求

(1)消能减震设计的计算分析，应符合下列规定：

①一般情况下，宜采用静力非线性分析方法或非线性时程分析方法；

②当主体结构基本处于弹性工作阶段时，可采用线性分析方法作简化估算，并根据结

构的变形特征和高度等，分别采用底部剪力法、振型分解反应谱法和时程分析法，其地震影响系数可根据消能减震结构的总阻尼比，按本书第四章的有关内容采用；

③消能减震结构的总刚度，应为结构刚度和消能部件有效刚度的总和；

④消能减震结构的总阻尼比，应为结构阻尼比和消能部件附加给结构的有效阻尼比的总和；

⑤消能减震结构的层间弹塑性位移角限值，应符合预期的变形控制要求，宜比非消能减震结构适当减小。

(2)消能部件附加给结构的有效阻尼比和有效刚度，可按下列方法确定：

①消能部件附加的有效阻尼比可按式(9-6)估算：

$$\zeta_a = \sum_j W_{cj}/(4\pi W_s) \tag{9-6}$$

式中 ζ_a——消能减震结构的附加有效阻尼比；

W_{cj}——第 j 个消能部件在结构预期层间位移 Δu_j 下往复一周所消耗的能量；

W_s——设置消能部件的结构在预期位移下的总应变能。

②不计及扭转影响时，消能减震结构在其水平地震作用下的总应变能，可按式(9-7)估算：

$$W_s = \frac{1}{2}\sum F_i u_i \tag{9-7}$$

式中 F_i——质点 i 的水平地震作用标准值；

u_i——质点 i 对应于水平地震作用标准值的位移。

③速度线性相关型消能器在水平地震作用下所消耗的能量，可按式(9-8)估算：

$$W_c = (2\pi^2/T_i)\sum C_j \cos^2\theta_j \Delta u_j^2 \tag{9-8}$$

式中 T_i——消能减震结构的基本自振周期；

C_j——第 j 个消能器由试验确定的线性阻尼系数；

θ_j——第 j 个消能器消能方向与水平面的夹角；

Δu_j——第 j 个消能器两端的相对水平位移。

当消能器的阻尼系数和有效刚度与结构振动周期有关时，可取相应于消能减震结构基本自振周期的值。

④位移相关型、速度非线性相关型和其他类型消能器，在水平地震作用下所消耗的能量，可按式(9-9)估算：

$$W_{cj} = A_j \tag{9-9}$$

式中 A_j——第 j 个消能器的恢复力滞回环在相对水平位移 Δu_j 时的面积。

消能器的有效刚度可取消能器的恢复力滞回环在相对水平位移 Δu_j 时的割线刚度。

⑤消能部件附加给结构的有效阻尼比超过25%时，宜按25%计算。

二、消能部件的要求

(1)速度线性相关型消能器与斜撑、墙体或梁等支承构件组成消能部件时，支承构件沿消能器消能方向的刚度应满足下式：

$$K_b \geqslant (6\pi/T_1)C_D \tag{9-10}$$

式中　K_b——支承构件沿消能器方向的刚度；

C_D——消能器的线性阻尼系数；

T_1——消能减震结构的基本自振周期。

(2)黏弹性消能器的黏弹性材料总厚度应满足下式：

$$t \geqslant \Delta u/[\gamma] \tag{9-11}$$

式中　t——黏弹性消能器的黏弹性材料的总厚度；

Δu——沿消能器方向的最大可能的位移；

$[\gamma]$——黏弹性材料允许的最大剪切应变。

(3)位移相关型消能器与斜撑、墙体或梁等支承构件组成消能部件时，消能部件的恢复力模型参数宜符合下列要求：

$$\Delta u_{py}/\Delta u_{sy} \leqslant 2/3 \tag{9-12}$$

式中　Δu_{py}——消能部件在水平方向的屈服位移或起滑位移；

Δu_{sy}——设置消能部件的结构层间屈服位移。

消能器的极限位移应不小于罕遇地震下消能器最大位移的 1.2 倍；对速度相关型消能器，消能器的极限速度应不小于地震作用下消能器最大速度的 1.2 倍，并且消能器应满足在此极限速度下的承载力要求。

(4)结构采用消能减震设计时，消能部件的相关部位应符合下列要求：

①消能器与支承构件的连接，应符合《抗震规范》和有关规程对相关构件连接的构造要求；

②在消能器施加给主结构最大阻尼力作用下，消能器与主结构之间的连接部件应在弹性范围内工作；

③与消能部件相连的结构构件设计时，应计入消能部件传递的附加内力。

三、主体结构抗震构造要求的调整

当消能减震结构的抗震性能明显提高时，主体结构的抗震构造要求可适当降低。降低程度可根据消能减震结构地震影响系数与不设置消能减震装置结构的地震影响系数之比确定，最大降低程度应控制在 1 度以内。

思考题

9-1　隔震、消能减震结构与采取传统抗震设防的结构有何区别和联系？

9-2　简述隔震、消能减震结构房屋的主要特点。

9-3　隔震结构房屋对竖向地震作用有隔震作用吗？为什么？为何隔震支座中不宜出现拉应力？

9-4　简述隔震层布置原则和要点。

实训题

9-1　隔震建筑主要是隔离(　　)的建筑物。

A. 水平地震作用　　B. 竖向地震作用　　C. 全部地震作用　　D. 以上均不对

9-2 消能减震建筑论述，错误的是(　　)。

A. 消能减震建筑是通过改变地震作用的传递途径，来实现其减震目的

B. 消能减震建筑是通过先让阻尼器耗散一部分地震能量，从而减轻主要结构构件承受的地震作用，来实现其减震目的

C. 消能减震建筑可应用于普通砖混结构中，来实现其减震目的

D. 消能减震装置一般可安装在不影响建筑正常使用的部位

第十章　地下建筑抗震设计

知识目标

1. 了解地下建筑的震害特点；

2. 掌握地下建筑抗震设计的适用范围，地下建筑的抗震设防目标，地下建筑的规则性、强度控制等概念设计内容；

3. 了解地下建筑抗震验算方法；

4. 熟悉地下建筑的抗震构造措施。

能力目标

1. 能够理解提高地下结构抗震能力的主要方法措施；

2. 从概念设计的角度理解优选地下建筑结构方案对减轻地震灾害的作用。

素质目标

建立良好的学习能力、实践能力、专业能力和创新意识。

近几十年来，随着城市人口的逐渐增加，传统的地面建筑已不能满足交通和商业的需要。为了减少地面空间使用量，将有限的地面空间充分利用，为居民营造更加美丽、舒适的休闲场所，各国都把目光投向了地下，修建了大量的人防和其他地下工程。这些设施为人们提供了地面上难以容纳的各种服务，如停车、过街通道、地下贮藏、地下商场等，同时对提高城市综合抗灾能力和缓解城市诸多矛盾起到了积极作用。

近年来，我国城市地下空间的开发数量快速增长，特大城市地下空间开发利用的规模，已跃居世界同类城市的先进行列。城市地下空间的开发利用，已成为提高城市容量、缓解城市交通、改善城市环境的重要手段。

以往我国的地下建筑主要是地下室。随着城市建设的快速发展，出现了大量规模较大的地下停车场、地下商城等种类较多的地下建筑物、构筑物。这些地下结构有的抗震能力强，有的使用要求高，有的服务于人流、车流，有的服务于物资储藏，其抗震能力和抗震设防要求也有差异，需要在工程设计中进一步研究解决。

综上所述，在设计地下结构时，必须充分考虑抗震设防问题。

第一节　地下建筑震害特点

我国地处欧亚大陆板块、太平洋板块和印度板块之间，地震活动非常频繁，6 度及 6 度以上地震设防的地区就占全国总面积的三分之二以上，有一半以上的城市位于 7 度及 7 度以上地震设防区。地下建筑与地面建筑相比，地震作用相对较小，地震破坏相对较轻，但国内外历次地震表明，地震对地下工程结构的破坏是客观存在的。地下建筑一旦破坏，修复相当困难。地下工程的周围有土体等介质约束，其结构受力及环境与地面工程不同，地震破坏特征具有与地面结构不同的特点。

一、我国地下建筑地震震害

我国历次大地震中出现的地震破坏现象，主要集中在各类地下管网、人防地道、公路隧道等构筑物的损坏。

1975 年海城地震(震级 7.3 级)中，营口市(8 度区)150 多千米管道破坏 372 处，平均震害率为 2.48 处/km，配水管网大量漏水，不能保证正常的供水量和水压，有的地方甚至供水中断，经一个多月抢修才恢复正常供水；盘锦地区(7 度区)直埋大口径钢管 66.5 km，焊口断裂 21 处，破坏率达 0.31 处/km；丝扣连接的小口径管道破坏率为 16 处/km；铸铁管道破坏率为 0.8 处/km。

1976 年 7 月 28 日的唐山地震(震级 7.8 级)中，唐山市给水系统全部瘫痪，经一个月抢修才基本恢复供水；秦京输油管道发生 5 处破坏。

唐山地震中，开滦煤矿井巷工程总长 177 km，主体结构震害轻微，井下近万名工作人员除 17 人死亡外，其余人员全部撤回地面。由于地质构成、井道形状尺寸及建造方式不同，井道破坏程度各异。具体情况是：围岩条件相同时，采用喷锚、石璇砌工艺支护比梯形支架震害轻；断面形状和尺寸改变处、坡度变化处、拐弯及不同支护材料交接处等有刚度变化的薄弱部位震害较重；地质条件复杂地段震害重；采空区附近震害重；停电、水淹加重震害。

唐山地震中地下巷道震害

唐山地震中，对天津和唐山两市的人防工程调查表明：大部分主体结构基本完好，而人防通道的震害有明显差异。唐山地区烈度 10～11 度，地质条件大部分为粉质黏土，其下为石灰岩，除陡河沿岸的人防次干道破坏较重(拱顶未倒塌)外，仅个别薄弱部位出现裂缝；宁河、汉沽区烈度 9 度，塘沽烈度 8 度，人防工程大多位于滨海相沉积层，除表层土强度稍强外均为淤泥质土或粉土，其人防地道裂缝较大，普遍每隔 12 m 左右出现宽 1～3 cm 的环向裂缝，少数工事出现纵

图 10-1　隧道端墙开裂

向裂缝，并在接头转角处多处发生断裂和错动。因地下水水位很高又没有排水设施，结构开裂和部分防水砂浆抹面脱落，造成漏水，以致工事内积水严重，影响正常使用。个别地段的工事底部有喷砂、冒水现象，未覆土的人防通道有的局部坍塌。

在 2008 年 5 月 12 日的汶川大地震(震级 8.0 级)中，龙溪隧道、龙洞子隧道等公路隧道也出现了不同类型的破坏。主要破坏现象有洞顶滚石、滑坡，洞门端墙裂缝(图 10-1)，翼墙开裂(图 10-2)；衬砌裂缝(横向、纵向、斜向)，防水层破损，洞周围岩体坍塌(图 10-3)；底鼓或铺砌开裂、隆起等。

图 10-2　隧道洞门翼墙开裂

图 10-3　隧道洞内塌方

二、国外地下建筑地震震害

1985 年墨西哥地震(震级 8.1 级)中，地震同样引起不同材质的各种管道破坏(包括钢管道)。其中，煤气干管断裂引起煤气爆炸，市政管网煤气管道断裂引起火灾，且因供水管网损坏，救火困难。

1995 年 1 月 17 日，日本兵库县南部发生里氏 7.2 级的“阪神地震”。在这次地震中，神户市内采用明挖法建造、上覆土层较浅的地下铁道、地下停车场、地下商业街等大量地下结构，都发生了严重的破坏。

阪神地震中，地铁大开站，长为 120 m，侧式站台。站台部分为 17 m×7.2 m(宽×高)的 1 层 2 跨结构；中央大厅为 26 m×10 m(宽×高)的 2 层 4 跨结构，地下一层是检票大厅，地下二层为站台。底板、侧墙和中柱为现浇钢筋混凝土结构。大开站覆土 2 m，约有 30 根截面为 0.4 m×1.0 m、间距为 3.5 m 的中柱折断，且钢筋屈曲，35 个支承平台倒塌，上层候车厅的柱根破坏，使大片地面陷落，最大沉陷约 3 m。

阪神地震中，三宫站全长 306 m，为 3 层结构。外部尺寸为(15～38)m×(20～22)m(宽×高)。以车站中央稍偏西的位置为中心 100 m 左右的区间内，中柱的受损程度很高。在地铁三宫站约有 20 根中柱破坏；地下一层的电气室和机械室的钢筋混凝土中柱破坏，钢筋压屈。三宫站的第二停车场，其主体结构为地下 2～3 层钢筋混凝土结构，总尺寸为 120.4 m×66.6 m，深度达 12.15 m，覆土 1.5 m。柱的截面尺寸为 900 mm×900 mm，长度方向柱距为 7～10 m；宽度方向柱距为 7～8 m，每隔 17.2 m 有 300 mm 厚的分隔墙，采用

阪神地铁站震害

1.65 m厚的中空平板作为基础底板，结构整体刚度很好。在阪神地震中，该站的吸排气塔及楼梯间等部位，与主体结构结合部出现混凝土的剥离和裂缝。其中，一部分墙壁和顶板的混凝土发生脱落，露出钢筋；一部分钢筋发生变形。

图 10-4 上泽站中柱破坏情况

阪神地震中，上泽站全长为400 m，月台长为125 m。横截面在线路方向上分3层2跨和2层2跨两种形式。上泽站的破坏情况和三宫站的情况相似。其中，上层的受害程度都很严重，中柱出现了典型的剪切破坏和斜向的龟裂，如图10-4所示。

根据对已有震害的调查分析，地下结构的破坏有以下规律：

(1)在地质条件有较大变化的区域容易发生破坏。

(2)修建在软弱土层中的地下工程，比修建在坚硬岩石中的破坏大。

(3)地下结构上部覆盖土层越厚，破坏越轻。

(4)衬砌厚度较大的结构破坏的概率大于衬砌厚度较小的结构。

(5)在结构断面形状和刚度发生明显变化的部位容易遭到破坏，地面洞口也是经常受到地震破坏的部位。

(6)在同一地震烈度条件下，地下结构的破坏程度远远小于地面建筑物的破坏程度。

(7)对称结构发生破坏的程度，比非对称结构发生破坏的程度轻。

综上所述，地震对地下结构的破坏是客观存在的，潜在的地震灾害对居民的生命财产安全以及地下结构的安全使用构成严重威胁。在我国，由于大型地下结构建设较晚，迄今尚未遭遇强震，使人误以为地下结构抗震能力较强，对地下结构的抗震意识较弱。而地下建筑一旦破损，一般需要原地修复，而且技术难度高、工期长、费用高、影响大。除此之外，地下建筑特别是地下变电站、地下交通枢纽和地下空间综合体等关系到国计民生的重要地下建筑物、构筑物，因地震破坏造成的停电、停运等影响居民生产生活的一系列问题，带来的经济损失往往超过地下建筑本身的修复费用。

因此，在我国地下空间大规模开发的背景下，开展城市地下建筑的抗震设计，对于改善我国城市地下建筑的抗震性能、提升城市抗震防灾水平，具有重要的意义。

第二节 地下建筑抗震设计基本要求

一、适用范围

《抗震规范》新增加的地下建筑抗震设计，主要适用于地下车库、过街通道、地下变电站和地下空间综合体等单建式地下建筑，且不包括地下铁道、城市公路隧道，因为地下铁道和城市公路隧道等属于交通运输类工程。

高层建筑的地下室(包括设置防震缝与主楼对应范围分开的地下室)属于附建式地下建筑，其性能要求通常与地面建筑一致。本章内容同样不适用于此类附建式地下建筑。

二、地下建筑的建造场地

建设场地的地形、地质条件，对地下建筑的抗震性能同样有直接或间接的影响。

地下建筑宜建造在密实、均匀、稳定的地基上。当处于软弱土、液化土或断层破碎带等不利地段时，应分析其对结构抗震稳定性的影响，采取相应措施。

位于岩石中的地下建筑，其出入口通道两侧的边坡和洞口仰坡，应依据地形、地质条件选用合理的口部结构类型，提高其抗震稳定性。

三、地下建筑的抗震设防目标

地下建筑种类较多，使用要求各异，抗震设防有不同的要求。因此，地下建筑的结构体系应根据使用要求、场地工程地质条件和施工方法等确定，并应具有良好的整体性，避免抗侧力结构的侧向刚度和承载力突变。

丙类钢筋混凝土地下结构的抗震等级，6、7 度时不应低于四级，8、9 度时不宜低于三级。

乙类钢筋混凝土地下结构的抗震等级，6、7 度时不宜低于三级，8、9 度时不宜低于二级。

钢筋混凝土结构的地下建筑的抗震等级，其要求略高于高层建筑的地下室，其原因如下：

(1)高层建筑地下室，在楼房倒塌后一般即弃之不用，单建式地下建筑则在附近房屋倒塌后，有的仍有继续服役的必要，其使用功能的重要性常高于高层建筑地下室。

(2)地下结构一般不宜带缝工作，尤其是在地下水水位较高的场所，其整体性要求高于地面建筑。

(3)地下空间通常是不可再生的资源，损坏后一般不能推倒重来，需原地修复，难度较大。

四、地下建筑的规则性及优化选型

地下建筑抗震设计应根据建筑抗震设防类别、抗震设防烈度、场地条件、地下建筑使用功能等条件进行综合分析对比后，确定其设计方案。

地下建筑的建筑布置应力求简单、对称、规则、平顺；横剖面的形状和构造不宜沿纵向突变。

规则、对称并具有良好的整体性以及结构的侧向刚度自下而上逐渐减小，是抗震设防中对建筑结构布置的常见要求。地下建筑与地面建筑的区别是：地下建筑结构尤应力求体形简单，纵向、横向外形平顺，剖面形状、构件组成和尺寸不沿纵向经常变化，使其抗震能力提高。

此外，地下建筑结构设计应具有等强度概念。强柱弱梁是地上建筑抗震设计的基本要求。然而在单建式地下结构中，由于地下结构的底板、顶板整体性更强，结构的底板、顶板通常可视为筏板，其梁的刚度通常要大于柱，很容易做成底板、顶板刚度较大而侧墙刚度较小的结构形式，削弱了柱对梁的约束作用，形成事实上的铰。从而减少了结构的超静定次数，于抗震不利，也难以形成“强柱弱梁”。地下建筑的抗侧力构件必须予以加强，应具有等强度。此外，从横剖面上看，两侧墙土压力相差较大时的框架式地下结构容易失稳，形成铰接四边形，也不利于抗震。阪神地震中，地铁车站中柱两端发生的严重剪切破坏，提醒我们在工程设计时不能忽视柱的剪切强度和延性设计；同时，对结构的抗侧力构件应做进一步加强。

第三节　地下建筑抗震计算要点

除《抗震规范》规定的不需要进行抗震计算分析的地下建筑之外，一般的地下车库、过街通道、地下变电站和地下空间综合体等单建式地下建筑，均应进行抗震计算分析。

一、可不进行抗震计算分析的地下建筑的范围

按规范要求采取抗震措施的下列地下建筑，可不进行地震作用计算。

(1)7度Ⅰ、Ⅱ类场地的丙类地下建筑。

(2)8度(0.20g)Ⅰ、Ⅱ类场地时，不超过2层、体型规则的中小跨度丙类地下建筑。

由于以上各类结构刚度相对较大，抗震能力相对较强，具有设计经验时可不进行地震作用计算。

二、地下建筑结构抗震计算模型和相应计算方法

地下建筑的抗震计算模型，应根据结构实际情况确定并符合下列要求：

(1)应能较准确地反映周围挡土结构和内部构件的实际受力状况；与周围挡土结构分离的内部构件，可采用与地上建筑同样的计算模型。

(2)周围地层分布均匀、规则且具有对称轴的纵向较长的地下建筑，结构分析可选择平面应变分析模型，并采用反应位移法或等效水平地震加速度法、等效侧力法计算。

这种周围地层分布均匀、规则且具有对称轴的纵向较长的长条形地下建筑，按平面应变问题进行抗震计算的方法，一般适用于离端部或接头的距离达1.5倍结构跨度以上的地下建筑结构部分。端部和接头部位等结构受力变形情况较复杂处，仍应选用空间结构模型，采用时程分析法计算。

结构形式、土层和荷载分布的规则性对结构的地震反应都有影响，差异较大时地下结构的地震反应也将有明显的空间效应。此时，即使是外形相仿的长条形结构，也宜按空间结构模型进行抗震计算和分析。

(3)长宽比和高宽比均小于3的地下建筑，宜采用空间结构分析计算模型并采用土层-结构时程分析法计算。

三、计算范围和边界条件

平面问题分析中，侧向边界宜取至离相邻结构边墙至少3倍结构宽度处，底部边界取至基岩表面，或经时程分析试算结果趋于稳定的深度处，上部边界取至地表。计算的边界条件，侧向边界可采用自由场边界，底部边界离结构底面较远时，可取为可输入地震加速度时程的固定边界，地表为自由变形边界。

空间问题分析中，侧向边界位置可与平面问题分析相同，纵向边界可取为离结构端部距离为2倍结构横断面面积当量宽度处的横剖面，边界条件均宜为自由场边界。

四、地震作用的方向

地下结构的地震作用方向与地面建筑有所区别。

对于水平地震作用，当其作用于长条形地下结构时，地震作用方向为沿地下结构横向作用、沿地下结构纵向作用或作用方向与纵向斜交三种可能。而当地震作用方向与纵向斜交时，斜向的水平地震作用又可分解为沿横向和沿纵向作用的水平地震作用。分解后得到的横向、纵向水平地震作用强度，均小于单一方向作用的横向、纵向地震作用。一般不可能单独起控制作用。而地下结构横向、纵向承受相同的地震作用时，显然横向作用情况最危险，是最危险的工作状态。因而，对按平面应变模型分析的地下结构，一般可仅考虑沿结构横向的水平地震作用。对于不规则地下结构及地下空间综合体等体形复杂的地下建筑结构，宜同时计算结构横向和纵向的水平地震作用。

竖向地震作用，对于地下空间综合体等体形复杂的地下结构，8、9 度时尚宜计及竖向地震作用。体形复杂的地下空间结构或地基地质条件复杂的长条形地下结构，都易产生不均匀沉降并导致结构裂损，因而即使设防烈度为 7 度，必要时，也需考虑竖向地震作用效应的综合作用。

五、地震作用的取值

(1)地面下设计基本地震加速度取值。地面下设计基本地震加速度值随深度逐渐减小，地震作用的取值应随地下的深度比地面相应减小，已被公认。但设计基本地震加速度取值，各国有不同的规定。我国规定：基岩处的地震作用可取地面的一半；地面至基岩的不同深度可按深度线性内插。

我国《水电工程水工建筑物抗震设计规范》(NB 35047—2015)规定地表为基岩面时，基岩面下 50 m 及其以下部位的设计地震加速度代表值取为地表规定值的1/2，不足50 m 处可按深度由线性内插值确定。

对于进行地震安全性评价的场地，则可根据具体情况，按一维或多维的模型进行分析后，确定其减小的规律。

(2)地下结构的重力荷载代表值。地下建筑结构静力设计时，除结构自重及可变荷载外，水压力、土压力也是主要荷载。因此，在确定地下结构的重力荷载代表值时，应包含水压力、土压力的标准值。

六、地下建筑结构抗震计算的方法

进行多遇地震作用下的截面承载力和构件弹性变形验算时，平面问题可采用弹性时程分析法、反应位移法、等效水平地震加速度法或等效侧力法计算。空间问题可采用弹性时程分析法。

进行罕遇地震作用下的弹塑性变形验算时，可采用弹塑性时程分析法，或简化方法计算结构的弹塑性变形。

第四节　地下建筑抗震验算方法

在地震作用下，地下结构和地面结构的地震响应不同，因此其地震分析方法也不同。在 20 世纪 70 年代以前，地下结构抗震设计的计算基本上是沿用地面建筑的计算方法；20 世纪 70 年代以后，才逐渐形成了地下结构抗震设计分析较为完整的独立体系。但由于地基、地下结构以及土与结构相互作用的复杂性，到目前为止，对地震作用下地下结构的动力响应规律和震害机制尚未形成统一、明晰的看法，由此导致抗震分析方法名目繁多。目前，较多使用的方法有等效侧力法、等效水平地震加速度法、反应位移法和土层-结构时程分析法。下面就这几种常用的计算方法作简单介绍。

一、地下建筑抗震分析方法

1. 等效侧力法

等效侧力法又称惯性力方法、拟静力方法。它将地下结构的地震反应简化为作用在节点上的等效水平地震惯性力的作用效应，从而可采用结构力学的方法计算结构的动内力。但由于该方法计算结构与实际观测到的动土压力结果有较大差别，且等效侧力系数取值需要事先确定，该方法适用性普遍较差。

2. 等效水平地震加速度法

等效水平地震加速度法，将地下结构的地震反应简化为沿垂直向线性分布的等效水平地震加速度的作用效应，计算方法常为有限元法。计算模型的底面采用固定边界，侧面采用水平滑移边界，如图 10-5 所示。模型底面可取设计基岩面，顶面取地表面，侧面边界到结构的距离宜取结构水平有效宽度的 3～5 倍。

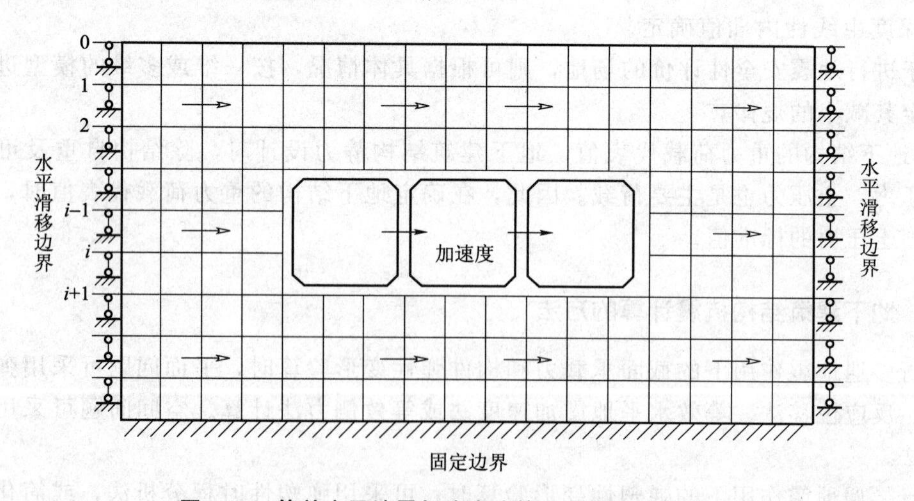

图 10-5　等效水平地震加速度法的平面应变计算模型

3. 反应位移法

反应位移法是依据地下结构在地震中的响应特征，即其地震响应主要取决于周围地层的变形而开发的计算方法。将土层动力反应位移的最大值作为强制位移施加到结构上，然后按静力原理计算内力。土层动力反应位移的最大值，可通过输入地震波的动力有限元计算确定。

其横截面上的等效侧向荷载为两侧土层变形形成的侧向力 $P(z)$、结构自重产生的惯性力以及结构与周围土层间的剪切力(τ)三者的总和。地下结构本身的惯性力大小，可取结构质量乘以最大加速度，作用在结构的重心上。

由于反应位移法中，地基弹簧的弹性模量对抗震计算的最终结果有非常大的影响。因此，如何合理估计地基弹簧的弹性模量是这种方法的关键因素。此外，实际应用该方法时，如何选择作用在地下结构上的等效侧向荷载，也是一个必须考虑的问题。以长条形地下结构为例，如图 10-6 所示，反应位移法的等效荷载计算简图中，土层变形形成的侧向力 $P(z)$ 及结构与周围土层间的剪切力(τ)，可按式(10-1)、式(10-2)计算。

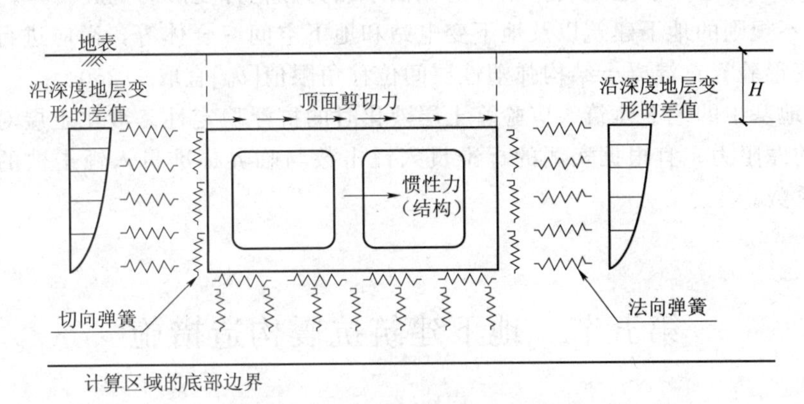

图 10-6　反应位移法的等效荷载

$$\tau=\frac{G}{\pi H}S_{\mathrm{V}}T_{\mathrm{S}} \tag{10-1}$$

$$P(z)=\kappa_{\mathrm{h}}[u(z)-u(z_{\mathrm{b}})] \tag{10-2}$$

式中　τ——地下结构顶板上表面与土层接触处的剪切力；

G——土层的动剪变模量。可采用结构周围地层中应变水平为 10^{-4} 量级的地层的剪切刚度，其值为初始值的 70%～80%；

H——为顶板以上土层的厚度；

S_{V}——基底上的速度反应谱，可由地面加速度反应谱得到；

T_{S}——顶板以上土层的固有周期；

$P(z)$——土层变形形成的侧向力；

κ_{h}——地震时单位面积的水平向土层弹簧系数，可采用不包含地下结构的土层有限元网格，在地下结构处施加单位水平力，然后由求出对应的水平变形得到；

$u(z)$——距地表深度 z 处的地震土层变形；

z_{b}——地下结构底面距地表的深度；

$u(z_{\mathrm{b}})$——距地表深度 z_{b} 处的地震土层变形。

4. 土层-结构时程分析法

土层-结构时程分析法即直接动力法，是最经典的方法。其基本原理为：将地震运动视为一个随时间而变化的过程，并将地下建筑结构与周围土体介质视为共同受力变形的整体，通过直接输入地震加速度记录，在满足变形协调条件的前提下，分别计算结构物和土体介质在各时刻的位移、速度、加速度以及内力和应变，进而验算场地的稳定性和进行结构截面设计。

时程分析法具有普遍适用性，尤其是需按空间结构模型分析时，可采用这一方法，且迄今尚无其他计算方法可予以代替。

二、地下建筑抗震验算

限于当前地下建筑抗震性能研究水平，目前单建式地下建筑的抗震验算，仍主要参照地面建筑的抗震内容。地下建筑不同于地面建筑的抗震验算内容如下：

(1)地下建筑应进行多遇地震作用下的截面承载力和构件变形的抗震验算。

(2)对于不规则的地下建筑以及地下变电站和地下空间综合体等，尚应进行罕遇地震作用下的抗震变形验算；混凝土结构弹塑性层间位移角限值[θ_p]宜取 1/250。

(3)液化地基中的地下建筑，应验算土层液化时的抗浮稳定性。液化土层对地下连续墙和抗拔桩等的摩阻力，宜根据实测的标准贯入锤击数与临界标准贯入锤击数的比值，确定其液化折减系数。

第五节　地下建筑抗震构造措施

一、地下建筑的抗震构造措施

抗震构造措施是提高罕遇地震作用时结构整体抗震能力、保证其实现预期设防目标、延迟结构破坏的重要手段。

(1)钢筋混凝土地下建筑的抗震构造，应符合下列要求：

①地下建筑宜采用现浇结构，需要设置部分装配式构件时，应使其与周围构件有可靠的连接。

②地下钢筋混凝土框架结构构件的最小尺寸应不低于同类地面结构构件的规定。

③中柱纵向钢筋的最小总配筋率，应比表 6-10 的规定增加 0.2%。中柱与梁或顶板、中间楼板及底板连接处的箍筋应加密，其范围和构造与地面框架结构柱相同。

(2)地下建筑的顶板、底板和楼板，应符合下列要求：

①宜采用梁板结构。当采用板柱-抗震墙结构时，无柱帽的平板应在柱上板带中设置构造暗梁，其构造措施应按板柱-抗震结构的无帽柱平板的措施采用。

②对地下连续墙的复合墙体，顶板、底板及各层楼板的负弯矩钢筋至少应有 50%锚入地下连续墙，锚入长度按受力计算确定。正弯矩钢筋需锚入内衬，并均不小于规定的锚固长度。

③楼板开孔时，孔洞宽度应不大于该层楼板宽度的 30%；洞口的布置宜使结构质量和刚度的分布仍较均匀、对称，避免局部突变。孔洞周围应设置满足构造要求的边梁或暗梁。

(3)地下建筑周围土体和地基存在液化土层时，应采取下列措施：

①对液化土层，采取注浆加固和换土等消除或减轻液化影响的措施。

②进行地下结构液化上浮验算，必要时采取增设抗拔桩、配置压重等相应的抗浮措施。

③存在液化土薄夹层或施工中深度大于 20 m 的地下连续墙围护结构遇到液化土层时，可不做地基抗液化处理，但其承载力及抗浮稳定性验算应计入土层液化引起的土压力增加及摩阻力降低等因素的影响。

(4)位于岩石中的地下建筑，应采取下列抗震措施：

①口部通道和未经注浆加固处理的断层破碎带区段采用复合式支护结构时，内衬结构应采用钢筋混凝土衬砌，不得采用素混凝土衬砌。

②采用离壁式衬砌时，内衬结构应在拱墙相交处设置水平撑抵紧围岩。

③采用钻爆法施工时，初期支护和围岩地层间应密实回填。干砌块石回填时，应注浆加强。

(5)地下建筑穿越地震时岸坡可能滑动的古河道或可能发生明显不均匀沉陷的软土地带时，应采取更换软弱土或设置桩基础等措施。

二、提高地下结构抗震承载能力的主要措施

根据各国地下结构的震害分析，提高地下结构的抗震承载能力可以从以下几方面入手：

(1)将地下结构建于均匀、稳定的地基中，远离断层，避免过分靠近山坡坡面和不稳定地段，尽量避免饱和砂土地基。

(2)在相同条件下，尽量选取埋深较大的线路，远离风化岩层区。

(3)在结构中柱和梁或顶板的节点处，应尽量采用弹性节点，避免采用刚性节点。

地下结构抗震设计标准

思考题

10-1　地下建筑的抗震设防目标是什么?

10-2　地下建筑抗震设计的基本要求是什么?

10-3　如何计算地下结构的重力荷载代表值?

10-4　怎样进行地下结构的抗震变形验算?

10-5　如何提高地下结构的抗震承载能力?

实训题

10-1　地下工程的周围有土体等介质约束，结构受力及其环境与地面工程不同，地下建筑地震破坏与地面结构相比，一般破坏情况为(　　)。

A. 地下建筑破坏比地面结构重　　B. 地下建筑破坏比地面结构轻

C. 地下建筑破坏与地面结构程度相同　　D. 没有可比性

10-2　体形复杂的地下空间结构或地基地质条件复杂的长条形地下结构，应考虑(　　)。

A. 横向水平地震作用

B. 纵向水平地震作用

C. 横向和纵向水平地震作用

D. 横向、纵向水平地震作用及竖向地震作用

10-3 具有普遍适用性的地下建筑结构计算方法是(　　)。

A. 等效侧力法　　B. 等效水平地震加速度法

C. 反应位移法　　D. 土层-结构时程分析法

10-4 地下钢筋混凝土框架结构中柱纵向钢筋的最小总配筋率，应比地上框架结构中柱纵向钢筋的最小总配筋率增加(　　)。

A. 0.10%　　B. 0.15%　　C. 0.20%　　D. 0.25%

10-5 地下结构楼板开孔时，孔洞宽度应不大于该层楼板宽度的(　　)。

A. 10%　　B. 20%　　C. 30%　　D. 40%

附　录

本表仅提供我国华北地区抗震设防区各县级及县级以上城镇的中心地区建筑工程抗震设计时所采用的抗震设防烈度、设计基本地震加速度值和所属的设计地震分组。

附表　我国华北地区主要城镇抗震设防烈度、设计基本地震加速度和设计地震分组

省市		烈度	加速度	分组	县级及县级以上城镇
北京市		8度	0.20g	第二组	东城区、西城区、朝阳区、丰台区、石景山区、海淀区、门头沟区、房山区、通州区、顺义区、昌平区、大兴区、怀柔区、平谷区、密云区、延庆区
天津市		8度	0.20g	第二组	和平区、河东区、河西区、南开区、河北区、红桥区、东丽区、津南区、北辰区、武清区、宝坻区、滨海新区、宁河区
		7度	0.15g	第二组	西青区、静海区、蓟县
河北省	石家庄市	7度	0.15g	第一组	辛集市
		7度	0.10g	第一组	赵县
		7度	0.10g	第二组	长安区、桥西区、新华区、井陉矿区、裕华区、栾城区、藁城区、鹿泉区、井陉县、正定县、高邑县、深泽县、无极县、平山县、元氏县、晋州市
		7度	0.10g	第三组	灵寿县
		6度	0.05g	第三组	行唐县、赞皇县、新乐市
	唐山市	8度	0.30g	第二组	路南区、丰南区
		8度	0.20g	第二组	路北区、古冶区、开平区、丰润区、滦县
		7度	0.15g	第三组	曹妃甸区(唐海)、乐亭县、玉田县
		7度	0.15g	第二组	滦南县、迁安市
		7度	0.10g	第三组	迁西县、遵化市
	秦皇岛市	7度	0.15g	第二组	卢龙县
		7度	0.10g	第三组	青龙满族自治县、海港区
		7度	0.10g	第二组	抚宁区、北戴河区、昌黎县
		6度	0.05g	第三组	山海关区
	邯郸市	8度	0.20g	第二组	峰峰矿区、临漳县、磁县
		7度	0.15g	第二组	邯山区、丛台区、复兴区、邯郸县、成安县、大名县、魏县、武安市
		7度	0.15g	第一组	永年县
		7度	0.10g	第三组	邱县、馆陶县
		7度	0.10g	第二组	涉县、肥乡县、鸡泽县、广平县、曲周县
	邢台市	7度	0.15g	第一组	桥东区、桥西区、邢台县1、内丘县、柏乡县、隆尧县、任县、南和县、宁晋县、巨鹿县、新河县、沙河市
		7度	0.10g	第二组	临城县、广宗县、平乡县、南宫市
		6度	0.05g	第三组	威县、清河县、临西县

续表

省	市	烈度	加速度	分组	县级及县级以上城镇
河北省	保定市	7度	0.15g	第二组	涞水县、定兴县、涿州市、高碑店市
		7度	0.10g	第二组	竞秀区、莲池区、徐水区、高阳县、容城县、安新县、易县、蠡县、博野县、雄县
		7度	0.10g	第三组	清苑区、涞源县、安国市
		6度	0.05g	第三组	满城区、阜平县、唐县、望都县、曲阳县、顺平县、定州市
	张家口市	8度	0.20g	第二组	下花园区、怀来县、涿鹿县
		7度	0.15g	第二组	桥东区、桥西区、宣化区、宣化县2、蔚县、阳原县、怀安县、万全县
		7度	0.10g	第三组	赤城县
		7度	0.10g	第二组	张北县、尚义县、崇礼县
		6度	0.05g	第三组	沽源县
		6度	0.05g	第二组	康保县
	承德市	7度	0.10g	第三组	鹰手营子矿区、兴隆县
		6度	0.05g	第三组	双桥区、双滦区、承德县、平泉县、滦平县、隆化县、丰宁满族自治县、宽城满族自治县
		6度	0.05g	第一组	围场满族蒙古族自治县
	沧州市	7度	0.15g	第二组	青县
		7度	0.15g	第一组	肃宁县、献县、任丘市、河间市
		7度	0.10g	第三组	黄骅市
		7度	0.10g	第二组	新华区、运河区、沧县3、东光县、南皮县、吴桥县、泊头市
		6度	0.05g	第三组	海兴县、盐山县、孟村回族自治县
	廊坊市	8度	0.20g	第二组	安次区、广阳区、香河县、大厂回族自治县、三河市
		7度	0.15g	第二组	固安县、永清县、文安县
		7度	0.15g	第一组	大城县
		7度	0.10g	第二组	霸州市
	衡水市	7度	0.15g	第一组	饶阳县、深州市
		7度	0.10g	第二组	桃城区、武强县、冀州市
		7度	0.10g	第一组	安平县
		6度	0.05g	第三组	枣强县、武邑县、故城县、阜城县
		6度	0.05g	第二组	景县
山西省	太原市	8度	0.20g	第二组	小店区、迎泽区、杏花岭区、尖草坪区、万柏林区、晋源区、清徐县、阳曲县
		7度	0.15g	第二组	古交市
		7度	0.10g	第三组	娄烦县
	大同市	8度	0.20g	第二组	城区、矿区、南郊区、大同县
		7度	0.15g	第三组	浑源县
		7度	0.15g	第二组	新荣区、阳高县、天镇县、广灵县、灵丘县、左云县

续表

省市		烈度	加速度	分组	县级及县级以上城镇
山西省	阳泉市	7度	0.10g	第三组	盂县
		7度	0.10g	第二组	城区、矿区、郊区、平定县
	长治市	7度	0.10g	第三组	平顺县、武乡县、沁县、沁源县
		7度	0.10g	第二组	城区、郊区、长治县、黎城县、壶关县、潞城市
		6度	0.05g	第三组	襄垣县、屯留县、长子县
	晋城市	7度	0.10g	第三组	沁水县、陵川县
		6度	0.05g	第三组	城区、阳城县、泽州县、高平市
	朔州市	8度	0.20g	第二组	山阴县、应县、怀仁县
		7度	0.15g	第二组	朔城区、平鲁区、右玉县
	晋中市	8度	0.20g	第二组	榆次区、太谷县、祁县、平遥县、灵石县、介休市
		7度	0.10g	第三组	榆社县、和顺县、寿阳县
		7度	0.10g	第二组	昔阳县
		6度	0.05g	第三组	左权县
	运城市	8度	0.20g	第三组	永济市
		7度	0.15g	第三组	临猗县、万荣县、闻喜县、稷山县、绛县
		7度	0.15g	第二组	盐湖区、新绛县、夏县、平陆县、芮城县、河津市
		7度	0.10g	第二组	垣曲县
	忻州市	8度	0.20g	第二组	忻府区、定襄县、五台县、代县、原平市
		7度	0.15g	第三组	宁武县
		7度	0.15g	第二组	繁峙县
		7度	0.10g	第三组	静乐县、神池县、五寨县
		6度	0.05g	第三组	岢岚县、河曲县、保德县、偏关县
	临汾市	8度	0.30g	第二组	洪洞县
		8度	0.20g	第二组	尧都区、襄汾县、古县、浮山县、汾西县、霍州市
		7度	0.15g	第二组	曲沃县、翼城县、蒲县、侯马市
		7度	0.10g	第三组	安泽县、吉县、乡宁县、隰县
		6度	0.05g	第三组	大宁县、永和县
	吕梁市	8度	0.20g	第二组	文水县、交城县、孝义市、汾阳市
		7度	0.10g	第三组	离石区、岚县、中阳县、交口县
		6度	0.05g	第三组	兴县、临县、柳林县、石楼县、方山县
内蒙古自治区	呼和浩特市	8度	0.20g	第二组	新城区、回民区、玉泉区、赛罕区、土默特左旗
		7度	0.15g	第二组	托克托县、和林格尔县、武川县
		7度	0.10g	第二组	清水河县
	包头市	8度	0.30g	第二组	土默特右旗
		8度	0.20g	第二组	东河区、石拐区、九原区、昆都仑区、青山区
		7度	0.15g	第二组	固阳县
		6度	0.05g	第三组	白云鄂博矿区、达尔罕茂明安联合旗

续表

省市		烈度	加速度	分组	县级及县级以上城镇
内蒙古自治区	乌海市	8度	0.20g	第二组	海勃湾区、海南区、乌达区
	赤峰市	8度	0.20g	第一组	元宝山区、宁城县
		7度	0.15g	第一组	红山区、喀喇沁旗
		7度	0.10g	第一组	松山区、阿鲁科尔沁旗、敖汉旗
		6度	0.05g	第一组	巴林左旗、巴林右旗、林西县、克什克腾旗、翁牛特旗
	通辽市	7度	0.10g	第一组	科尔沁区、开鲁县
		6度	0.05g	第一组	科尔沁左翼中旗、科尔沁左翼后旗、库伦旗、奈曼旗、扎鲁特旗、霍林郭勒市
	鄂尔多斯市	8度	0.20g	第二组	达拉特旗
		7度	0.10g	第三组	东胜区、准格尔旗
		6度	0.05g	第三组	鄂托克前旗、鄂托克旗、杭锦旗、伊金霍洛旗
		6度	0.05g	第一组	乌审旗
	呼伦贝尔市	7度	0.10g	第一组	扎赉诺尔区、新巴尔虎右旗、扎兰屯市
		6度	0.05g	第一组	海拉尔区、阿荣旗、莫力达瓦达斡尔族自治旗、鄂伦春自治旗、鄂温克族自治旗、陈巴尔虎旗、新巴尔虎左旗、满洲里市、牙克石市、额尔古纳市、根河市
	巴彦淖尔市	8度	0.20g	第二组	杭锦后旗
		8度	0.20g	第一组	磴口县、乌拉特前旗、乌拉特后旗
		7度	0.15g	第二组	临河区、五原县
		7度	0.10g	第二组	乌拉特中旗
	乌兰察布市	7度	0.15g	第二组	凉城县、察哈尔右翼前旗、丰镇市
		7度	0.10g	第三组	察哈尔右翼中旗
		7度	0.10g	第二组	集宁区、卓资县、兴和县
		6度	0.05g	第三组	四子王旗
		6度	0.05g	第二组	化德县、商都县、察哈尔右翼后旗
	兴安盟	6度	0.05g	第一组	乌兰浩特市、阿尔山市、科尔沁右翼前旗、科尔沁右翼中旗、扎赉特旗、突泉县
	锡林郭勒盟	6度	0.05g	第三组	太仆寺旗
		6度	0.05g	第二组	正蓝旗
		6度	0.05g	第一组	二连浩特市、锡林浩特市、阿巴嘎旗、苏尼特左旗、苏尼特右旗、东乌珠穆沁旗、西乌珠穆沁旗、镶黄旗、正镶白旗、多伦县
	阿拉善盟	8度	0.20g	第二组	阿拉善左旗、阿拉善右旗
		6度	0.05g	第一组	额济纳旗

参 考 文 献

[1] 中华人民共和国住房和城乡建设部，中华人民共和国国家质量监督检验检疫总局．GB 50011—2010 建筑抗震设计规范(2016 年版)[S]．北京：中国建筑工业出版社，2010.
[2] 刘明．建筑结构抗震[M]．北京：中国建筑工业出版社，2004.
[3] 王则毅，杨盛和．房屋结构抗震[M]．重庆：重庆大学出版社，1999.
[4] 王社良．抗震结构设计[M]．4 版．武汉：武汉理工大学出版社，2001.
[5] 中华人民共和国住房和城乡建设部．GB 50010—2010 混凝土结构设计规范(2015 年版)[S]．北京：中国建筑工业出版社，2011.
[6] 中华人民共和国住房和城乡建设部．GB 50009—2012 建筑结构荷载规范[S]．北京：中国建筑工业出版社，2012.
[7] 中华人民共和国住房和城乡建设部．GB 50003—2011 砌体结构设计规范[S]．北京：中国建筑工业出版社，2012.
[8] 国家标准建筑抗震设计规范管理组．建筑抗震设计规范(GB 50011—2010)统一培训教材[M]．北京：地震出版社，2010.
[9] 易方民，高小旺，苏经宇．建筑抗震设计规范理解与应用[M]．2 版．北京：中国建筑工业出版社，2011.
[10] 李国强，李杰，陈素文，等．建筑结构抗震设计[M]．4 版．北京：中国建筑工业出版社，2014.
[11] 郭继武．建筑抗震设计[M]．4 版．北京：中国建筑工业出版社，2017.
[12] 陈肇元，钱稼茹．汶川地震建筑震害调查与灾后重建分析报告[M]．北京：中国建筑工业出版社，2008.
[13] 国家标准建筑抗震设计规范管理组．《建筑工程抗震设防分类标准》和《建筑抗震设计规范》2008 年修订统一培训教材[M]．北京：中国建筑工业出版社，2009.
[14] 黄南翼，张锡云．日本阪神地震中的钢结构震害[J]．钢结构，1995(2).
[15] 李星荣，秦斌．钢结构连接节点设计手册[M]．4 版．北京：中国建筑工业出版社，2019.
[16] 易方民，高小旺，张维嶽，等．高层建筑偏心支撑钢框架减轻地震响应分析[J]．建筑科学，2000(5).
[17] 中国建筑科学研究院．2008 年汶川地震建筑震害图片集[M]．北京：中国建筑工业出版社，2008.
[18] 黄世敏，杨沈，等．建筑震害与设计对策[M]．北京：中国计划出版社，2009.
[19] 中华人民共和国住房和城乡建设部．GB 50007—2011 建筑地基基础设计规范[S]．北京：中国建筑工业出版社，2012.
[20] 中华人民共和国住房和城乡建设部．GB 50223—2008 建筑工程抗震设防分类标准

[S]. 北京：中国建筑工业出版社，2008.
[21] 吕西林. 建筑结构抗震设计理论与实例[M]. 4 版. 上海：同济大学出版社，2015.
[22] 东南大学. 建筑结构抗震设计[M]. 北京：中国建筑工业出版社，1999.
[23] 胡聿贤. 地震工程学[M]. 2 版. 北京：地震出版社，2006.
[24] 马成松，苏原. 结构抗震设计[M]. 北京：北京大学出版社，2006.
[25] 中华人民共和国住房和城乡建设部. JGJ 3—2010 高层建筑混凝土结构技术规程[S]. 北京：中国建筑工业出版社，2011.
[26] 冯远，刘宜丰，肖克艰. 来自汶川大地震亲历者的第一手资料：结构工程的视角与思考[M]. 北京：中国建筑工业出版社，2009.